327

LEÇONS DE PHYSIQUE

PREMIÈRE ANNÉE DES ÉCOLES NORMALES D'INSTITUTRICES

Brevet Supérieur

EN VENTE A LA MÊME LIBRAIRIE

Envoi franco contre Timbres ou Mandat

LEÇONS
DE PHYSIQUE

A L'USAGE

DES ÉCOLES NORMALES D'INSTITUTRICES

ET DES

ÉCOLES PRIMAIRES SUPÉRIEURES DE JEUNES FILLES

PAR

Mme B. GAUTHIER-ÉCHARD & L. PERSEIL

Ancienne élève de l'École normale supérieure de Fontenay-aux-Roses. Professeur à l'École normale d'institutrices de Bourges.

Professeur de Sciences à l'École primaire supérieure de garçons de Melun.

SEPTIÈME ÉDITION, REVUE ET CORRIGÉE

PREMIÈRE ANNÉE

PESANTEUR, CHALEUR, ACOUSTIQUE

PARIS

LIBRAIRIE CLASSIQUE FERNAND NATHAN

16, RUE DES FOSSÉS-SAINT-JACQUES, 16

(Place du Panthéon, Ve)

1917

PRÉFACE

Notre pensée, en écrivant ce livre, a été d'exercer les futures maîtresses à l'observation, et de les intéresser à l'analyse des phénomènes physiques les plus simples, de ceux qui s'offrent à elles dans la vie quotidienne, de ceux-mêmes qui pourront leur fournir plus tard, dans leur classe, des sujets d'observation pour leurs élèves.

La plupart du temps, dans les écoles primaires, elles seront privées — faut-il s'en plaindre? -- de tout matériel scientifique; aussi, sans proscrire l'étude des appareils de laboratoire qu'elles doivent connaître, nous nous sommes attachés, le plus possible, à réaliser les expériences avec des objets usuels, qu'il est facile de se procurer : une bouteille, un soufflet de cuisine, une pompe à bicyclette, une allumette, etc.

Toujours guidés par la même idée, nous avons résolument éliminé, dans la description des instruments dont l'emploi est nécessaire, les détails qui masquent les parties essentielles. Le plus souvent, nous nous sommes bornés à donner un schéma faisant clairement ressortir le fonctionnement de l'appareil.

On sera peut-être surpris de rencontrer, dans un ouvrage qui veut être simple, l'emploi des unités C. G. S. usitées par les physiciens; mais l'expérience nous a montré que si les élèves éprouvent souvent des difficultés aux débuts de leurs études de physique, c'est parce qu'elles se font une représentation vague de l'idée fondamentale de mesure. Aussi nous avons essayé dès le commencement, de bien mettre cette idée en lumière, ainsi que de préciser la notion de poids, et c'est ce qui nous a conduits à l'emploi des unités C. G. S.

D'ailleurs, il n'est pas impossible, et il est désirable, de donner aux élèves d'Écoles normales, des notions exactes et des définitions précises des unités couramment employées en physique. Par là, nous assurons une liaison logique entre les différentes parties de l'ouvrage, et nous initions les futures maîtresses à la précision scientifique. Afin de familiariser les élèves avec l'emploi de ces unités, nous avons fait suivre leurs définitions de problèmes d'applications numériques d'un genre simple.

Tout en conservant à nos explications un caractère élémentaire, nous avons renouvelé la manière de présenter certaines questions, entre autres, la notion de température, et nous avons consacré plusieurs paragraphes à quelques-unes des applications les plus *récentes* de la physique : aéroplanes, liquéfaction des gaz.

Chaque chapitre débute par un sommaire présentant, sous forme de tableau synoptique, le résumé de la leçon, et se termine par l'indication d'un choix d'expériences simples à faire réaliser par les élèves.

NOTIONS PRÉLIMINAIRES

CHAPITRE I

MÉTHODE D'ÉTUDE. — MESURE D'UNE GRANDEUR

PLAN

Méthode d'étude

I
Définition générale d'un phénomène naturel : C'est un changement dans l'état ou la constitution d'un corps.

II
Sciences physiques et chimiques
- **Leur objet** : Étude des phénomènes naturels ou des propriétés de la matière qui compose les corps.
- **Caractères propres à**
  - **la physique**
    - a) Étudie les phénomènes qui n'altèrent pas la nature intime des corps.
    - b) Détermine les propriétés communes aux corps.
  - **la chimie**
    - a) Étudie les phénomènes qui entraînent les modifications profondes et durables des corps.
    - b) Détermine les propriétés particulières à chaque corps.

III
La méthode suivie dans les études scientifiques comprend trois opérations
- **1° L'observation** : ou examen attentif des phases d'un phénomène dans les conditions naturelles où il se produit.
- **2° L'expérimentation** : ou observation dans des conditions variées intentionnellement dans le but de faire ressortir les causes réelles du phénomène.
- **3° La généralisation** : ou expression générale des conditions mêmes du phénomène.
  - Elle est ordinairement résumée par une loi
    - qualitative (ne donnant pas la mesure).
    - quantitative (donnant la mesure).

Mesure d'une grandeur

Définition d'une grandeur : Tout ce qui est susceptible d'augmenter ou de diminuer.

Définition de la mesure d'une grandeur : C'est comparer cette grandeur à une grandeur de même nature choisie arbitrairement comme unité.

Conditions de la mesure	Possibilité de définir ce qu'on entend : *a*) Par grandeur *égale* à une autre. *b*) Par grandeur égale à 2, 3, 4, ... fois une autre.		
Choix de l'unité	Elle doit être : 1° bien définie ; 2° toujours identique à elle-même ; 3° d'un emploi commode ; 4° proportionnée à la grandeur à mesurer.		
Au point de vue de la mesure on peut distinguer des grandeurs	non mesurables	Ex. : La température (on mesure seulement des différences de température).	
	mesurables	directement	Ex. : L'allongement d'une barre métallique sous l'action de la chaleur.
		indirectement	Lorsqu'une grandeur G n'est pas mesurable directement, on mesure une grandeur G' proportionnelle à G. La mesure de G' donne celle de G.
Système de mesures C. G. S.	Principe	La mesure d'une grandeur quelconque peut toujours se rattacher directement ou indirectement à celle de trois grandeurs distinctes : une longueur — une masse ou quantité de matière — une durée.	
	Unités fondamentales	de longueur : le *centimètre* $= \frac{1}{100}$ du mètre étalon. de masse : le *gramme* $= \frac{1}{1.000}$ du kilogramme étalon. de durée : la *seconde*.	

1. Phénomènes.

L'expérience nous apprend que l'espace est partiellement occupé par des corps, et l'on appelle **phénomène tout changement dans l'état ou la constitution de ces corps** : une feuille d'arbre se détache d'une branche et tombe vers le sol ; une planche, un bateau flottent à la surface de l'eau ; les nuages se déplacent poussés par le vent ; le fer, abandonné à l'air humide, se recouvre de rouille, etc. ; tous ces faits constituent autant de phénomènes. Les actes les plus familiers de notre vie quotidienne, comme celui d'allumer du feu, faire bouillir de l'eau, préparer une tasse de café, mettent également en jeu un grand nombre de phénomènes.

2. Objet de la physique.

La physique et la chimie ont pour objet l'étude des phénomènes naturels et des propriétés de la matière qui compose les corps ; toutefois ces deux sciences ont chacune un but différent, qu'il importe de bien distinguer.

Chauffons de l'eau dans une cornue dont le col pénètre dans celui d'un ballon de verre refroidi (*fig.* 1).

L'eau de la cornue ne tarde pas à bouillir en produisant de la vapeur (*phénomène de vaporisation*) ; puis la vapeur, pénétrant dans le ballon refroidi, s'y condense en gouttelettes qui se rassemblent dans le fond (*phénomène de liquéfaction*). On dit qu'elle distille. La modification subie par l'eau n'a été ni profonde ni durable ; elle a cessé avec la cause qui l'avait produite et n'a pas changé la nature de ce corps : **la distillation est un phénomène physique.**

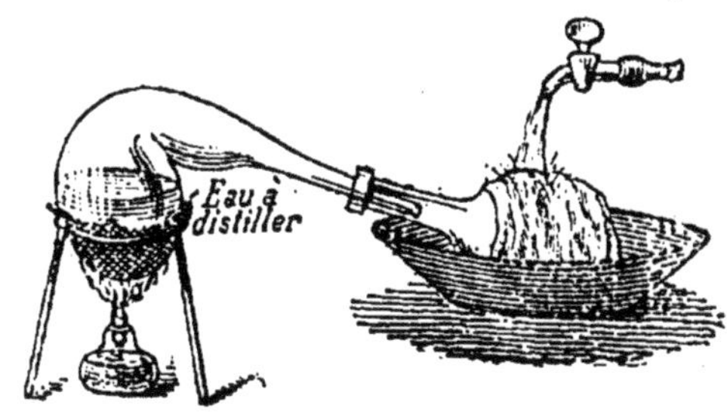

Fig. 1. — Distillation de l'eau.

Recommençons l'expérience en remplaçant l'eau par de la fleur de soufre. Le soufre devient liquide, puis, si l'on chauffe davantage, il se vaporise (*phénomène de vaporisation*). Mais les vapeurs qui se dégagent, reçues dans le ballon refroidi, reproduisent un corps identique au soufre primitif. Là encore, il n'y a pas eu de modification profonde des propriétés du soufre dans son passage à l'état liquide, puis à l'état de vapeur : **la fusion et la vaporisation sont des phénomènes physiques.**

Au contraire, mettons le feu à un morceau de soufre : il brûle avec une flamme bleue en produisant un gaz d'une odeur suffocante. Si l'on opère la combustion dans un flacon, de manière à recueillir le gaz formé, on constate que, même refroidi comme précédemment, il conserve son odeur, et que ses propriétés caractéristiques sont différentes de celles du soufre.

La combustion du soufre n'est pas autre chose que l'union de ce corps à l'oxygène de l'air, avec production d'un corps nouveau, le gaz sulfureux. **La combustion est un phénomène chimique.**

En résumé :

En **physique**, on étudie les phénomènes qui peuvent modifier temporairement la nature des corps, **sans altérer leur constitution intime**, et l'on détermine les **propriétés communes aux corps.**

En **chimie**, on étudie les phénomènes qui entraînent une modification profonde et durable des corps, et l'on détermine les **propriétés particulières à chaque corps.**

Cette distinction, qui se précisera davantage à mesure qu'on pénétrera dans les études physiques et chimiques, n'est cependant pas absolue ; en fait, ces deux sciences ont plus d'un point commun, comme nous le verrons par la suite.

3. Méthode d'étude employée en physique.

La méthode d'étude suivie en physique est la méthode généralement employée dans les sciences expérimentales ; elle se ramène aux trois opérations suivantes : **observer, expérimenter** et **généraliser.** Nous allons montrer ces trois opérations successives en prenant un exemple . soit à étudier le phénomène de la chute d'un corps.

a. Observation. — **L'observation** journalière nous apprend que tous les corps tombent vers le sol quand ils sont abandonnés à eux-mêmes. Il semble qu'un phénomène si commun ne doive plus présenter d'intérêt dès qu'on en a constaté la généralité. Ce serait s'arrêter au seuil de la science que de s'en tenir là. En effet, un fétu de paille, une feuille de papier ne tombent pas aussi vite qu'une balle de plomb. La rapidité de la chute d'un corps dépend-elle de la structure de ce corps? Pour nous en assurer, provoquons le phénomène en modifiant diversement ses conditions, de manière à distinguer celles qui sont essentielles de celles qui sont accidentelles.

b. Expérimentation. — A cet effet, prenons des corps de **même forme**, mais de **substances différentes**, tels que des boules ou des billes de fer, de bois, d'ivoire, et laissons-les tomber ensemble du haut d'une maison ou dans la cage d'un escalier; nous constatons que ces objets arrivent à terre à peu près en même temps. Faisons varier les conditions de l'expérience, et choisissons cette fois des objets de **même substance, mais de formes différentes.** Prenons, par exemple, deux feuilles de papier; conservons sa forme à l'une d'elles, tandis que nous roulons l'autre en boule, puis abandonnons-les ensemble dans l'espace; la boule de papier a déjà atteint le sol que la feuille mince se balance encore en l'air.

Ces **expériences**, que nous pouvons renouveler en choisissant d'autres substances, comme des feuilles d'arbre, des plumes d'oiseau, etc., nous conduisent à formuler une explication aux perturbations observées, en les attribuant à *la résistance que l'air oppose à leur chute.*

c. Généralisation. — Dans cette supposition, il n'y a toutefois que *probabilité* et *non certitude;* en d'autres termes, nous avons émis une **hypothèse**; il s'agit de la vérifier. Pour cela, introduisons plusieurs corps, de natures et de formes diverses, grains de plomb, de sable, fragments de papier, de plumes, etc., dans un long tube de verre (tube de Newton, *fig.* 2), d'où nous avons extrait tout l'air à l'aide d'une machine spéciale, dite machine pneumatique. Nous constatons, en retournant brusquement le tube, que tous les objets atteignent le fond en même temps. Faisons maintenant la *contre-épreuve* et, par

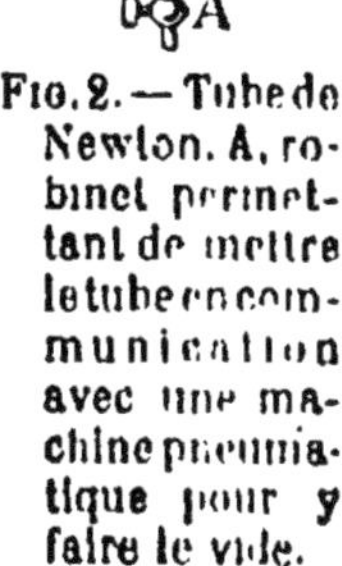

FIG. 2. — Tube de Newton. A, robinet permettant de mettre le tube en communication avec une machine pneumatique pour y faire le vide.

un robinet dont est muni l'appareil, laissons l'air rentrer progressivement; nous constatons cette fois que l'inégalité dans la chute des corps réapparaît, et cela, d'autant plus, que nous avons laissé pénétrer plus d'air. Nous sommes maintenant certains que les différences entre la rapidité de la chute des corps sont dues *uniquement* à la résistance de l'air, et nous pouvons énoncer ce fait général ou loi :

Dans le vide, tous les corps tombent également vite.

Bornée à cet énoncé, notre connaissance du phénomène est bien imparfaite. Les corps tombent également vite dans le vide, soit, mais quelle est la rapidité de leur chute? Est-elle de 2, 5, 10, 20 mètres pendant la première seconde? Reste-t-elle la même pendant les secondes suivantes; dans le cas contraire, comment varie-t-elle?

Toutes ces questions n'ont pas été résolues par la loi précédente; autrement dit, c'est une **loi qualitative.** Or, pour bien connaître un phénomène, il faut savoir l'évaluer, c'est-à-dire le **mesurer.** Il reste donc, pour compléter l'étude de la chute des corps, à mesurer les espaces parcourus pendant des temps divers par un corps tombant en chute libre, puis, à voir s'il est possible d'en tirer une **relation numérique** qui *caractérise d'une façon précise la nature du mouvement de la chute d'un corps.*

Nous donnerons plus loin (§ 37) une étude un peu détaillée des expériences réalisées à ce sujet et qui conduisent à la loi suivante :

Les **espaces** *parcourus par un corps qui tombe librement dans le vide sont* **proportionnels** *aux* **carrés des temps** *mis à les parcourir.*

Cette fois nous avons enserré le phénomène en le *mesurant,* et la loi précédente est une loi **quantitative** qui détermine la condition même du phénomène.

4. En résumé la méthode scientifique employée en physique **comprend :**

1° **L'observation** attentive d'un phénomène dans les conditions naturelles où il se produit ;

2° **L'expérimentation**, c'est-à-dire l'observation du phénomène, *provoqué dans des conditions qui en rendent l'étude plus facile.* Grâce à l'expérimentation, on peut répéter, multiplier, ou simplifier les faits, en un mot reproduire ou faire varier les conditions du phénomène, de manière à dégager les causes réelles des causes apparentes.

L'expérimentation n'est pas seulement un auxiliaire de l'observation, mais bien la condition *essentielle* de la connaissance scientifique.

Mille observations peuvent ne pas suffire à établir une loi ; quelques expérimentations bien faites peuvent y conduire.

Souvent l'expérimentation est guidée par une idée directrice ou *hypothèse* sur la cause probable du phénomène, idée éveillée par un examen judicieux des observations préliminaires.

3° La **généralisation** ou l'expression générale des conditions du phénomène, résumée en des lois (qualitatives ou quantitatives).

5. Importance de la notion de mesure.

Nous avons montré dans le paragraphe précédent qu'un phénomène n'est bien connu que si on peut le mesurer. D'où l'importance de la **notion de mesure** en physique.

6. Définition d'une grandeur.

On donne indistinctement le nom de **grandeur** à tout ce qui est susceptible d'augmentation ou de diminution ; en conséquence une longueur, une surface, un volume, la chaleur, la lumière, un courant électrique, le temps, etc., sont des grandeurs.

Par définition, une grandeur peut donc varier : ainsi la longueur de notre crayon est *supérieure* à celle de notre canif, mais *inférieure* à celle de notre règle. D'une manière générale, le fait qu'une grandeur varie éveille en notre esprit l'idée de *plus* ou de *moins*. Ainsi, en mélangeant de diverses manières de l'eau froide et de l'eau bouillante, nous pouvons avoir de l'eau *plus* ou *moins* chaude.

Si notre connaissance des grandeurs se bornait à cette notion du *plus* ou du *moins*, elle serait vague : un crayon est *plus* long qu'une plume, mais une canne à pêche est aussi *plus* longue que la plume, et cependant il y a une grande différence entre la longueur du crayon et celle de la canne à pêche.

7. Définition de la mesure.

Cette manière de comparer entre elles les longueurs de différents objets ne peut donc nous donner une idée nette de leurs grandeurs relatives. Il en est autrement si nous les comparons toujours à une seule et même longueur convenablement choisie. Alors à l'idée d'inégalité vient s'ajouter celle de *mesure*. D'une manière générale :

Mesurer une grandeur, c'est chercher combien de fois elle contient une grandeur de même nature prise comme unité. Le résultat de la mesure s'exprime alors par un nombre.

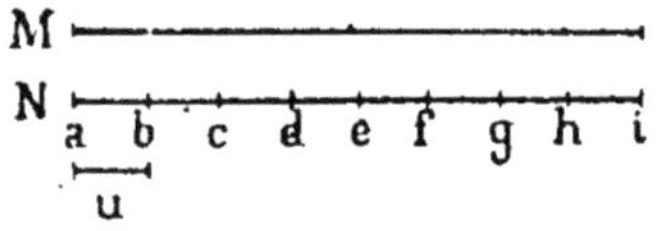

M
N
a b c d e f g h i
u

Fig. 3. — Mesure de la droite M avec l'unité u.

Exemple. — Supposons que l'unité de longueur soit la droite *u* (*fig.* 3); comment procéderons-nous pour mesurer la longueur d'une droite M? Nous porterons sur la longueur M autant de fois que nous le pourrons, des longueurs ab, bc, cd, de, ... égales à u. S'il en faut porter 6, nous dirons que la mesure de la longueur M est le nombre 6.

On opérerait d'une manière analogue pour mesurer d'autres grandeurs telles que la capacité d'un vase, la valeur d'une somme d'argent. Mais toutes les grandeurs sont-elles mesurables?

Proposons-nous, par exemple, de mesurer un mal de dents; c'est bien une grandeur puisqu'il peut augmenter ou diminuer. Mettons en présence deux personnes A et B souffrant d'un mal de dents et prenons comme unité la douleur de la première. Comment comparer à cette unité la douleur de la personne B; à quels signes précis reconnaîtrons-nous que cette douleur est égale à celle de A ou qu'elle est 2, 3, 4 fois plus grande? C'est en vain qu'on en chercherait; la douleur n'est donc pas une grandeur mesurable.

Ainsi nous n'avons pu mesurer cette grandeur, faute d'avoir pu définir ce qu'on entend : *a*) par deux douleurs égales; *b*) par une douleur égale à 2, 3, 4 fois une autre.

8. Conditions pour qu'une grandeur soit mesurable.

D'une manière générale, la mesure d'une grandeur n'est possible que si l'on peut donner à la fois de cette grandeur les deux définitions suivantes :

a) *Définition d'une grandeur* égale *à une autre ;*

b) *Définition d'une grandeur* 2, 3, 4, ... **fois plus grande qu'une autre.**

Ces deux définitions étant établies, il reste, pour mesurer une grandeur, à définir l'**unité** de mesure, c'est-à-dire la grandeur de même nature que la grandeur à mesurer, toujours identique à elle-même, qui doit servir de terme de comparaison.

9. Mesure des grandeurs en physique.

Les grandeurs étudiées en physique ne sont pas toutes mesurables. Nous les classerons donc en deux groupes :

A. *Grandeurs non mesurables.* — Nous verrons, en étudiant la température (§ 183), que si l'on peut définir ce qu'on entend par deux températures égales (définition *a*) on ne peut définir ce que c'est qu'une température 2, 3, 4, ... fois plus grande qu'une autre (définition *b*). La température d'un corps n'est donc pas une grandeur mesurable ([1]).

B. *Grandeurs mesurables.* — Lorsque, au contraire, les (définitions *a* et *b*) peuvent être données *toutes deux*, la grandeur *est mesurable.* Il y a lieu alors de distinguer deux cas selon que la grandeur est mesurée *directement* ou *indirectement.*

1° Mesure directe d'une grandeur. — C'est le cas par exemple de l'allongement d'une tige métallique ou de l'augmentation du volume d'une quantité de liquide sous l'action de la chaleur (§ 175 et 176).

2 Mesure indirecte d'une grandeur. — Un moyen fréquemment employé est le suivant :

Lorsqu'une grandeur G *n'est pas directement mesurable, on mesure une grandeur* **G' proportionnelle à G** *et qui est directement mesurable. La mesure de* G *est alors la* **même** *que celle de* G'.

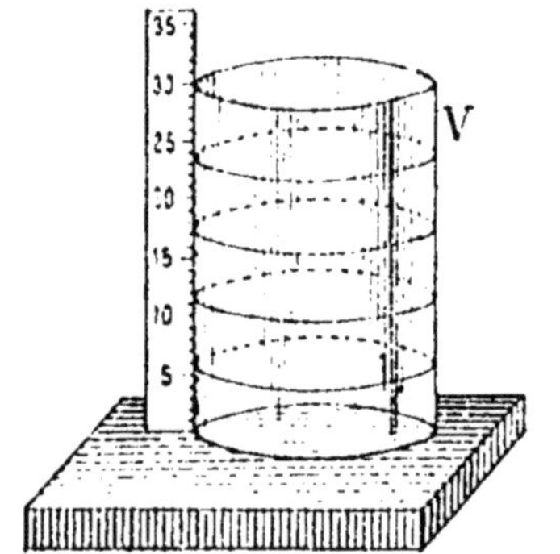

Fig. 4. — Mesurer la quantité d'eau contenue dans le vase V, par la hauteur du liquide.

Supposons, pour prendre un exemple simple, un vase V parfaitement cylindrique (*fig.* 4). Si, après y avoir versé 1 litre d'eau, le liquide atteint une hauteur de 6 centimètres, 2, 3, 4 litres d'eau atteindront respectivement les hauteurs suivantes :

Volumes = (grandeur G)	Hauteurs = (grandeur G')
$1^l \times 1$	$6^{cm} \times 1$
$1^l \times 2$	$6^{cm} \times 2$
$1^l \times 3$	$6^{cm} \times 3$
$1^l \times 4$	$6^{cm} \times 4$

([1]) Nous verrons alors qu'on ne peut mesurer que des *différences* de températures.

En un mot, *les hauteurs de la colonne liquide sont* proportionnelles *aux volumes de l'eau.*

Ceci posé, lorsque le liquide atteint une hauteur de 18 centimètres ou $6^{cm} \times 3$, nous en concluons immédiatement, d'après le tableau précédent, que le volume d'eau est $3^l = 1^l \times 3$.

Si après avoir ajouté ou retranché une certaine quantité d'eau, la hauteur du liquide est devenue les $\frac{7}{6}$ ou les $\frac{3}{4}$ de la hauteur précédente, nous en concluons aussitôt que le volume d'eau restant est aussi les $\frac{7}{6}$ ou les $\frac{3}{4}$ de 3 litres.

En résumé la mesure de la grandeur G' (*hauteur du liquide*) nous fera toujours connaître celle de la grandeur G (*volume du liquide*).

Ce procédé de mesure est fréquemment employé en physique, aussi aurons-nous souvent l'occasion de nous reporter aux explications qui précèdent.

10. Système C. G. S.

En physique, toutes les mesures se ramènent directement ou indirectement à la mesure de trois grandeurs distinctes : 1° une *longueur;* 2° une *masse* ou quantité de matière ; 3° *une durée.* Ces grandeurs se rapportent aux notions fondamentales d'**espace**, de **masse**, de **temps**.

Espace. — L'expérience nous apprend qu'il nous est possible de changer notre position relativement à celles des autres objets et que ceux-ci peuvent aussi se déplacer les uns par rapport aux autres : d'où la notion d'*espace.*

Masse. — Quand nous déplaçons des objets, nous avons conscience que nous faisons un effort musculaire continu, et nous rapportons la notion de masse à la *résistance* que nous éprouvons.

Temps. — Nous reconnaissons que les événements se

produisent dans un certain ordre, ce qui nous amène à la notion de *temps*.

Pour mesurer les grandeurs fondamentales on a choisi les unités suivantes :

1° *Unité de longueur :* le **centimètre**;

2° *Unité de masse :* le **gramme**;

3° *Unité de durée :* la **seconde**.

Le **centimètre** *est la centième partie du mètre légal*, c'est-à-dire de *la longueur, prise à 0° centigrade, de l'étalon en platine iridié* (1), *déposé au Bureau international des poids et mesures* (2).

Le **gramme** *est la millième partie de l'unité légale de masse*, c'est-à-dire du *kilogramme étalon en platine iridié* (1), *déposé au Bureau international des poids et mesures.*

Toutes les autres unités employées en physique dérivent des trois unités principales : centimètre, gramme, seconde.

Ce système de mesures, *plus général* que le système métrique, a été désigné par les initiales des noms de ses unités fondamentales, on l'appelle **système C. G. S.**

10 *bis*. **Expériences.** — Exercer les élèves à observer et à analyser en détail quelques faits de la vie courante comme : faire brûler une allumette, tirer de l'eau à l'aide d'une pompe, écrire, brosser des vêtements, boutonner des bottines, couper une étoffe, tailler un crayon, nettoyer et sécher du linge, fendre du bois, allumer le feu, limer ou planter un clou, verser un liquide, allumer une bougie ou une lampe, enfoncer une vis, ouvrir une porte, peser un objet, coudre, piquer à la machine, remonter une pendule et la mettre à l'heure, sonner une cloche, manœuvrer un soufflet de cuisine, préparer une tasse de café, faire cuire une omelette, gober un œuf, se laver les mains au savon, emplir une bouteille en la plongeant dans un baquet plein d'eau puis la boucher. Dans ce dernier exemple qu'arrive-t-il si la bouteille est trop pleine? pourquoi? etc.

(1) Cet étalon a été défini par la loi du 11 juillet 1903.
(2) Ce bureau est établi au pavillon de Breteuil, à Sèvres, près Paris.

CHAPITRE II

FORCES

PLAN

I. — Inertie de la matière.

Un corps soustrait à toute action extérieure	1° Est : ou au repos ou animé d'un mouvement uniforme, c'est-à-dire qu'il parcourt des *espaces égaux* en des *temps égaux* (espace = vitesse × temps). 2° Ne peut modifier de lui-même cet état.

II. — Étude des forces.

Définition d'une force		Cause capable de modifier l'état de repos ou de mouvement d'un corps.
Éléments d'une force		1° *Point d'application*; 2° *Direction*; 3° *Sens*; 4° *Intensité*.
Mesure des forces	Définitions fondamentales	*a*) On dit qu'une force A est égale à une autre B quand elle produit sur un corps M le même effet que la force B, agissant dans les mêmes conditions. *b*) On dit qu'une force A est égale à 2, 3, 4,... fois une autre force B, lorsqu'elle produit sur un corps M le même effet que 2, 3, 4,... forces égales à B, agissant simultanément dans les mêmes conditions.
	Instruments de mesure	On peut mesurer les forces par les déformations qu'elles font subir à un ressort d'acier (*dynamomètre*)..
Résultante des forces	1° Concourantes	Elle est donnée par la règle du *parallélogramme des forces*.
	2° Parallèles	Elle est égale à la somme ou à la différence des forces selon que celles-ci sont de même sens ou de sens contraires. — Le point d'application de la résultante est indépendant de la direction des forces parallèles.
	3° Opposées	Si les forces sont *égales* elles se font *équilibre* ; leur résultante est nulle. — On mesure souvent l'intensité d'une force F en lui faisant *équilibre* par une force F' dont l'intensité est connue.

11. Inertie de la matière.

Les corps peuvent être en repos ou en **mouvement**. Nous jugeons qu'un corps est en repos quand ses distances à des points considérés comme fixes, tels que les arêtes d'une chambre, d'un mur, ne varient pas; il est en mouvement dans le cas contraire; on lui donne alors le nom de **mobile** et la ligne que décrit un de ses points P dans ce mouvement est dite **trajectoire** de ce point (*fig.* 5).

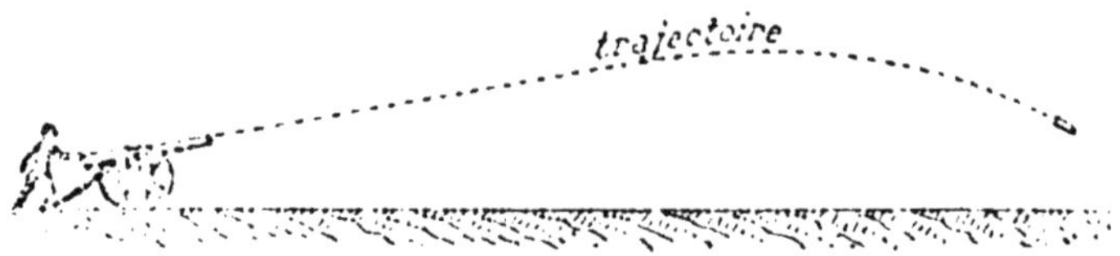

Fig. 5. — Trajectoire décrite par un boulet lancé par un canon.

Nous savons par expérience qu'un corps au repos ne peut, de lui-même, se mettre en mouvement; on admet qu'inversement un corps en mouvement ne peut s'arrêter de lui-même.

On exprime ce fait, en disant que les corps sont **inertes.**

L'inertie de la matière permet d'expliquer nombre de phénomènes : lorsqu'un train s'arrête un peu brusquement en entrant en gare, les voyageurs, dont le corps n'est pas solidaire du wagon, conservent le mouvement que leur communiquait la voiture et sont projetés en avant. De même, si l'on pose une assiette sur une table recouverte d'une large feuille de papier, en tirant vivement celle-ci, on peut l'enlever sans déplacer l'assiette.

L'expérience semble contredire l'inertie de la matière en mouvement : par exemple, une bille de verre lancée sur le sol ne tarde pas à s'arrêter ; mais cette contradiction n'est qu'apparente car, plusieurs causes (le frottement de la bille contre le sol, les aspérités qu'elle rencontre sur son chemin, la résistance de l'air) ralentissent son mouvement à chaque instant. 'A mesure que ces causes de ralentissement sont diminuées, le mouvement dure davantage; c'est ainsi que la bille roulera plus longtemps sur une surface lisse, comme celle d'un parquet bien ciré, et, s'il était possible de la faire rouler sans frottement sur un plan indéfini, dans le vide, affranchie en un mot de toutes les causes pouvant faire obstacle à son mouvement, elle ne s'arrêterait *jamais*. Dans ces conditions aucune raison n'existant pour que la bille tourne d'un côté plutôt que de l'autre, elle se déplacerait en ligne droite, et, comme il n'y a pas non plus de raison pour que son allure se précipite ou se ralentisse, elle franchirait régulièrement des espaces égaux en des temps égaux.

12. Mouvement uniforme.

Lorsqu'un mobile franchit ainsi des **espaces égaux en des temps égaux**, on dit que son **mouvement** est **uniforme**.

Dans un tel mouvement on définit **la vitesse du mobile**, comme étant **l'espace qu'il parcourt pendant une seconde** ; on l'exprime en *centimètres*. Si l'on appelle v cette vitesse, l'espace e parcouru en t secondes est :

$$e = v \times t.$$

C'est ainsi que dans l'exemple précédent, si la vitesse de la bille est de **50 centimètres**, l'espace qu'elle aura franchi en une journée sera :

$$e = 50^{cm} \times (60 \times 60 \times 24).$$

En résumé, *si un corps en mouvement est soustrait à toute action extérieure :* **1° il ne peut s'arrêter de lui-même ; 2° il est animé d'un mouvement rectiligne et uniforme.**

Nous donnerons plus loin un exemple de ce mouvement (§ 40)

13. Définition des forces.

Puisque la matière est inerte, comment peut-elle sortir de son état de repos, ou bien, si elle est en mouvement, comment ce mouvement peut-il être modifié ou même arrêté? Cela ne peut avoir lieu que sous l'action de causes extérieures à la matière et agissant sur elle.

Ce sera, par exemple, notre main qui, par des contractions musculaires, lancera la bille sur le sol; la résistance de l'air, les aspérités du terrain qui l'arrêteront, etc.

On donne, indistinctement, le nom de **force à toute cause capable de modifier l'état de repos ou l'état de mouvement d'un corps.**

Voyons-nous les feuilles des arbres s'agiter? Nous attribuons ce fait à l'action d'une force exercée sur eux par l'air en mouvement. Une locomotive se met en marche sous l'action d'une force exercée par la vapeur sur le piston des cylindres. Lorsque nous aspirons un sirop à l'aide d'un chalumeau de paille, c'est encore une force, la *pression atmosphérique*, qui détermine l'ascension du liquide dans la paille. On sait qu'un livre abandonné à lui-même tombe invariablement vers le sol; son mouvement est attribué à l'action d'une autre force : le *poids* du livre. Il n'est pas de phénomène physique où n'intervienne quelque force. Ce rôle capital des forces justifie suffisamment la nécessité de donner quelques notions essentielles à leur sujet.

14. Éléments d'une force.

Il ne faut pas nous attendre à connaître les forces en les observant directement, comme nous le ferions d'un objet, car les forces ne tombent pas sous nos sens. Quand un livre s'échappe de nos mains, nous le voyons bien tomber, mais nous ne voyons pas la force qui le fait mouvoir ; si nous ployons une lame élastique, nous voyons sa déformation, mais nous ne voyons pas la force musculaire qui a produit cette déformation. En un mot, nous ne pouvons observer que les effets des forces, non les forces elles-mêmes, dont nous ignorons complètement la nature. Cette ignorance n'est d'ailleurs pas un obstacle à l'étude des forces; ne pouvant observer celles-ci, nous observerons leurs effets (mouvement, déformation des corps, etc.), effets mesurables en général, et, par *la grandeur de l'effet, nous mesurerons la grandeur de la cause.*

Une force est déterminée lorsqu'on connaît : 1° son point d'application ; 2° sa direction ; 3° son sens ; 4° sa valeur ou intensité. Les trois premiers de ces éléments se déterminent par l'expérience ; le quatrième, l'intensité, par une opération de mesure.

On dit qu'une force est **constante** lorsque sa direction, son sens et son intensité demeurent invariables ; dans le cas contraire, une force est dite **variable**. Nous n'étudierons dans tout ce qui suit que les effets des forces constantes.

15. Premières notions sur la mesure des forces par leurs effets statiques.

Les forces sont des grandeurs mesurables (§ 8), car nous pouvons donner les deux définitions suivantes :

a) *Définition de deux forces égales. — On dit qu'une force* **A** *est égale à une autre force* **B**, *lorsqu'elle produit sur un corps* **M** *le* **même effet** *que la force* **B** *agissant dans les* **mêmes** *conditions.*

b) *Définition d'une force égale à* **2, 3, 4, ...** *fois une autre. — On dit qu'une force* **A** *est égale à* **2, 3, 4, ...** *fois une autre force* **B**, *lorsqu'elle produit sur un corps* **M** *le* **même effet** *que* **2, 3, 4, ...** *forces égales à* **B** *agissant simultanément dans les* **mêmes** *conditions.*

On prend ordinairement comme corps **M**, un **corps élastique** (lame d'acier, ressort), qui se déforme plus ou moins sous l'action des forces et l'on établit ainsi des instruments servant à mesurer les forces : les **dynamomètres**. Leurs formes sont diverses ; on emploie souvent deux lames d'acier **GH** et **G'H'** disposées un peu comme des ressorts de voiture (*fig.* 6). L'une d'elles, **GH**, porte en son milieu **I** un anneau servant à l'attacher ; l'autre est munie d'un crochet sur lequel on fait agir la force. Deux petites réglettes *i* et *i'* fixées aux milieux peuvent glisser l'une contre l'autre, la seconde porte un trait de repère qui se déplace le long de la première quand le ressort se déforme. Pour se servir de cet instrument, on l'attache par son anneau et l'on fait agir les forces sur le crochet de manière à le tirer en sens inverse de l'anneau.

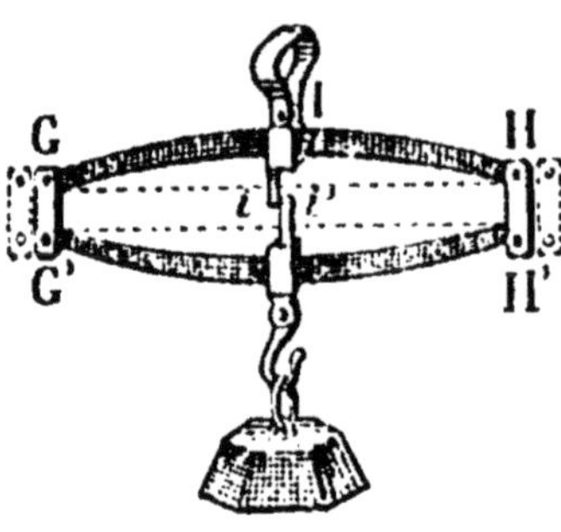

Fig. 6. — Dynamomètre.

Une force *f* étant prise comme unité, on note sur *i* la position du trait de repère de la réglette *i'*, et l'on marque 1. On fait exercer simultanément sur le crochet 2, puis 3, puis 4, ... forces égales à la force *f* et l'on marque successivement les nombres 2, 3, 4, ... Cette graduation établie permet de connaître, par une *simple lecture*, la mesure d'une force appliquée au crochet de l'instrument.

En choisissant des lames plus ou moins épaisses, on construit des dynamomètres servant à mesurer de grandes ou de petites forces; au lieu de lames on peut aussi employer un ressort à boudin (*fig.* 13). On peut donc déterminer l'intensité de forces quelconques.

Nous verrons plus loin (§ 42) que la mesure des forces peut s'établir par un autre moyen et nous donnerons à ce moment la définition de l'unité de force adoptée en physique (§ 43). Les explications précédentes n'en sont pas moins utiles, car elles nous ont servi à préciser les notions d'intensité des forces et elles vont faciliter nos explications ultérieures en nous permettant désormais de parler de la mesure des forces.

16. Représentation d'une force.

Pour figurer une force dans un dessin, on trace une droite AB partant du point d'application suivant la direction de la force, dans un sens indiqué par une flèche terminale et dont la longueur est proportionnelle à l'intensité de la force (*fig.* 7 et *fig.* 9).

Si une longueur de 2 millimètres correspond à l'unité de force u, une longueur de 24 millimètres correspondra à 12 unités.

Si la longueur de 2 millimètres correspond à une force égale à 800 unités, une longueur de 24 millimètres représente alors une force :

$$800^u \times 12 = 9.600 \text{ unités, etc.}$$

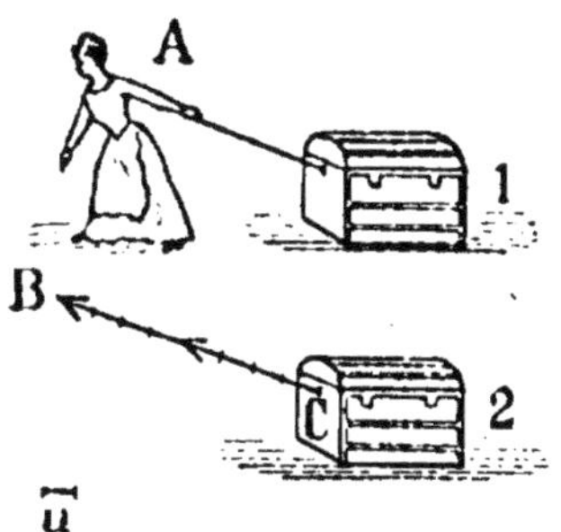

Fig. 7. — En 2, représentation graphique de la force $f = 8f$ exercée par la personne A sur la malle ; u, unité de longueur choisie pour représenter l'unité de force f.

17. Forces concourantes. — Résultante.

Deux forces qui ont un même point d'application sont appelées **forces concourantes.** Attachons à un pied de table (*fig.* 8) deux cordes que nous faisons tirer simultanément et le plus régulièrement possible par deux personnes. Les cordes nous figurent la direction de deux forces concourantes AB, AC. Sous l'action des efforts exercés, le point A de la table se déplace, non pas dans la direction de l'une ou l'autre corde, mais dans une direction intermédiaire, comme s'il obéissait à l'action d'une force unique dirigée suivant AD.

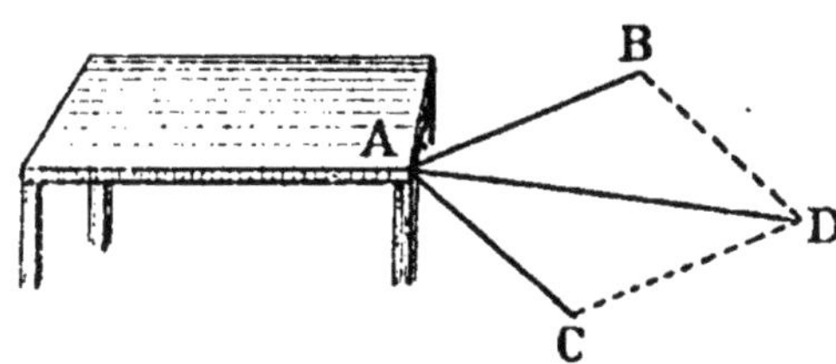

Fig. 8. — Expérience montrant l'action de deux forces concourantes sur un objet.

D'une manière générale, lorsque *deux forces* f et f' *sont concourantes* (*fig.* 9), *on peut considérer le résultat de leur action commune comme dû à une force unique* F *appelée* résultante, *ayant même point d'application et dont la direction, le sens et l'intensité sont donnés par la diagonale du parallélogramme construit sur les deux droites représentant ces deux forces appelées* **composantes.**

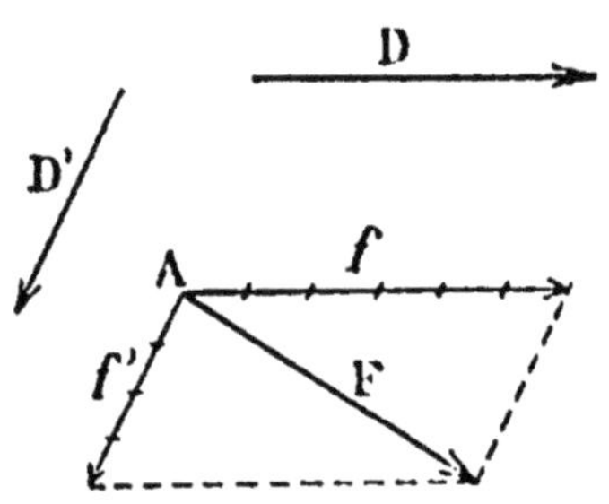

Fig. 9. — Résultante de deux forces concourantes.

Inversement, étant donnée une force F, on peut toujours la remplacer par deux autres f et f' ayant même point d'application que la première et dont les directions sont parallèles à deux directions données D et D'.

18. Forces parallèles.

Supposons une lourde voiture V tirée par plusieurs chevaux attelés en files parallèles (*fig.* 10, I); l'effort exercé par ces chevaux sera le même et produira le même effet si nous les attelons en une file unique en un certain point I (*fig.* 10, II).

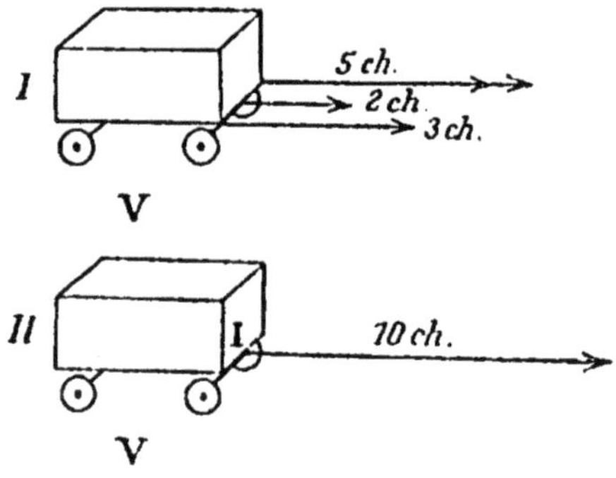

Fig. 10. — Résultante de plusieurs forces parallèles.

Dans le premier cas, nous avons l'image de plusieurs forces parallèles, de même sens, agissant simultanément sur un même corps; dans le second, la file des chevaux représente une force unique dite **résultante**, égale à la somme des forces parallèles, ayant même direction et même sens.

D'une manière générale, lorsque *plusieurs forces para-*

lèles et de même sens agissent sur un corps, on peut les remplacer par une force unique ou résultante, de même direction, de même sens et égale à leur somme.

On démontre en mécanique que le *point d'application* de cette résultante est un point fixe nommé *centre des forces parallèles*, indépendant de la direction de ces forces (*fig.* 11). Nous aurons bientôt à parler, en étudiant la pesanteur, de ce point remarquable (§ 24).

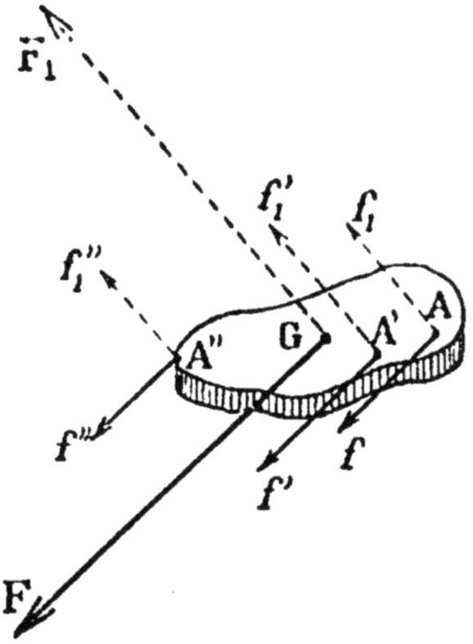

Fig. 11. — F est la résultante des forces f, f', f'', et elle est appliquée au point G. Elle reste appliquée au même point et prend la direction F_1 si les forces f, f', f'' prennent les directions f_1, f'_1, f''_1.

10. Équilibre des forces.

Considérons deux forces concourantes et égales : $f = f'$. Leur résultante sera d'autant plus petite que l'angle formé par leurs directions sera plus ouvert (*fig.* 12 : I, II, III). Lorsque les deux directions sont de sens opposés (IV), les actions exercées par ces deux forces sur le corps qu'elles sollicitent s'an-

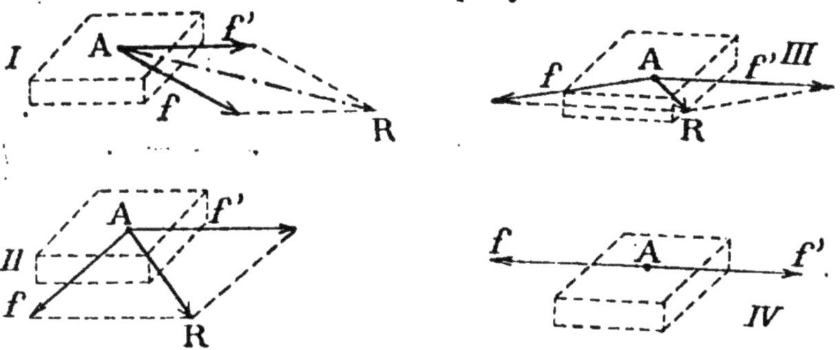

Fig. 12. — Plus l'angle formé par les droites f, f' est ouvert, plus la résultante est faible.

nulent réciproquement; on dit alors que les forces se font équilibre.

D'une manière générale, *si plusieurs forces appliquées simultanément à un corps en repos ou en mouvement ne modifient ni l'état de repos de ce corps, ni son mouvement, c'est qu'elles se font* **équilibre.**

La notion d'équilibre des forces a une très grande importance en physique ; c'est ainsi que souvent on **mesure** une force **A** en lui faisant **équilibre** par une autre force **B** dont on connaît la valeur. Nous aurons fréquemment à y faire appel dans la suite.

20. Étude particulière d'une force.

Dans le chapitre suivant, nous allons préciser toutes ces notions préliminaires sur les forces par l'étude d'une force en particulier, celle qui nous est le plus familière et dont nous constatons à chaque instant les effets, **le poids d'un corps.**

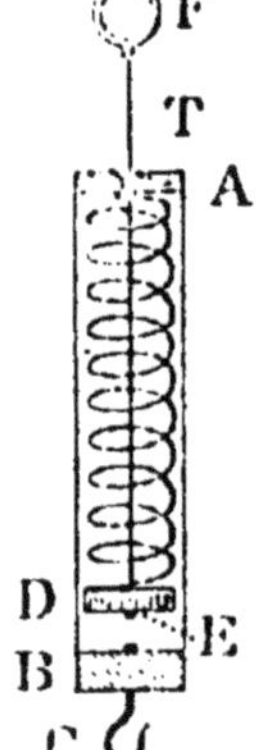

Fig. 13. Dynamomètre.

21. Expériences. — Construire un dynamomètre en façonnant un ressort à boudin à l'aide d'un fil d'acier et en le logeant dans un tube (tube métallique, de carton, verre de lampe, etc.), comme l'indique la figure ci-contre (*fig.* 13). On fermera les extrémités du tube à l'aide de bouchons de liège, l'un **A**, percé en son milieu pour laisser passer la tige **T**, l'autre **B** traversé par un crochet **C** et collé au tube. La tige **T** traversera le disque de liège **D** et sera tordue et collée à son extrémité **E.** Après avoir passé le ressort et le bouchon **A**, on recourbera en forme d'anneau l'extrémité **F.**

On graduera l'instrument en utilisant un poids de 10 grammes ou de 100 grammes selon la force du ressort.

Un jour de pluie et de grand vent, observer la direction de la chute des gouttes d'eau. Sous l'action de leur *poids* (§ 22) les gouttes de pluie sont sollicitées à tomber verticalement; d'autre part la *poussée* du vent (§ 73) tend à les chasser horizontalement. La direction oblique suivie par les gouttes n'est autre que celle de la **résultante** de ces deux forces.

Emmancher un balai ou un marteau et trouver l'explication du phénomène.

LIVRE I

PESANTEUR

CHAPITRE III

POIDS ET MASSE. — ÉQUILIBRE CHUTE DES CORPS

PLAN

I. — Poids et masse d'un corps.

- **Poids d'un corps**
  - **Définition** : Force d'attraction de la pesanteur sur un corps.
  - **Direction** : Est celle du fil à plomb (verticale).
  - **Point d'application** : Centre de gravité.
  - **Intensité** : Est mesurée au dynamomètre. — Résultat : le poids d'un corps *varie* avec sa distance au centre de la Terre.
- **Masse d'un corps**
  - **Définition** : C'est la quantité de matière que renferme un corps.
  - **Importance** : Cette grandeur est *indépendante* du lieu et, par suite caractérise chaque corps.
  - **Mesure** : Se déduit de la mesure du poids d'après les définitions suivantes :
    - *a*) On dit que deux corps A et B ont des masses égales quand ils ont *même poids* en un *même lieu*.
    - *b*) On dit qu'un corps A a une masse 2, 3, 4, ... fois plus grande qu'un autre B lorsque, en un *même lieu*, son *poids* est 2, 3, 4, ... fois plus grand que celui de B.
    - L'*unité* de mesure est le *gramme*.
    - Mesures effectives : masses marquées employées dans le commerce.

II. — Équilibre d'un corps.

- **Détermination du centre de gravité** : On suspend un corps successivement par deux de ses points. Le centre de gravité se trouve à l'intersection des prolongements du fil de suspension. Le centre de gravité peut quelquefois ne pas être dans le corps.
- **Corps mobile autour d'un axe horizontal**
  - **Condition générale d'équilibre** : Le centre de gravité se trouve sur la verticale passant par l'axe de suspension.
  - **Différents cas**
    - 1° Le centre de gravité est au-dessous de l'axe : l'équilibre est *stable* ;
    - 2° Le centre de gravité est au-dessus de l'axe : l'équilibre est *instable* ;
    - 3° Le centre de gravité coïncide avec l'axe : l'équilibre est *indifférent*.
- **Corps reposant sur un plan**
  - 1° La verticale passant par le centre de gravité, doit rencontrer l'*intérieur* de la base d'appui.
  - 2° L'équilibre est plus ou moins stable, selon que la base d'appui est plus ou moins grande. Il est d'autant plus stable, que le centre de gravité est plus bas.

III. — Chute des corps.

Chute dans le vide		Loi : Dans le vide, tous les corps tombent *également* vite.
Chute dans l'air		S'étudie à l'aide de la machine d'Atwood. L'avantage de cette machine est qu'elle ralentit le mouvement sans en changer la nature.
	Machine d'Atwood Ses organes essentiels sont	Une poulie légère et mobile qui supporte un fil fin souple, inextensible, auquel sont attachées des masses de cuivre. Une règle verticale graduée, pour mesurer les espaces parcourus. Un métronome battant la seconde, pour mesurer les temps.
1re série d'expériences : mesure des espaces parcourus	**Loi des espaces**	Les *espaces* parcourus par un corps qui tombe sont proportionnels aux carrés des temps mis à les parcourir.
	Conclusion	Les espaces franchis pendant les secondes successives vont sans cesse en augmentant d'une même quantité par seconde. On dit que le mouvement est *uniformément accéléré.*
2e série d'expériences : mesure des vitesses	**Vitesse d'un mouvement uniformément accéléré**	La vitesse, à un moment donné, d'un mouvement uniformément accéléré est la vitesse du mouvement uniforme qui succède au mouvement varié, si l'on supprime à ce moment la force, cause de ce mouvement.
	Résultat	La vitesse du mouvement de chute d'un corps augmente d'une quantité constante g en des temps égaux. Cette quantité est appelée *accélération* du mouvement.
	Loi des vitesses	Les vitesses sont proportionnelles aux temps employés à les acquérir.
Formules générales		Vitesses : $v = gt$. Espaces : $e = \frac{1}{2} gt^2$.

IV. — Généralisation : mesure d'une force par le mouvement qu'elle produit. Application au poids d'un corps.

Généralisation	Lorsqu'un corps est sollicité par une force constante : 1° Il possède une accélération constante; 2° Sa vitesse est proportionnelle à la durée de l'action de la force; 3° Le chemin qu'il parcourt, compté à partir du repos, est proportionnel au carré de la durée de l'action de la force.
Mesure d'une force. Définitions fondamentales	*a)* Une force A est *égale* à une force B lorsqu'elle communique à une même masse la même accélération. *b)* Une force A est 2, 3, 4,... fois plus grande qu'une autre B, lorsqu'elle communique, à une même masse, des accélérations 2, 3, 4,... fois plus grandes que l'accélération communiquée par B. *c)* Lorsque plusieurs forces communiquent la même accélération à des masses différentes, elles sont proportionnelles à ces masses.
Unité de mesure	C'est la force constante capable de communiquer à la masse du gramme une accélération de 1 centimètre par seconde. On la nomme la dyne (environ le poids d'un milligramme).
Relations générales	$F = mg$ (m = masse évaluée en grammes ; g = accélération mesurée en centimètres ; F = force en dynes).
Application au poids des corps	$P = mg$ dynes.

I. — POIDS ET MASSE D'UN CORPS

22. Notion de poids.

L'observation nous apprend que les corps abandonnés à eux-mêmes tombent vers le sol. Chacun d'eux est donc soumis à l'action d'une force qu'on appelle le **poids** du corps. Comme pour toutes les forces, il nous faut étudier sa direction, son sens, son point d'application et son intensité.

23. Direction et sens du poids d'un corps.

Pour connaître la direction et le sens du poids d'un corps, il suffit d'observer la chute de ce corps. Mais la rapidité du mouvement fait obstacle à l'observation attentive du phénomène; d'où l'idée de *matérialiser la trajectoire* que suit le corps, en le suspendant à un fil fin et flexible; la direction du fil donne la direction du poids.

Fig. 14. — La verticale est perpendiculaire à la surface des liquides au repos.

On observe alors que cette direction est toujours **perpendiculaire à la surface des liquides au repos** (*fig.* 14), quels que soient le corps suspendu, et l'endroit où l'on se trouve. On donne le nom de **verticale** à cette direction. L'appareil que nous avons réalisé n'est autre qu'un *fil à plomb*, employé pour vérifier la verticalité d'une ligne, d'un mur, etc.

Les verticales menées sur un espace restreint, comme la surface d'un terrain, d'une ville, sont pratiquement parallèles. Il n'en est pas de même pour des verticales menées en des points de la surface du globe éloignés les uns des autres, car les directions de toutes les verticales se coupent au centre de la Terre (*fig.* 14 *bis*).

Puisque la direction de chute des corps passe toujours par le centre du globe terrestre, tout se passe comme si le mouvement des corps qui tombent était dû à une attraction émanant du centre de la Terre ; on l'appelle **attraction de la pesanteur**.

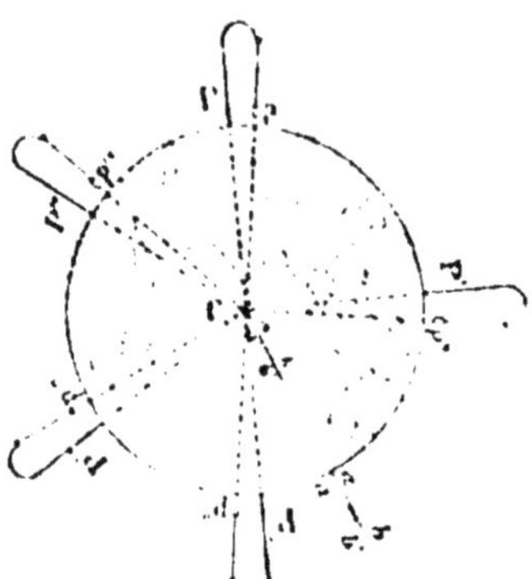

Fig. 14 *bis*. — Les directions des fils à plomb p, p', p", ..., et celles des supports P, P', P", ..., sont verticales ; elles se coupent au centre C de la Terre. Les verticales voisines *ab*, *a'b'* semblent parallèles.

24. Point d'application du poids d'un corps.

Prenons un morceau de craie et cherchons à déterminer le point de ce corps où s'applique son poids. A cet effet, brisons-le en deux morceaux **A** et **B** que nous abandonnons à eux-mêmes. Si le point cherché se trouve en une région de l'un d'eux, **A** par exemple, l'autre **B** ne tombera pas : or ils tombent ensemble.

Bien mieux, si nous les pulvérisons, toutes les particules de la poudre obtenue, si fines soient-elles, tombent encore. Donc chacune d'elles est soumise à une force verticale, et c'est la résultante de toutes ces forces parallèles qui fait tomber le morceau de craie tout entier, c'est-à-dire qui constitue le poids du corps. Ainsi, il faut se représenter *la pesanteur comme exerçant une action sur tous les points matériels d'un corps*, et *le* poids d'un corps comme étant la résultante de toutes ces actions. Le point d'application de cette résultante n'est autre que le centre des forces parallèles dont nous avons parlé plus haut (§ 18) ; il possède donc la propriété importante d'être fixe, *quelle que soit la position du corps dans l'espace ;* on lui donne le nom de **centre de gravité**.

25. Intensité du poids d'un corps.

Le poids d'un corps étant une force peut être mesuré à

l'aide d'un dynamomètre (§ 15). Supposons qu'on ait choisi comme *unité* de force, le *poids de 1 décimètre cube d'eau pure* à 4° au-dessus de zéro ([1]). Il est facile, en suspendant à un dynamomètre un vase contenant 1, 2, 3, ... litres d'eau, de graduer l'instrument en unités de poids. Cela fait, si l'on remplace l'eau du vase par le corps à peser, on connaîtra, par une simple lecture, le *poids* de ce corps. Il est important de noter que la mesure du poids d'un corps effectuée ainsi, n'est exacte que si l'*on opère toujours au même lieu*. L'expérience montre en effet que si un *même corps* est suspendu, en *divers endroits* de la Terre, à un dynamomètre suffisamment sensible, la flexion du ressort diminue légèrement à mesure qu'on s'éloigne du pôle pour se rapprocher de l'équateur : il en est de même lorsqu'on s'élève en ballon. Comme la Terre est aplatie aux pôles, renflée à l'équateur, on voit que, dans l'un et l'autre cas, l'action de la pesanteur diminue à mesure qu'on s'éloigne du centre de la Terre. Donc le **poids d'un corps varie avec la latitude et avec l'altitude.**

26. Notion de masse.

Le poids d'un corps varie d'un lieu à un autre, mais en un même lieu, le poids des différents corps varie avec la quantité de matière qu'ils renferment ou, comme on dit, avec leur **masse** (§ 10).

Cette notion de masse a une importance scientifique considérable : la masse d'un corps, en effet, est une grandeur invariable qui ne dépend pas du lieu, comme son poids; un ballot de marchandises transporté de l'équateur vers le pôle renferme toujours la même quantité de matière, bien que son poids varie. C'est pour cette raison que la masse a été adoptée en physique pour caractériser les corps. C'est

([1]) C'est le kilogramme tel qu'il a été défini primitivement par la Convention nationale; nous ne lui donnons pas ce nom parce qu'aujourd'hui la définition légale du mot *kilogramme* est différente (§ 10).

d'ailleurs une notion tout intuitive; lorsque nous achetons une livre de sucre, c'est bien la quantité de matière, et non l'action de la pesanteur sur elle, que nous considérons. Toutefois, par suite d'une liaison étroite entre la mesure du poids d'un corps et celle de sa masse, on confond ordinairement ces deux notions; aussi n'est-il pas inutile, pour la clarté même des explications ultérieures, de les distinguer dès maintenant l'une de l'autre, et de montrer la nature de leur rapport.

27. Premières notions sur la mesure de la masse.

Considérons deux volumes égaux d'une même substance homogène comme 2 litres d'eau pure, à la même température [1]. Le premier litre contient évidemment la *même quantité de matière* que le second, et si nous les suspendons successivement à un dynamomètre, nous vérifions qu'ils ont des *poids égaux*.

Soient maintenant deux volumes inégaux d'eau pure, 13 litres $\frac{1}{2}$ et 1 litre par exemple. Il est évident que le premier volume contient 13 *fois* $\frac{1}{2}$ *plus de matière* que le second.

On constate aussi, par les indications du dynamomètre, que le *poids* de 13 litres $\frac{1}{2}$ d'eau *vaut* 13 *fois* $\frac{1}{2}$ celui de 1 litre au même endroit.

Considérons enfin 1 litre de mercure et 1 litre d'eau ; les volumes de ces corps sont égaux ; mais, au dynamomètre, nous constatons que le poids du premier est 13 fois $\frac{1}{2}$ celui du deuxième. Par analogie avec le cas pré-

(1) L'étude sur les dilatations permettra plus tard (§ 201) de comprendre pourquoi les deux volumes doivent être pris à la même température.

cédent, on *admet* que la *masse de 1 litre de mercure* vaut aussi 13 *fois* $\frac{1}{2}$ *celle de 1 litre d'eau.*

En résumé, nous jugeons du rapport des masses des corps par celui des poids. Or, si les poids de deux corps varient d'un lieu à un autre, *il n'en est pas de même du rapport de ces poids* : en tout point du globe, 13 litres $\frac{1}{2}$ d'eau pèseront toujours 13 fois $\frac{1}{2}$ plus que 1 litre.

D'où les définitions suivantes :

a) *Définition de deux masses égales.* — *On dit que deux corps* A *et* B *ont des masses égales quand ils ont même poids en un même lieu.*

b) *Définition d'une masse 2, 3, 4, ... fois plus grande qu'une autre.* — *On dit qu'un corps* A *a une masse* 2, 3, 4, ... *fois plus grande qu'un autre* B, *lorsque, en un même lieu, son poids est* 2, 3, 4, ... *fois plus grand que celui de* B.

Ceci posé, il ne reste plus qu'à définir l'unité de masse et l'on pourra mesurer les masses.

28. Unité de masse.

Nous avons déjà indiqué plus haut à propos du système C. G. S. (§ 10) que l'unité de masse adoptée en physique est le gramme.

C'est à peu près exactement la masse de 1 centimètre cube d'eau distillée à la température de 4° centigrades ([1]).

Afin de pouvoir mesurer la masse des corps, on a, en outre, adopté des *multiples* et des *sous-multiples* du gramme, de dix en dix fois plus grands ou plus petits que lui.

On a établi des mesures effectives de masses dont l'ensemble constitue les séries de masses marquées décrites en

([1]) D'après les travaux les plus récents, la masse de 1 centimètre cube d'eau pure à 4° sous la pression atmosphérique normale est $0^{gr},999973$

système métrique et employées dans le commerce (vulgairement appelées poids marqués).

La mesure des masses se fait à l'aide de la balance, nous n'étudierons cet instrument que plus tard, mais la notion de masse, désormais acquise, nous facilitera plus d'une fois nos explications.

II. — ÉTUDE DE L'ÉQUILIBRE DES CORPS

29. Détermination du centre de gravité.

Nous avons défini plus haut ce qu'on entend par **centre de gravité** (§ 24); nous allons montrer comment, dans certains cas, on peut le déterminer.

Soit à trouver la position du centre de gravité d'une règle plate (*fig.* 15). Attachons un fil en l'un de ses points **A**, puis abandonnons-la à elle-même. Nous la voyons tourner autour de son point de suspension, puis, après quelques oscillations, prendre une position d'équilibre; traçons alors à la craie sur la règle, une droite **AM** dans le prolongement du fil. Dans cet état, la règle est sollicitée par deux forces égales et opposées (§ 19) : l'une, son *poids*, appliquée à son centre de gravité (§ 24); l'autre, la *résistance du fil*, toutes deux dirigées verticalement, mais en sens contraires. Donc le centre de gravité de la règle se trouve en un point de la droite **AM**.

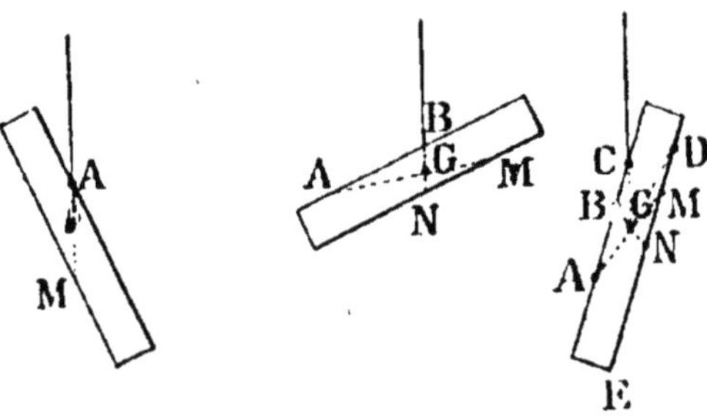

Fig. 15. — Détermination du centre de gravité d'une règle plate.

Suspendons la règle par un autre de ses points, **B** par exemple, et figurons à la craie le prolongement **BN** du fil.

Un raisonnement identique au précédent nous amène à conclure que le centre de gravité de la règle se trouve également sur la droite BN. Ce point étant à la fois sur les deux droites AM et BN est nécessairement à leur intersection G. (En réalité le prolongement du fil passe dans l'épaisseur de la règle, et c'est dans cette épaisseur que se trouve le centre de gravité.)

Choisissons maintenant d'autres points de suspension C, D, E, ..., et toujours nous trouverons, lorsque la règle sera en équilibre, que le prolongement du fil de suspension passe par le point G.

Dans le cas d'un corps homogène aux formes géométriques, le centre de gravité se confond avec le centre du solide : celui d'une sphère est en son centre, celui d'un cylindre droit, au milieu de l'axe ; celui d'un cube ou d'un parallélipipède rectangle au point d'intersection des diagonales du solide.

Le centre de gravité ne se trouve pas nécessairement dans le corps : pour un tube, par exemple, qui n'est autre qu'un cylindre creux, le centre de gravité, comme nous venons de le voir, est au milieu de l'axe de ce tube, c'est-à-dire en dehors de la matière. Il en est de même pour un anneau qui n'est autre qu'un cylindre de très petite hauteur. Dans ce cas, le poids du corps est toujours considéré comme appliqué au centre de gravité qu'on peut supposer invariablement lié au corps.

30. Équilibre d'un corps mobile autour d'un axe horizontal.

Dans l'expérience précédente, lorsque la règle était en équilibre, *son centre de gravité se trouvait sur la verticale passant par son point de suspension.* C'est là un fait général qui est la condition même de l'équilibre d'un corps suspendu par un de ses points.

Suivant la position du centre de gravité G par rapport

au point de suspension A (*fig.* 16), il y a lieu de distinguer plusieurs cas :

1° *Le centre de gravité est au-dessous du point* A ;

2° *Il est au-dessus ;*

3° *Il coïncide avec lui.*

Réalisons chacun de ces cas à l'aide de la règle plate précédente. Dans le premier cas, le corps revient toujours

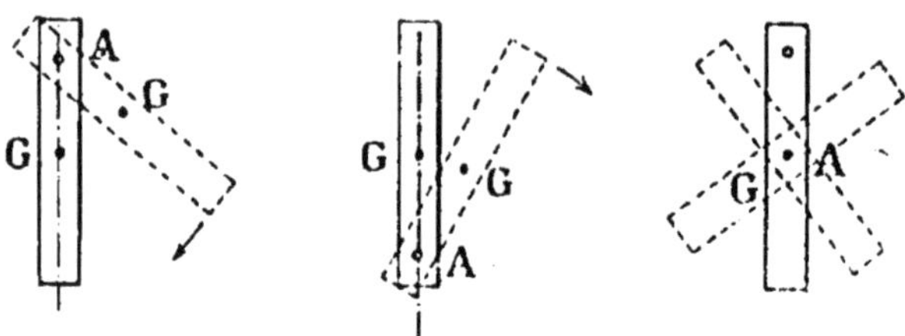

Fig. 16. — Diverses positions d'équilibre d'une règle suspendue par un de ses points A.

à sa position primitive quand il en a été écarté : l'*équilibre est dit stable.*

Dans le second cas, le corps, une fois écarté, même légèrement, de cette position, s'en éloigne de plus en plus, de manière à prendre de lui-même la position d'équilibre stable. On dit alors qu'il était en équilibre *instable.*

Dans le dernier cas, le corps reste en équilibre dans toutes les positions qu'on lui fait prendre. Son équilibre est *indifférent.*

31. Équilibre d'un corps reposant sur un plan.

Lorsqu'un corps repose sur un plan, la surface sur laquelle il appuie se nomme base d'appui ou de *sustentation.* Tant que la *verticale passant par le centre de gravité tombe à l'intérieur de la base de sustentation, le corps est en équilibre.* C'est ce que nous pouvons vérifier à l'aide d'un livre reposant sur une table (*fig.* 17).

L'équilibre d'un corps est plus ou moins stable :

1° *Selon que sa base de sustentation est plus ou moins grande;* un livre posé sur une table par sa plus longue

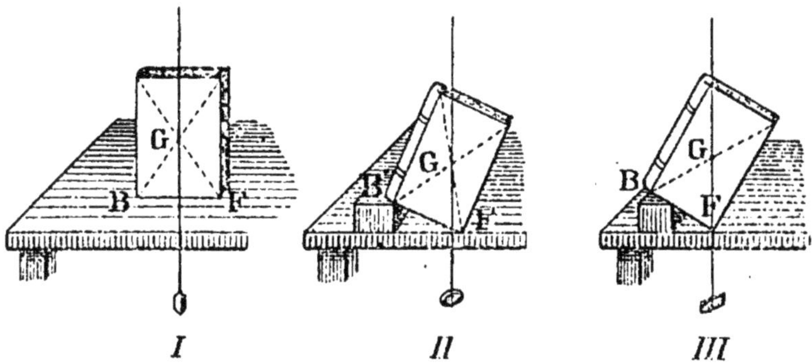

FIG. 17. — Livres en équilibre dans trois positions : la verticale passant par le centre de gravité tombe à l'intérieur de la base de sustentation. En III l'équilibre est instable.

tranche a une stabilité d'autant plus grande que ses plats sont plus écartés (*fig* 17 *bis*) ;

2° *Selon que le centre de gravité est placé plus ou moins bas;* un livre à plat est plus stable que le même livre placé debout.

REMARQUE. — La base d'appui d'un corps n'est pas nécessairement continue : pour une table, elle est formée par le rectangle compris entre les quatre pieds; pour une voiture à quatre roues, par le rectangle compris entre les points de contact des roues avec le sol ; pour un homme debout, elle comprend, non seulement la surface d'appui de ses pieds, mais encore l'espace intermédiaire.

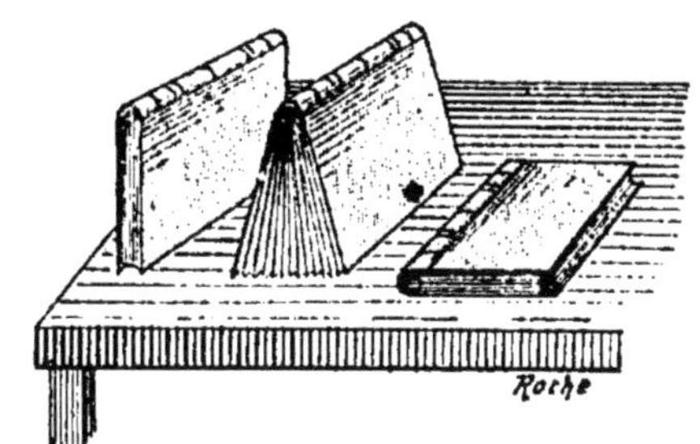

FIG. 17 *bis*. — L'équilibre d'un livre est d'autant plus stable que la base de sustentation est plus grande.

32. Applications.

Les explications précédentes permettent de comprendre une foule de faits qui nous sont familiers : un homme qui transporte un fardeau d'une main se penche du côté opposé de telle façon que la verticale de son centre de gravité passe à l'intérieur de sa base de sustentation; s'il porte le fardeau sur le dos, il se penche en avant pour la même raison.

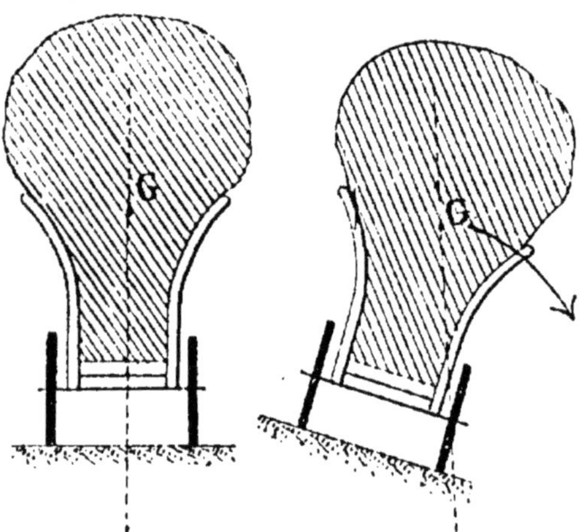

Fig. 18. — Lorsque la verticale passant par le centre de gravité G tombe en dehors de la base de sustentation, la voiture verse.

Lorsque nous sommes debout sur un plancher mouvant, comme celui d'un wagon, d'un navire, nous écartons instinctivement les jambes pour agrandir notre base de sustentation; de cette manière notre centre de gravité peut subir des déplacements assez étendus, sans que sa verticale sorte de la base d'appui. Il est dangereux de charger une voiture trop en hauteur, car on élève ainsi le centre de gravité. Dans ces conditions, une faible dénivellation du sol, en obligeant la voiture à pencher d'un côté, peut suffire à faire tomber la verticale du centre de gravité en dehors de la base de sustentation, ce qui fait verser la voiture (*fig.* 18).

33. Résumé.

D'une manière générale, quand un corps est soutenu, l'action de la pesanteur sur lui, autrement dit son poids, tend à placer son centre de gravité le plus bas possible, c'est-à-dire à le rapprocher le plus possible de centre de la Terre, car c'est à cette condition que le corps peut être en équilibre stable.

III. — ÉTUDE DE LA CHUTE DES CORPS

34. Chute dans le vide.

Nous avons établi (§ 3 c) l'énoncé de la première loi sur la chute des corps, énoncé que nous rappelons ici.

Première loi : *Dans le* vide, *tous les corps tombent* également vite.

Il nous reste à chercher expérimentalement quelle relation existe entre le *chemin parcouru* par un mobile et le *temps* mis à le parcourir.

35. Étude du mouvement d'un corps qui tombe.

Deux causes contribuent à rendre cette étude difficile : 1° la rapidité de la chute ; 2° la résistance de l'air. Des appareils ingénieux ont permis de surmonter ces difficultés ; le plus répandu dans les écoles est la machine d'Atwood ; c'est celui que nous utiliserons.

36. Machine d'Atwood. — Chute ralentie.

L'effet de la machine d'Atwood est de ralentir le mouvement sans en changer la nature, en même temps la résistance de l'air est considérablement diminuée ; pour ces deux raisons le mouvement est facilement étudié.

La machine d'Atwood se compose essentiellement : 1° d'une poulie légère *p* très mobile, sur laquelle passe un fil flexible, inextensible, et de masse négligeable portant à ses extrémités des masses de cuivre M et M', égales entre elles (*fig.* 19) ;

2° D'une longue règle verticale en bois R, divisée en centimètres, pour mesurer les espaces parcourus ;

3° D'un métronome **mt** battant la seconde, pour mesurer les temps.

Les deux corps M et M' ayant même masse ont des poids égaux et se font équilibre : l'effet de la pesanteur se trouve donc annulé et ils sont dans l'état de deux corps soustraits à toute action extérieure.

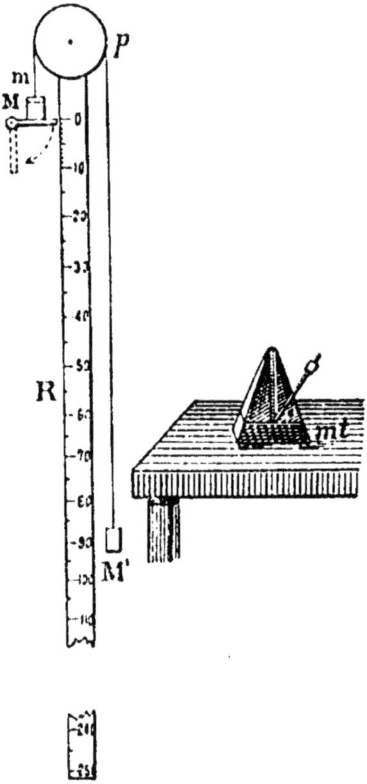

Par suite, si nous plaçons sur la masse M une faible masse additionnelle **m**, la force **f** qui sollicitait cette petite masse à tomber en chute libre, c'est-à-dire son poids, est la seule qui s'exerce sur tout le système.

Ainsi la masse **m** tombe encore, *son mouvement est donc un mouvement de chute*, mais cette fois considérablement retardé puisque son poids entraîne maintenant la masse totale :

$$2M + m.$$

Fig. 19. — Machine d'Atwood.

Constituons la masse M par un cylindre de cuivre de 240 grammes et la masse M' par une pile de 48 disques de métal de 5 grammes chacun [1] (*fig.* 20).

37. Expériences.

Remontons la masse M au zéro de la graduation sur un

[1] Pratiquement, comme nous allons le voir, 6 disques suffisent : 4 en M', dont la masse restante, 220 grammes, est constituée par un cylindre de cuivre, et 2 pour la surcharge m.

petit support qu'on peut relever ou abaisser. Surchargeons-la d'une masse m constituée par deux disques, soit 10 grammes. Mettons le métronome en mouvement et, au commencement d'une seconde, déclanchons la planchette. Aussitôt, sous l'action du *poids* de la surcharge, la masse M descend, tandis que la masse M' remonte.

Fig. 20. — Disque de métal; il est percé d'un trou central où passe le fil d'attache, et il porte une fente suivant un rayon pour qu'on puisse l'enlever.

Comme M = M' = 240 grammes, c'est donc une *masse* totale de (240 × 2) + 10 = 490 grammes qui se meut sous l'action du poids de 10 grammes.

Cherchons à placer le long de la règle un *curseur plein* G (qu'une vis permet d'immobiliser), de manière à entendre simultanément le bruit du choc de la masse M contre ce curseur et le battement du métronome indiquant la fin de la seconde. Nous n'arrivons à ce résultat qu'après une série de tâtonnements et nous trouvons alors que l'espace parcouru pendant la première seconde est 10 centimètres (*fig.* 21).

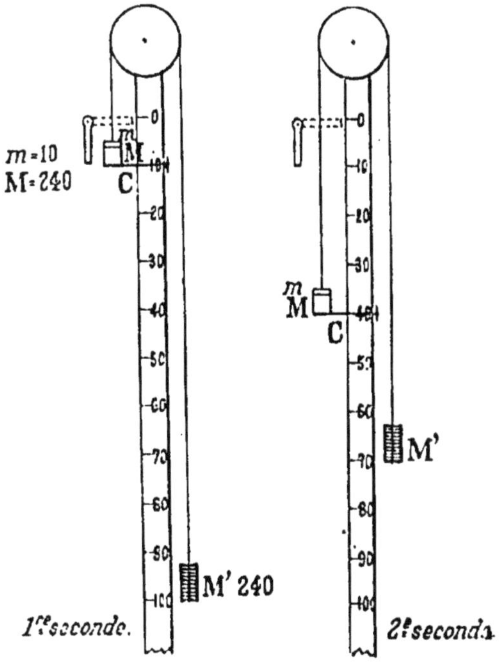

Fig. 21. — Sous le poids de la surcharge *m*, la masse totale parcourt des *espaces proportionnels aux carrés* des temps.

Recommençons l'expérience, mais en arrêtant la masse M

à la fin de la deuxième seconde; nous voyons qu'il faut placer le curseur à la division 40. Par deux autres expériences nous trouvons qu'au bout de 3, puis de 4 secondes, il faut placer le curseur respectivement aux divisions 90 et 160.

Réunissons ces résultats en un tableau :

TABLEAU I. — Force motrice = poids de 10 grammes

Au bout de	1	*seconde, l'espace*	*franchi est*	10	*centimètres.*
—	2	—	—	40	—
—	3	—	—	90	—
—	4	—	—	160	—

Or ces nombres n'ont pas des valeurs quelconques; ils se succèdent suivant un ordre remarquable comme le montre le tableau suivant :

$$
\begin{aligned}
10 &= 10 \times 1 = 10 \times 1^2 \\
40 &= 10 \times 4 = 10 \times 2^2 \\
90 &= 10 \times 9 = 10 \times 3^2 \\
160 &= 10 \times 16 = 10 \times 4^2
\end{aligned}
$$

Est-ce un résultat fortuit ou régulier ? Pour dégager ce qu'il y a de constant dans le phénomène, faisons varier la cause du mouvement sans rien changer à la masse totale. Par exemple, enlevons un disque de 5 grammes à la masse M' pour l'ajouter à la masse M. Alors M = 255 grammes, M' = 235 grammes, le total de la masse reste toujours 490 grammes, mais l'excès de la masse M sur M' est maintenant de 20 grammes, au lieu de 10.

La surcharge du côté de M a donc *doublé*, et par suite (§ 27) il en est *de même du poids*, c'est-à-dire de la force motrice.

La mesure des espaces, faite dans ces nouvelles conditions, nous donne les résultats suivants :

TABLEAU II. — Force motrice = poids de 10 grammes × 2

	Temps considérés.	Espaces franchis.
1er RÉSULTAT :	1 seconde	$20^{cm} = 20 \times 1$
	2 —	$80^{cm} = 20 \times 2^2$
	3 —	$180^{cm} = 20 \times 3^2$
	4 —	$320^{cm} = 20 \times 4^2$

2e RÉSULTAT : *L'espace franchi pendant la première seconde a doublé.*

Recommençons l'expérience en faisant passer un nouveau disque de 5 grammes de M' en M ; alors M = 260 grammes, M' = 230 grammes ; la valeur de la surcharge M — M' est maintenant de 30 grammes, elle a *triplé, il en est de même de son poids.* Les résultats obtenus sont les suivants :

TABLEAU III. — Force motrice = poids de 10 grammes × 3

	Temps considérés.	Espaces franchis.
1er RÉSULTAT :	1 seconde	$30^{cm} = 30 \times 1$
	2 —	$120^{cm} = 30 \times 2^2$
	3 —	$270^{cm} = 30 \times 3^2$

2e RÉSULTAT : *L'espace franchi pendant la première seconde a triplé.*

38. Généralisation des résultats. — Loi des espaces.

Ainsi, de l'ensemble des résultats recueillis, deux faits se dégagent avec netteté :

A. *Quand la force motrice devient 2, 3, 4 fois plus grande, l'espace franchi pendant la première seconde devient aussi 2, 3, 4 fois plus grand;*

B. *Les espaces parcourus par un corps qui tombe pendant t secondes sont égaux au produit de l'espace e' parcouru pendant la première seconde par le carré du nombre de secondes t :*

$$e = e' \times t^2. \qquad (1)$$

A cause des dimensions restreintes de l'appareil, il n'est pas possible de poursuivre plus loin les expériences. Mais la constance des résultats obtenus nous autorise à les généraliser et à les appliquer au mouvement d'un corps tombant en chute libre.

Supposons donc qu'on transporte successivement des disques de M' en M, la valeur de la force motrice ira en augmentant jusqu'à ce que toute la masse M' ait passé sur la masse M. Alors la *masse totale* 490 grammes *tombera sous l'action de son* propre poids, c'est-à-dire en chute libre. La surcharge étant 49 fois plus grande que dans la première expérience, le *poids moteur est lui-même* 49 *fois plus grand*, et, par suite (d'après la conclusion A), le *chemin parcouru pendant la première seconde sera également* 49 *fois plus grand*, soit :

$$10^{cm} \times 49 = 490 \text{ centimètres.}$$

Les espaces parcourus pendant 1, 2, 3, 4, ... t secondes seront (conclusion B) :

Temps considérés.			Espaces parcourus.
1	*seconde*	....	$4^m,90$
2	—	....	$4^m,90 \times 2^2$
3	—	....	$4^m,90 \times 3^2$
4	—	....	$4^m,90 \times 4^2$
...		....	.....
t	—	....	$4^m,90 \times t^2$

L'expérimentation d'abord, puis la généralisation des résultats acquis (§ 4) nous ont conduits à établir que le phénomène de la chute des corps suit une loi s'énonçant ainsi :

Loi des espaces. — Les espaces parcourus par un corps qui tombe librement dans le vide sont proportionnels aux carrés des temps mis à les parcourir.

39. Nature du mouvement de la chute d'un corps. — Mouvement uniformément accéléré.

Le tableau précédent permet de connaître l'*espace parcouru* pendant chacune des secondes successives par un corps qui tombe. On a les résultats suivants :

Secondes considérées.		Espaces parcourus.	
1re *seconde*		....	$4^m,90$
2^e	—	$4^m,90 \times 2^2 - 4^m,90$	$= 4^m,90 \times 3$
3^e	—	$4^m,90 \times 3^2 - 4^m,90 \times 2^2$	$= 4^m,90 \times 5$
4^e	—	$4^m,90 \times 4^2 - 4^m,90 \times 3^2$	$= 4^m,90 \times 7$
.....		.....	.....
.....		.....	.....

Augmentation *régulière* par seconde $= 4^m,90 \times 2 = 9^m,80$.

Ainsi les espaces franchis pendant les secondes successives vont en augmentant sans cesse d'une *quantité constante*. Le mouvement n'est donc pas uniforme (§ 12), on l'appelle **mouvement uniformément accéléré**.

Dans un tel mouvement, la vitesse s'accroît sans cesse; aussi ne saurait-il être question d'une vitesse unique comme pour le mouvement uniforme. En réalité, on ne peut jamais considérer que des vitesses particulières, celles que le mobile possède à des instants donnés.

Cela posé, on appelle vitesse d'un mouvement uniformément accéléré la vitesse du mouvement uniforme (§ 12) *qui succède à ce mouvement varié lorsqu'on supprime la force motrice qui en est la cause.*

40. Loi des vitesses.

A l'aide de la machine d'Atwood, on peut déterminer les vitesses acquises au bout de **1, 2, 3, 4, ...** secondes, par un corps qui tombe.

On prend comme masse additionnelle **m** une lame rectangulaire, de forme allongée; en plaçant un curseur évidé successivement aux divisions 10^{cm}, 40^{cm}, 90^{cm}, 160^{cm} (§ 37, exp. I), on arrête au passage cette masse additionnelle, après 1, 2, 3, 4 secondes de chute, tandis que la masse M, qui peut passer à travers le curseur, continue à se mouvoir.

A partir du moment où la masse additionnelle, et par suite la *force motrice*, est supprimée, la masse M + M' se déplace d'un mouvement uniforme et l'*espace qu'elle franchit en une seconde*, *mesure*, par définition, *la vitesse du mouvement uniformément varié au moment de la suppression de la force motrice* (poids de la masse m).

Sans entrer dans le détail, disons que si, dans les expériences du paragraphe 39, on mesure, comme nous venons de l'expliquer, les vitesses acquises au bout de 1, 2, 3, ... secondes, par la masse de 490 grammes sous l'action du poids de masses successivement égales à 10, 20, 30, ... grammes, on obtient les résultats suivants :

VITESSES EN CENTIMÈTRES ACQUISES PAR UNE MASSE DE 490 GRAMMES SOUS L'ACTION DE DIFFÉRENTS POIDS

TEMPS	POIDS DE 10^{gr}	POIDS DE 20^{gr}	POIDS DE 30^{gr}	.....	POIDS DE 490^{gr}. (chute libre)
A la fin de la 1re sec.	$20^{cm} \times 1$	$40^{cm} \times 1$	$60^{cm} \times 1$	.....	$980^{cm} \times 1$
2e	$20^{cm} \times 2$	$40^{cm} \times 2$	$60^{cm} \times 2$	.....	$980^{cm} \times 2$
3e	$20^{cm} \times 3$	$40^{cm} \times 3$	$60^{cm} \times 3$	.....	$980^{cm} \times 3$
.	.	.	.	.	.
.	.	.	.	.	.
te	$20^{cm} \times t$	$40^{cm} \times t$	$60^{cm} \times t$	.....	$980^{cm} \times t$
Augmentation régulière de la vitesse par seconde......	20^{cm}	40^{cm}	60^{cm}	.....	980^{cm}
Espace parcouru pendant la 1re seconde (§ 37)...........	10^{cm}	20^{cm}	30^{cm}	.....	490^{cm}

d'où les conclusions suivantes :

I. LOI DES VITESSES. — **Les vitesses acquises par un corps qui tombe sont proportionnelles aux temps mis à les acquérir.**

II. La *vitesse s'accroît chaque seconde d'une quantité constante appelée* **accélération.**

III. L'*accélération a la même valeur que la vitesse à la fin de la première seconde, et une valeur double de l'espace parcouru pendant la première seconde.*

L'accélération du mouvement d'un corps tombant en chute libre est 980 centimètres.

IV. **Les accélérations** *que prend une* **même masse** *tombant sous l'action de divers poids sont* **proportionnelles à ces poids.**

41. Relations caractéristiques d'un mouvement uniformément accéléré.

La loi des espaces et celle des vitesses que nous venons d'établir sont *toutes deux* caractéristiques d'un mouvement uniformément accéléré, celui-ci est donc suffisamment défini par l'une d'elles.

Désignons l'accélération évaluée en centimètres par g.
— la vitesse — — v
— le temps évalué en secondes par t.

La loi des vitesses nous donnera la relation suivante :

$$v = gt. \qquad (2)$$

D'autre part, l'espace e' parcouru pendant la première seconde par un corps tombant en chute libre étant égal à $\frac{1}{2}g$, (§ 40, III) l'espace e parcouru pendant t secondes est d'après la loi des espaces (§ 38, B) :

$$e = \frac{1}{2} g \times t^2. \qquad (3)$$

IV. — GÉNÉRALISATION. — MESURE D'UNE FORCE PAR LE MOUVEMENT QU'ELLE PRODUIT. — APPLICATION AU POIDS D'UN CORPS.

42. Généralisation.

Le poids d'un corps en un lieu donné étant une force constante, toutes les conclusions auxquelles nous sommes arrivés au cours de l'étude précédente conviennent aux forces constantes en général. Nous pouvons donc énoncer la loi suivante :

Loi. — **Lorsqu'un corps est sollicité par une force constante :**

1° Il possède une accélération constante ;

2° Sa vitesse est proportionnelle à la durée de l'action de la force ;

3° Le chemin qu'il parcourt, compté à partir du repos, est proportionnel au carré de la durée de l'action de la force.

Nous allons aborder maintenant la mesure d'une force constante par le mouvement qu'elle produit, ou, plus précisément, par l'accélération de ce mouvement [1].

a) Définition d'une force égale à une autre. — On dit qu'une force **A** *est égale à une autre* **B**, *si elles communiquent toutes deux la* **même accélération** *à une* **même masse.**

Nous avons vu (§ 40,IV) que des poids différents communiquent à une même masse des accélérations proportionnelles aux intensités de ces poids. Cette relation conduit à la définition suivante :

b) Définition d'une force 2, 3, 4, ... fois plus grande qu'une autre. — On dit qu'une force **A est 2, 3, 4, ... fois plus grande** *qu'une autre* **B**, *lorsqu'elle communique à une masse donnée des* **accélérations 2, 3, 4, ... fois plus grandes** *que l'accélération communiquée par* **B.**

[1] On peut encore, en effet, définir les forces comme les *causes des accélérations croissantes ou décroissantes du mouvement des corps.* Cette définition précise celle qui a été donnée au paragraphe 13.

D'autre part, on vérifie expérimentalement, à l'aide de la machine d'Atwood, que, si l'on rend la masse additionnelle m (§ 37) 2, 3, 4, fois plus grande en même temps que les masses M et M', la valeur de l'accélération *ne change pas.* En généralisant cette conclusion, on a la relation suivante:

c) *Lorsque plusieurs forces communiquent la* même *accélération à des masses différentes, elles sont* proportionnelles *à ces masses.*

Ceci posé, il est facile d'arriver à la mesure des forces.

43. Unité de force.

On convient de prendre pour **unité** de force *la force constante capable d'imprimer à la masse* du gramme une *accélération* de 1 centimètre *par seconde :* on la désigne par le nom de dyne [1].

44. Mesure d'une force par l'accélération qu'elle communique à un corps.

Soit à déterminer la valeur d'une force F qui communique une accélération de 50 centimètres à une masse de 250 grammes.

Pour communiquer à 1^{gr} une accélération de 1^{cm} par seconde il faut (§ 43) :

1 dyne.

Pour communiquer à 1^{gr} une accélération de 50^{cm} par seconde, il faut (§ 42, *b*) :

1×50 dynes.

Pour communiquer la *même* accélération à une masse de 250 grammes il faut (§ 42, *c*) :

$1 \times 50 \times 250$ dynes.

[1] La dyne est une grandeur *constante*, puisque les grandeurs qui servent à la déterminer sont elles-mêmes constantes.

Donc :

$$F = 250 \times 50 \text{ dynes.}$$

D'une manière générale, quand une force communique à une masse m, exprimée en grammes, une accélération g, exprimée en centimètres, sa mesure f est donnée par la relation suivante :

$$f = mg, \qquad (4)$$

et le produit [1] exprime alors des **dynes**.

45. Application.

Quelle est, en dynes, la valeur d'une force qui imprime, à une masse de 45 décagrammes, une accélération de 2m,85?

SOLUTION :

Masse..................	= 450 grammes.
Accélération...........	= 285 centimètres.
Intensité de la force.....	= 450 × 285
	= 128.250 dynes.

En résumé, la mesure d'une force par le mouvement qu'elle produit s'obtient par la détermination de deux grandeurs facilement mesurables : 1° *une longueur*, à l'aide du mètre ; 2° *une masse*, au moyen de la balance (§ 51).

46. Valeur de l'accélération due à la pesanteur.

Les expériences réalisées avec la machine d'Atwood nous ont déjà fait connaître la valeur de l'accélération communiquée par la pesanteur aux corps tombant en chute libre. Nous avons trouvé 980 centimètres (§ 40). En réalité, les mesures effectuées de cette manière manquent de précision, car

(1) Ce cas, où la mesure d'une grandeur est donnée par le produit de la mesure de deux autres, n'est pas nouveau. Un exemple bien connu est celui de la mesure de la surface d'un rectangle.

de nombreuses causes d'erreur : difficulté d'une observation exacte, frottements divers, résistance de l'air, etc., interviennent pour fausser les résultats. Aussi a-t-on employé d'autres procédés pour déterminer avec exactitude la valeur de l'accélération due à la pesanteur, on a trouvé les nombres suivants :

A l'équateur......	$978^{cm},08$
A la latitude de 45°...............	$980^{cm},63$
A Paris	981^{cm}
A la latitude de 80°..............	983^{cm}
Au pôle........................	$983^{cm},16$

47. Poids d'un corps évalué en dynes.

Le poids P d'un corps est une force; aussi a-t-on, d'après la relation (4):

$$P = mg. \qquad (5)$$

Par exemple une masse de 1 kilogramme aura

A Paris, un poids de	$1.000 \times 981 = 981.000$	dynes.
Au pôle, —	$1.000 \times 983,16 = 983.160$	—
A l'équateur, —	$1.000 \times 978,08 = 978.080$	—

ainsi se trouve précisé *numériquement* ce fait déjà constaté plus haut par l'expérience (§ 25), que le poids d'un corps varie avec la latitude.

48. Idée de la dyne.

La dyne est une force très petite; pour avoir une idée de sa grandeur, calculons la *valeur de la masse dont le poids est d'une dyne à Paris.* D'après la relation générale $P = mg$, nous avons :

$$1 \text{ dyne} = m \times 981,$$

d'où :

$$m = \frac{1}{981} = 0^{gr},001019.$$

La dyne correspond donc sensiblement au poids d'une masse de 1 milligramme. Le poids d'une masse de 1 kilogramme à Paris est égal à 981.000 dynes, et l'on voit que, pour exprimer en dynes les poids de corps dont les masses sont relativement petites : 1, 2, 3, ... kilogrammes, on se trouve amené à employer des nombres très grands. Aussi fait-on usage, comme en système métrique, d'*unités secondaires;* telles que la **mégadyne**, qui vaut 1 million de dynes, soit un peu plus du poids de 1 kilogramme.

Ainsi, à Paris, le poids de 1 kilogramme est égal à 0,981 mégadyne, et 10 kilogrammes ont un poids de 9,81 mégadynes.

APPLICATION. — *Quelle masse faut-il ajouter à celle du kilogramme, considérée à l'équateur, pour que le* **poids** *de la nouvelle masse ainsi formée soit le même que celui du kilogramme au pôle?*

SOLUTION :

Poids de la masse du kilogramme		au pôle	=	983.160 dynes.
—	—	à l'équateur	=	978.080 —
		EXCÈS.......	=	5.080 dynes.

La valeur de la masse supplémentaire m qu'il faudra ajouter au kilogramme à l'équateur nous sera fournie par la relation générale

$$P = mg,$$

où $g = 978,08$ (intensité de la pesanteur à l'équateur). On a en effet :

$$5.080 = m^{gr} \times 978,08,$$

d'où

$$m = \frac{5.080}{978,08} = 5^{gr},20.$$

CONCLUSION. — Si, au pôle, le poids d'une masse de 1.000 grammes faisait fléchir d'une certaine longueur le ressort d'un dynamomètre très sensible, pour avoir la *même flexion* à l'équateur, il faudrait *ajouter* à cette masse 5^{gr},2, c'est-à-dire lui faire subir une augmentation de $\frac{52}{10.000}$, soit environ $\frac{1}{200}$ de sa valeur.

La variation que présente le poids d'un corps en passant d'un lieu à un autre est donc pratiquement assez faible. Elle est cependant considérable pour les physiciens, toujours soucieux d'exactitude et habitués aux mesures précises. On s'en fera une idée par ce simple fait qu'ils arrivent à peser une masse de 100 kilogrammes avec une erreur inférieure à 1 milligramme, par conséquent moindre de $\frac{0^{gr},001}{100.000} = \frac{1}{100.000.000}$ (un cent millionième) de la masse totale, soit 500.000 fois plus petite que la variation précédente.

40. Résumé.

Les notions essentielles à retenir de l'étude précédente sur la pesanteur sont les suivantes :

1° En un même lieu, la pesanteur *communique la même accélération à tous les corps ;*

2° L'*accélération communiquée par la pesanteur* varie d'un lieu à un autre, *avec la distance de ce lieu au centre de la Terre ;*

3° *Le poids d'un corps est la force avec laquelle la pesanteur attire ce corps.* Cette force varie d'un lieu à un autre, comme l'accélération ;

4° En physique, le poids *d'un corps s'exprime en unités de force, c'est-à-dire* en dynes.

Il est donné par la relation générale :

$$P = mg.$$

5° C'est une faute de langage scientifique que d'employer le mot *poids* pour désigner *la quantité de matière d'un corps ;* dans ce dernier cas, on doit se servir du mot masse ;

6° La mesure de la masse d'un corps s'exprime en grammes.

50. Expériences. — Faire les diverses expériences relatives à la direction de la chute des corps, à la détermination du centre de gravité de divers corps (anneau, équerre, tabouret par exemple), à l'équilibre autour d'un axe horizontal (morceau de carton, calendrier, etc., suspendus à un clou dans diverses positions), à l'équilibre sur un plan (bouchon de liège à la base duquel on a enfoncé des clous à grosse tête, et qu'on ne peut coucher). Vérifier à l'aide de la machine d'Atwood les lois de la chute des corps.

CHAPITRE IV

BALANCE

PLAN

I Expériences fondamentales	Principe de la balance	Règle mobile autour d'un axe horizontal passant au-dessus du centre de gravité : *fléau*.
	1re Expérience : Les bras du fléau sont égaux	On suspend des masses égales aux deux extrémités : l'équilibre subsiste. On suspend des masses inégales : l'équilibre est détruit. Conséquence : on peut mesurer une masse à l'aide du fléau, en lui faisant équilibre avec des masses marquées.
	2e Expérience : Les bras du fléau sont inégaux	On suspend des masses aux deux extrémités, l'équilibre est rétabli lorsque les masses sont inversement proportionnelles aux longueurs des bras du fléau. Conséquence : On peut mesurer une masse suspendue à l'extrémité d'un fléau aux bras inégaux, en lui faisant équilibre à l'aide de masses marquées, puis en appliquant la règle précédente.
II Balances à bras de fléau égaux	*A.* Description	1° Mode de suspension du fléau. — Couteau, plan d'agate ou d'acier. 2° Plateaux à suspension mobile. 3° Aiguille permettant de reconnaître l'horizontalité du fléau.
	B. Justesse d'une balance	1° Conditions pour que la masse du corps pesé soit égale à la somme des masses marquées : *a*) égalité en longueur des bras du fléau ; *b*) égalité en poids des bras du fléau et des plateaux. 2° Caractère qui sert à la définir : le fléau doit rester horizontal lorsque les plateaux sont vides ou chargés de masses égales.
	C. Sensibilité d'une balance	1° Sensibilité *absolue* : caractérisée par la plus petite masse qu'il faut ajouter dans un plateau pour détruire l'équilibre. 2° *Précision* d'une pesée : dépend de la sensibilité de la balance et de la masse pesée.
	D. Diverses sortes de balances	Balance ordinaire à chaînes, balance de Roberval, balance de précision.
III Balances à bras de fléau inégaux	Diverses sortes	Balance romaine. Bascule.

51. Définition.

La balance est un instrument employé pour mesurer la masse des corps, à l'aide d'une opération appelée pesée.

52. Principe.

Perçons une règle plate rectangulaire BC (*fig.* 22) en un point A situé sur le petit axe, au-dessus du centre de gravité. A partir de l'axe AG, portons successivement, dans les deux sens, des longueurs égales à 3 centimètres, par exemple, et aux points de divisions, près de l'arête inférieure, perçons des trous *p*, *q*, *r*, *s*, *s'*, *r'*, *q'*, *p'*, par où nous passons une boucle de fil. Puis suspendons la règle à l'aide d'un axe horizontal passant par A et figuré par un clou fixé dans l'épaisseur d'une tablette. La règle se maintient en équilibre horizontalement.

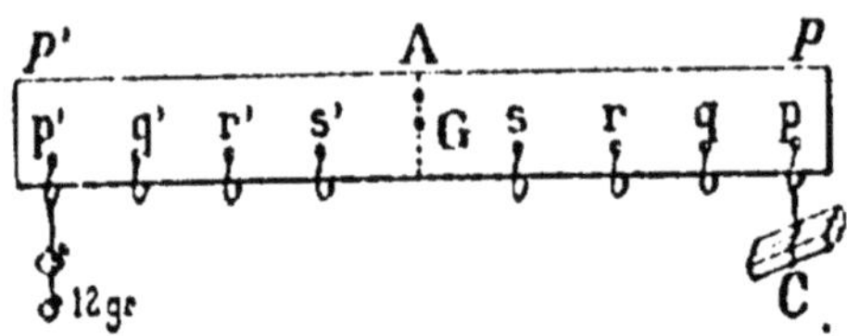

FIG. 22. — Principe de la balance. On fait équilibre au *poids* du corps C par le *poids* de masses marquées. L'égalité des poids entraîne celle des masses. La valeur des masses marquées fait donc connaître celle de la masse du corps.

PREMIÈRE EXPÉRIENCE. — Suspendons aux points *p*, *p'* des corps que nous savons être de *masses identiques*, par exemple deux masses marquées de 10 grammes. Nous voyons que *la règle reste horizontale*. Au contraire, suspendons, en *p*, *p'* des *masses* que nous savons être *inégales* par exemple une masse marquée de 10 grammes et une de 20 grammes. Nous voyons *la règle s'incliner du côté de la plus lourde masse*. D'après cette expérience, il est facile de mesurer une masse. Soit à connaître la masse d'un morceau de craie : suspendons-le en *p*, il fait pencher la règle de son côté. Plaçons en *p'* des masses marquées jusqu'à amener la règle horizontalement. S'il faut placer 12 grammes, nous disons que la masse du morceau de craie est de 12 grammes. Si, en mettant 10 grammes, la règle penche du côté de la craie, nous disons que la craie pèse plus de 10 grammes, etc.

L'appareil que nous venons de constituer n'est pas autre chose qu'une balance. La barre rigide, mobile autour d'un axe horizontal s'appelle **fléau**; les deux parties Ap, Ap', sont les deux bras du fléau.

Deuxième expérience : *Les deux bras ne sont pas égaux.* — Prenons pour les deux bras du fléau As et Aq' = 3As. Si l'on suspend une masse de 10 grammes en *q'*, il faut, pour maintenir la règle horizontale, placer une masse de 30 grammes ou 3 fois 10 grammes en *s*. De même, si l'on prend pour bras du fléau Ar et Ap' = 2Ar, et si l'on suspend une masse de 10 grammes en *p'*, il faut suspendre 20 grammes en *r* pour maintenir la règle horizontale.

Conclusion. — *Les masses suspendues pour maintenir l'équilibre sont* **inversement proportionnelles** *aux longueurs des bras du fléau.*

Il est donc facile de mesurer la masse d'un corps si l'on connaît le rapport des longueurs des bras du fléau ; on suspend le corps à peser à l'extrémité du plus petit bras, par exemple ; on établit l'équilibre au moyen de masses marquées, et si l'un des bras est **n** fois plus grand que l'autre, on multiplie par **n** la valeur des masses marquées ([1]).

([1]) Remarquons que ce qui agit sur les bras du fléau, ce ne sont pas les masses, mais les poids des corps suspendus. Si ces poids sont égaux, ils tirent également les extrémités du fléau. S'ils sont inégaux, le plus grand tire avec plus de force que l'autre, et fait incliner le fléau de son côté. En réalité, c'est donc l'égalité des poids que nous constatons. Mais comme *l'égalité des poids en un même lieu entraîne l'égalité des masses* (§ 21), on voit comment on peut mesurer une masse au moyen de la balance.

Le fléau n'est autre qu'un levier, c'est-à-dire une barre rigide mobile autour d'un point fixe et telle qu'en appliquant une force en un de ses points, on équilibre une seconde force appliquée en un autre point. Les expériences décrites ci-dessus établissent en même temps le principe général d'équilibre des leviers : *les forces appliquées aux extrémités des bras de levier pour le maintenir en équilibre sont inversement proportionnelles aux longueurs des bras du levier.*

La balance peut donc être formée de bras de fléau égaux ou inégaux ; les deux sortes existent, mais les plus employées sont les premières, qui sont en général plus pratiques.

I. — BALANCE AVEC BRAS DE FLÉAU ÉGAUX

53. Description.

Réduite à la règle précédente, la balance serait un instrument grossier :

1° Le fléau n'est pas assez mobile autour de l'axe, les frottements sont grands, par suite la balance est peu exacte.

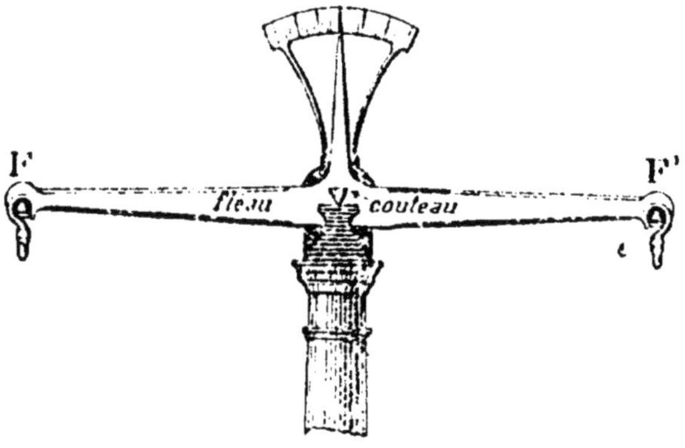

Fig. 23. — Balance : fléau et couteaux.

Pour atténuer les frottements, on figure l'axe de suspension par l'arête d'un prisme triangulaire en acier fixé au fléau et appelé couteau (*fig.* 23).

Cette arête, tournée vers le bas, repose de part et d'autre du fléau sur deux plans horizontaux d'agate sur lesquels elle est très mobile. Ces plans sont eux-mêmes portés par un pied de fonte ou de laiton.

2° Il n'est pas commode de suspendre des corps quelconques aux boucles de fil de la règle.

La balance ordinaire porte des plateaux suspendus par des chaînes. La suspension est telle que les plateaux soient très mobiles autour de leur point d'attache (*fig.* 23 et 23 *bis*).

3° Il est difficile de se rendre compte directement de l'horizontalité de la règle.

Aussi, le fléau des balances porte en son milieu une aiguille qui lui est perpendiculaire, et qui oscille devant un arc de cercle gradué. Quand la règle est horizontale, l'aiguille est devant le zéro de la graduation.

Fig. 23 *bis*. — Balance : suspension des plateaux.

54. Pesée.

L'expérience du début nous a donné le moyen de faire une pesée : on place l'objet à peser dans l'un des plateaux, de l'autre côté, on ajoute peu à peu des masses marquées jusqu'à amener l'aiguille au zéro. La somme des masses marquées indique la masse du corps.

55. Justesse.

Conditions. — Pour que la somme des masses marquées indique la masse du corps, la balance doit remplir plusieurs conditions :

1° *Il faut que les bras du fléau soient égaux en longueur;* car, s'ils étaient inégaux, l'appareil rentrerait dans le second groupe de balances, où les masses sont inégales (§ 52, deuxième expérience).

2° *Il faut que les bras du fléau, ainsi que les plateaux, soient identiques comme masses ;* sinon, le fléau s'inclinerait du côté le plus lourd quand les plateaux seraient vides, et pour établir l'horizontalité avec les plateaux chargés, il faudrait une masse un peu plus forte du côté du plateau le plus léger.

Définition. — Lorsque les conditions précédentes sont remplies, *le fléau reste horizontal aussi bien quand les plateaux sont chargés de poids égaux que lorsqu'ils sont vides.* On dit alors que la balance est juste.

Manière de peser exactement avec une balance fausse. — Il est à peu près impossible que les conditions de justesse soient rigoureusement réalisées. On peut donc dire qu'une balance n'est jamais parfaitement juste. Mais on peut toujours effectuer une pesée exacte avec une balance non juste, de la manière suivante : on place le corps à peser M, dans l'un des plateaux (*fig.* 24, I), et on lui fait équilibre

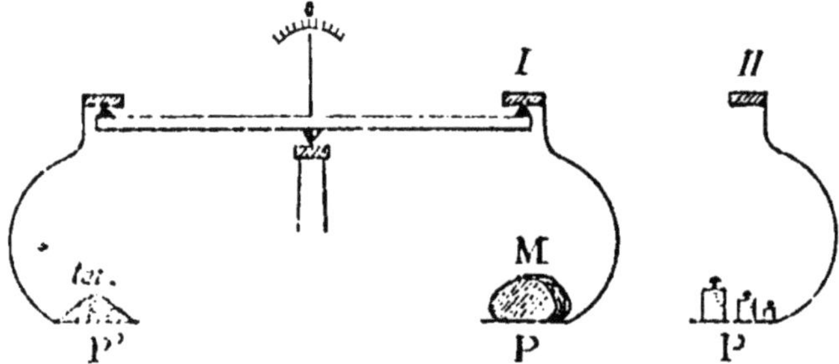

Fig. 24. — Double pesée. On fait équilibre au corps M par des objets quelconques, puis on enlève ce corps et l'on rétablit l'équilibre en le remplaçant par des masses marquées.

par des objets quelconques, grains de plomb par exemple, placés dans l'autre plateau ; on appelle cela *faire la tare*. Puis on enlève le corps M, sans toucher à la tare, et on le remplace par des masses marquées (*fig.* 24, II), pour rétablir l'équilibre horizontal. La somme des masses marquées donne exactement la masse du corps.

En effet, les poids marqués et le poids du corps ont produit absolument le même effet dans les mêmes circonstances.

Ces 2 forces sont donc égales (§ 15, *a*) et, par suite, les masses correspondantes sont égales (§ 27, *a*).

La méthode précédente est connue sous le nom de **double pesée de Borda**, du nom du savant qui l'a imaginée. On l'emploie toutes les fois qu'on veut faire une pesée précise.

56. Sensibilité.

La justesse d'une balance n'est pas une qualité indispensable, puisqu'il est toujours possible de peser juste avec une balance fausse. Il n'en est pas de même de la **sensibilité**, dont nous allons parler.

Sensibilité absolue. — Pesons un corps à l'aide d'une balance ordinaire, et, *quand l'équilibre est établi*, ajoutons sur l'un des plateaux, 1, 2, 5, 10, 20 centigrammes. Nous constatons que l'équilibre subsiste. Si la *plus petite masse* qu'il faut ajouter pour détruire l'équilibre est, par exemple, 1 décigramme, on dit que la balance *est sensible au décigramme*. **La sensibilité absolue d'une balance se mesure donc par la plus petite masse qu'il faut placer sur l'un des plateaux pour détruire l'équilibre établi.**

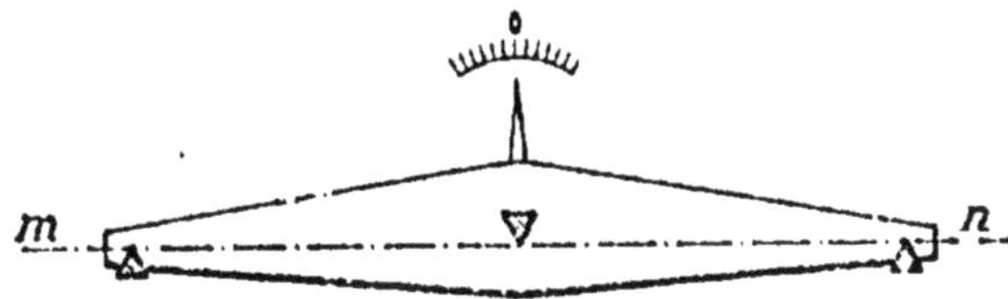

Fig. 25. — Pour que la sensibilité de la balance demeure constante, il faut que les arêtes des trois couteaux soient sur un même plan horizontal.

On a montré que *la sensibilité absolue est constante pour une même balance*, quelle que soit la charge des plateaux, à condition que les arêtes de suspension du fléau et des plateaux soient dans un même plan horizontal (*fig.* 25).

Mais supposons que nous chargions la balance de masses plus pesantes que n'en peut supporter le fléau. Celui-ci s'incurvera, les arêtes des trois couteaux ne seront plus en ligne droite, et la sensibilité absolue ne sera plus la même. Il y a donc pour chaque balance **une limite de charge**, généralement indiquée sur le socle.

Conditions de sensibilité. — L'exactitude d'une pesée dépend évidemment de la sensibilité de la balance em-

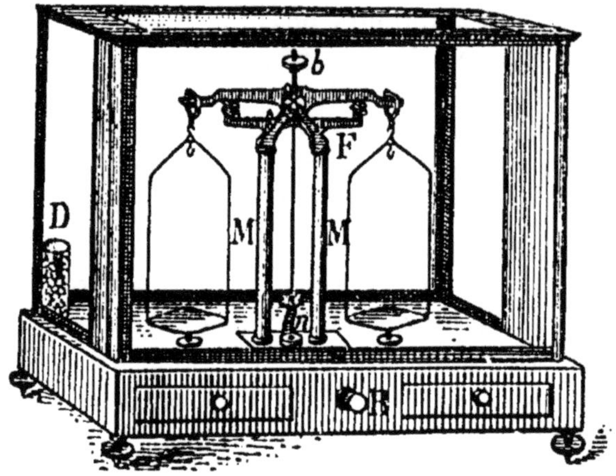

FIG. 26. — B, bouton pour manœuvrer la fourchette F ; n, niveau à bulle d'air ; b, vis pour élever ou abaisser le centre de gravité du fléau ; D, substance desséchante.

ployée : ainsi, avec une balance sensible au décigramme, on peut se tromper d'un peu moins de 1 décigramme en plus ou en moins de la masse véritable. On a trouvé que, pour avoir une balance sensible, il faut que le fléau soit léger, et que le centre de gravité soit très près de l'axe de suspension. Ces conditions sont réalisées dans les balances de précision : le fléau est en aluminium et a la forme d'un losange évidé. Il est muni à sa partie médiane et supérieure d'une vis qu'on peut monter ou descendre, pour élever ou abaisser le centre de gravité du système (*fig.* 26).

Les balances des pharmaciens sont sensibles au milligramme ; les balances ordinaires, au décigramme ou quelquefois au gramme.

57. Précision.

La *précision* d'une pesée ne dépend pas uniquement de la sensibilité absolue ; par exemple, si l'on pèse, avec une balance sensible au décigramme, un corps de masse 10 grammes, puis un corps de masse 500 grammes, l'erreur est, dans les deux cas, plus petite que 1 décigramme. Pourtant, la première pesée est beaucoup moins précise que la seconde, car l'erreur correspond à $\frac{1}{100}$ environ de la masse totale dans le premier cas, à $\frac{1}{5.000}$ dans le second cas. Ce sont donc les rapports $\frac{1}{100}$, $\frac{1}{5.000}$ qui indiquent la *précision d'une pesée.*

La précision d'une pesée se mesure par le **rapport** *de la sensibilité absolue à la masse pesée.* On voit qu'elle dépend de la sensibilité de la balance employée, par suite, les pesées de précision ne sont possibles qu'avec des balances sensibles.

Au Bureau international des poids et mesures, on a poussé la précision jusqu'à des limites qu'on a peine à se représenter puisqu'on a pu peser 1 kilogramme à un centième de milligramme près, c'est-à-dire avec une approximation de 1 cent millionième. Comme de faibles différences de température, celle, par exemple, qui peut exister entre les deux bras de l'opérateur, fausseraient les résultats, celui-ci procède de près à une pesée approximative, puis referme la cage vitrée dans laquelle la balance est placée et la recouvre d'un feutre blanc. Il termine l'opération à 4 mètres de distance en agissant sur des poids spéciaux à l'aide de tiges articulées. Avec une lunette, il observe les déplacements du fléau par l'examen de l'image d'une règle graduée en cristal située près de lui, image qui lui est renvoyée par un miroir fixé au fléau.

58. Balance Roberval.

On utilise souvent dans le commerce une balance dite *balance Roberval*, où les plateaux sont au-dessus du fléau, ce qui offre l'avantage de supprimer les chaînes de suspension souvent fort gênantes. Des articulations disposées en A, A', B, B' (*fig.* 27) permettent aux plateaux de rester horizontaux pendant les oscillations du fléau.

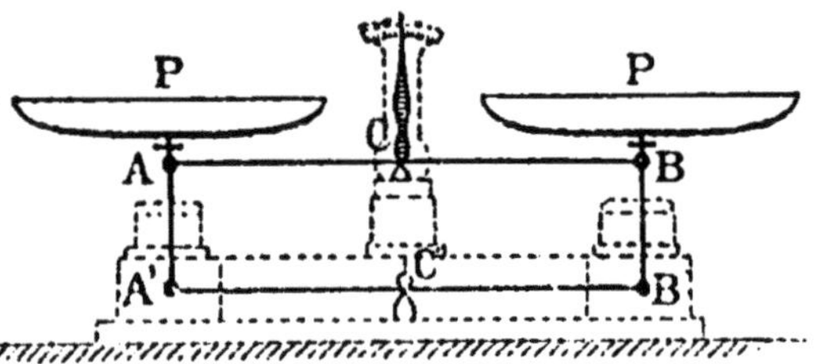

Fig. 27. — Schéma d'une balance Roberval.

II. — BALANCE A BRAS DE FLÉAU INÉGAUX

59. Balance romaine.

Les balances romaines et les bascules sont des balances à bras de fléau inégaux.

Dans une balance romaine (*fig.* 28), le petit bras est souvent le dixième du plus grand.

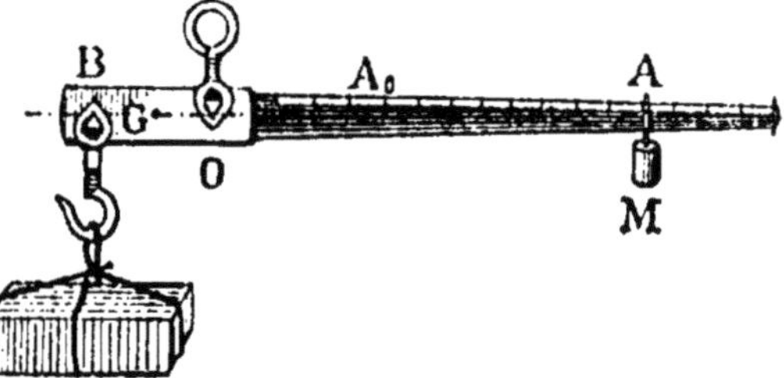

Fig. 28. — Balance romaine. En éloignant plus ou moins la masse M de l'axe de suspension O, on peut faire équilibre à des corps plus ou moins lourds.

L'axe de rotation est soutenu par une tige terminée par un anneau servant à soutenir l'appareil. A l'extrémité du petit bras est un crochet destiné à supporter l'objet à peser; le long du grand bras peut glisser une masse de fonte. En éloignant cette masse plus ou moins de l'axe de rotation, on peut faire équilibre à des corps plus ou moins lourds suspendus au crochet du petit bras. Le grand bras du fléau est ordinairement gradué en kilogrammes et en demi-kilogrammes. Cette balance est peu sensible. Elle est commode parce qu'elle est facilement transportable et n'exige pas de boîte de masses marquées.

60. Bascule.

Les bascules employées dans le commerce et dans les gares, sont fondées sur le même principe (*fig.* 28 *bis*) ; leur

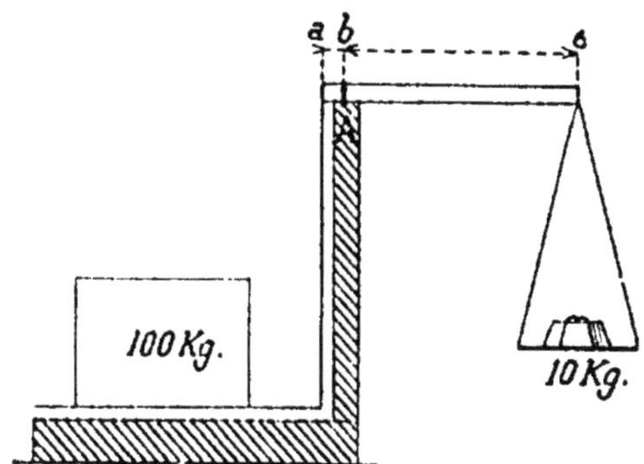

Fig. 28 *bis*. — Bascule (figure schématique). A : axe de suspension. Le bras bc vaut 10 fois le bras **ab**.

sensibilité est généralement assez faible, mais elles permettent de peser des masses lourdes avec un petit nombre de masses marquées toujours maniables.

61. Expériences. — On apprendra aux élèves à peser par simple et par double pesée, à vérifier la justesse d'une balance, à déterminer sa sensibilité.

Si l'on dispose d'une balance de précision, on fera faire une pesée précise d'un corps léger. On apprendra aussi à peser avec la bascule.

Exercice d'observation : *la balance hydrostatique (fig. 29) ou la balance de précision.*

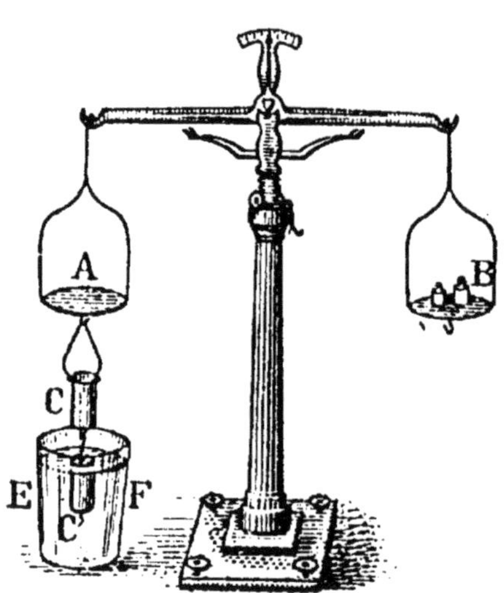

Fig. 29. — Balance hydrostatique. (On l'emploie dans l'expérience décrite parag. 124.)

On pourra aussi compléter l'étude des leviers, que nous avons très abrégée à dessein, en faisant observer divers genres de leviers : pincettes, casse-noisettes, pince à dessin, brouette, voiture, par exemple. Les élèves, ne se contentant pas d'observer l'objet, observeront son fonctionnement, chercheront ce qui arrive si l'on modifie la position de la main qui serre la pincette ou le casse-noisettes, si l'on charge une brouette près ou loin des brancards, etc. Ainsi se précisera chez elles de façon concrète la notion des leviers et de leur utilité.

CHAPITRE V

DENSITÉ

PLAN

I Définitions

- **de la masse spécifique ou densité absolue** : C'est la masse m de l'unité de volume d'un corps $m = \frac{M^{gr}}{V}$.
- **de la densité relative** : C'est le rapport d de la masse M d'un certain volume V d'un corps à la masse M' d'un égal volume d'eau. V centimètres cubes d'eau pèsent V grammes, donc : $d = \frac{M}{V} = m$.
- **du poids spécifique absolu** : C'est le poids de la masse spécifique d'un corps. Poids spécifique absolu $= mg$ ($g =$ accélération de la pesanteur).
- **du poids spécifique relatif** : C'est le rapport du poids d'un certain volume d'un corps au poids d'un égal volume d'eau. Poids spécifique relatif $= \frac{Mg}{Vg} = \frac{M}{V} = m$.
- **Conséquence** : Pour connaître les quatre grandeurs précédentes, il suffit d'en déterminer une : la densité relative, par exemple.

II Détermination de la densité relative d'un corps

- **Principe** : On détermine la masse (M grammes) d'un corps et la masse (V grammes) d'un égal volume d'eau.
- **1° Le corps est solide** :
  - *A.* On détermine M par double pesée.
  - *B.* On détermine la masse V
    - *a)* En plongeant le corps dans un vase plein d'eau et en pesant l'eau déplacée.
    - *b)* En faisant usage de la méthode du flacon.
  - *C.* Lorsque le corps est soluble dans l'eau, on cherche d'abord sa densité par rapport à un liquide dans lequel il n'est pas soluble.
- **2° Le corps est liquide** :
  - *A.* On emplit un flacon du liquide considéré et l'on détermine la masse de ce liquide.
  - *B.* On remplace le liquide par de l'eau et l'on détermine la masse de cette eau.

62. Définition de la masse spécifique.

Tous les corps, sous le même volume, n'ont pas la même masse : ainsi un verre plein d'eau pèse plus qu'un verre identique plein d'huile, une sphère de plomb pèse plus qu'une sphère de bois de même diamètre. On dit que ces corps n'ont pas la même masse spécifique, et on appelle masse spécifique ou densité absolue d'un corps la masse de l'unité de volume de ce corps. Dans le système C. G. S., c'est donc la masse, exprimée en grammes, de 1 centimètre cube de ce corps.

EXEMPLES : la masse spécifique du fer est $7^{gr},8$, celle du liège $0^{gr},24$, c'est-à-dire que 1 centimètre cube de fer pèse $7^{gr},8$ et 1 centimètre cube de liège, $0^{gr},24$.

63. Applications numériques.

1° *Un morceau de plomb a une masse de* $170^{gr},25$. *Sachant que la masse spécifique du plomb est* $11^{gr},35$, *quel est le volume du morceau de plomb ?*

$11^{gr},35$ représentent la masse de 1 centimètre cube.
$170^{gr},25$ représentent donc la masse de :

$$\frac{1^{cm^3} \times 170,25}{11,35} = 15 \text{ centimètres cubes.}$$

2° *Un corps pèse* $330^{gr},5$; *son volume est 30 centimètres cubes. Quelle est sa masse spécifique ?*

30 centimètres cubes pèsent $330^{gr},5$.
1 centimètre cube pèse :

$$\frac{330^{gr},5}{30} = 11^{gr},35.$$

Si l'on représente par M la masse en grammes de V centimètres cubes d'un corps, et par m sa masse spécifique, on peut écrire :

$$m = \frac{M^{gr}}{V}. \qquad (1)$$

61. Densité relative.

Le nombre qui représente la densité absolue d'un corps dépend des unités de masse et de volume employées : si, au lieu du gramme et du centimètre cube, on prenait pour unités le gramme et le décimètre cube, par exemple, les densités absolues seraient représentées par d'autres nombres; ainsi celle du plomb serait 11 350 grammes. Le même inconvénient n'existe pas pour les densités relatives. On appelle **densité relative d'un corps A, le rapport entre la masse d'un certain volume de ce corps et la masse d'un égal volume d'un autre corps B pris comme terme de comparaison.**

a) Pour les gaz, le corps B est l'air; mais on fait alors intervenir dans la définition des conditions nouvelles, qui seront étudiées plus loin (§ 196).

b) Pour les solides et les liquides, le corps B est l'eau ; donc **la densité relative d'un corps solide ou liquide est le rapport entre la masse d'un certain volume de ce corps et la masse d'un égal volume d'eau, ces deux masses étant mesurées avec la même unité.**

Mais nous savons que 1 centimètre cube d'eau à 4° pèse à peu près exactement 1 gramme (§ 28); donc V centimètres cubes pèsent V grammes, et la densité relative d d'un corps solide ou liquide de masse M grammes et de volume V centimètres cubes est par suite :

$$d = \frac{M}{V}. \qquad (2)$$

Elle a donc même valeur que la densité absolue du corps [formule (1)]. Ainsi, la densité relative d'un corps est exprimée par la même valeur que sa densité absolue. Mais, cette fois, on a affaire à une valeur abstraite, et indépendante des unités de masse et de volume choisies.

EXEMPLE. — *Un corps B a une masse de 170 doubles décagrammes; son volume est de 300 centimètres cubes. Quelle est sa densité relative?*

SOLUTION. — La masse de 300 centimètres cubes d'eau est de 300 grammes ou 15 doubles décagrammes.

$$\text{Densité relative du corps B} = \frac{170}{15} = 11{,}3.$$

65. Poids spécifique.

On rencontre souvent les expressions *poids spécifique absolu* et surtout *poids spécifique relatif;* aussi est-il utile d'en connaître la signification. D'après le sens attaché au mot *poids* en physique (§ 47):

1° Le poids spécifique absolu d'un corps n'est autre que le poids de sa masse spécifique.

EXEMPLE. — *La masse spécifique du plomb est 11,35. Quel est son poids spécifique à Paris?*

SOLUTION :

Poids d'un corps .... $= M \times g$.
g = accélération à Paris......... = 981 cm.
Poids spécifique du plomb à Paris. = $(11{,}35 \times 981)$ dynes.

2° Le poids spécifique relatif d'un corps solide ou liquide de masse M et de volume V est le rapport du poids de cette masse au poids d'un égal volume d'eau.

En désignant par g l'accélération au lieu considéré, on a :

Poids du corps .... $= M^{gr} \times g$.
Poids d'un égal volume V d'eau... $= V^{gr} \times g$.
Poids spécifique relatif du corps.. $= \dfrac{M^{gr} \times g}{V^{gr} \times g} = \dfrac{M}{V}$. (3)

On voit ainsi que le poids spécifique relatif d'un corps solide ou liquide est exprimé par la même valeur numérique que sa densité relative (2), et par suite que sa masse spécifique (1).

En résumé :

1° La densité absolue d'un corps solide ou liquide est un nombre variable, qui dépend des unités de masse et de volume choisies.

Il en est de même de son poids spécifique absolu.

2° La densité relative d'un corps solide ou liquide est constante et caractéristique de ce corps. Elle a la même valeur que le poids spécifique relatif (appelé souvent poids spécifique et la même valeur que la densité absolue quand celle-ci est exprimée en grammes par centimètre cube.

Conclusion. — Sur les quatre grandeurs précédentes, trois sont mesurées par le même nombre, et la quatrième, le poids spécifique absolu, est égale au produit de ce nombre par l'accélération. Il suffit donc de connaître l'une de ces grandeurs pour connaître toutes les autres. Or il est plus commode de mesurer avec précision des masses que des poids ou des volumes, en sorte que des valeurs précédentes, la plus facile à déterminer est la densité relative, qui s'obtient en mesurant : 1° *la masse du corps ;* 2° *la masse d'un égal volume d'eau.*

66. Mesure de la densité des solides.

La masse M d'un corps solide s'obtient par double pesée. Pour déterminer la masse M' d'un égal volume d'eau, on peut employer deux procédés :

Premier procédé. — On plonge le corps dans un vase plein d'eau ; on recueille l'eau chassée, que l'on pèse.

Second procédé. — On fait la différence entre les masses de l'eau contenue dans le vase avant et après l'introduction du corps.

Premier procédé. — Soit à déterminer la densité du plomb. On pèse un morceau de plomb par double pesée, soit 106^{gr},2 sa masse. D'autre part, on emplit d'eau un vase muni d'une tubulure latérale à sa partie supérieure (*fig.* 30); on y introduit le morceau de plomb qui fait écouler par la

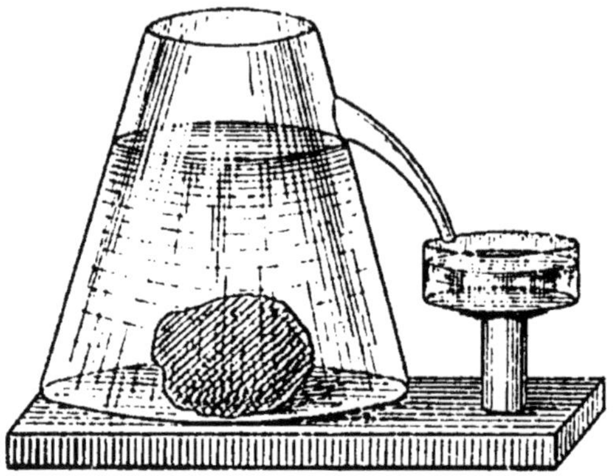

FIG. 30. — La quantité d'eau recueillie fait connaître le volume du corps.

FIG. 31. — Flacon à densité pour les solides. Le bouchon est creux. Lorsqu'on l'applique sur le flacon, l'eau s'élève dans la partie effilée. Le trait de repère, a, sert à déterminer un volume constant. La différence entre la masse du flacon avant et après l'introduction du corps fait connaître la masse et par suite le volume d'eau chassée.

tubulure un volume d'eau égal au sien. On recueille l'eau écoulée et on la pèse; soit 9 grammes sa masse. La densité du plomb est donc :

$$\frac{106,2}{9} = 11,8.$$

Cette méthode est rapide et simple, mais peu précise, car on peut recueillir quelques gouttes d'eau en plus ou en moins.

Second procédé. — Le second procédé est plus précis. On emploie un flacon (*fig.* 31) fermé par un bouchon conique en verre creux surmonté d'un tube fin qui porte un trait de repère **a**. Le bouchon est rodé afin de pouvoir fermer complètement le flacon, et sa forme conique permet de l'enfoncer toujours de la même quantité dans le goulot.

Soit à déterminer la densité du soufre. Le flacon étant plein d'eau, on met le bouchon; une partie de cette eau monte dans le tube, et dépasse le trait **a**. On enlève l'excès avec un peu de papier buvard (le trait de repère sert donc à déterminer un volume constant dans le flacon).

A
tare
P'
P
flacon plein d'eau + soufre.

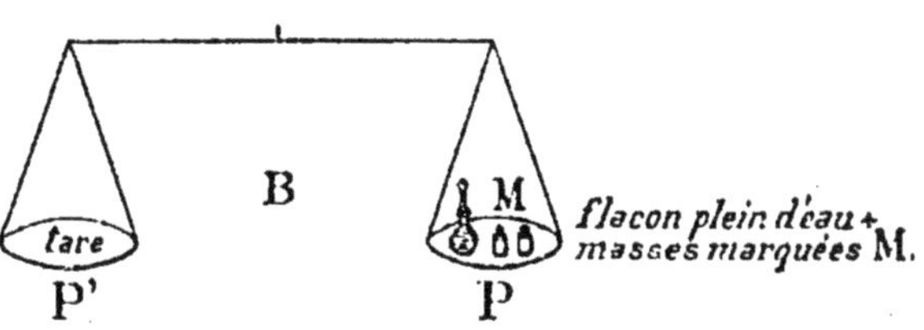

Cela fait, on essuie soigneusement le flacon et on le place sur le plateau **P** d'une balance très sensible, à côté d'un petit morceau de soufre, capable de passer par le goulot.

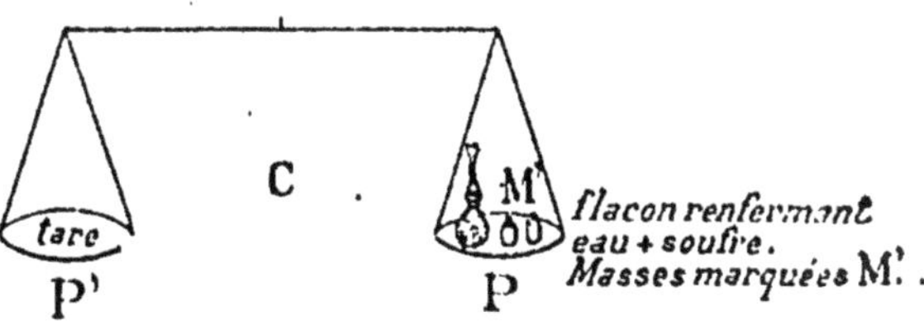

Fig. 31 *bis*. — Détermination de la densité par la méthode du flacon. On remarque que la tare reste fixe tout le temps de l'expérience.

1° Détermination de M. — On fait la tare du flacon et du soufre (*fig.* 31*bis*, A); on enlève le soufre et on le remplace par des masses marquées dont la valeur donne la masse **M** du soufre, soit 20gr,3 (*fig.* B).

2° Détermination de M'. — On enlève le flacon et les masses marquées sans toucher à la tare On introduit le soufre dans le flacon, puis on referme celui-ci, en ayant soin de rétablir l'affleurement avec les mêmes précautions que dans la première expérience. On a ainsi chassé du flacon un volume d'eau égal au volume du corps. On reporte alors le flacon sur le plateau ; l'équilibre est détruit et les masses qu'il faut ajouter pour le rétablir représentent la masse de l'eau chassée, c'est-à-dire M' (*fig.* C).

Soit M' = 10 grammes.

La densité du soufre est donc :

$$\frac{M}{M'} = \frac{20,3}{10} = 2,03.$$

67. Remarque.

Si le corps est soluble dans l'eau (sucre), on opère comme précédemment, mais, au lieu d'eau, on prend un liquide qui n'altère pas le corps. Puis on détermine la densité du liquide par rapport à l'eau de la manière indiquée plus loin (§ 68) et on trouve facilement la densité du solide par rapport à l'eau.

EXEMPLE. — *On a trouvé que la densité du sucre par rapport à la benzine est* 1,82; *et que la densité de la benzine par rapport à l'eau est* 0,88. *Quelle est la densité du sucre par rapport à l'eau?*

La densité de la benzine par rapport à l'eau est 0,88, c'est-à-dire que 1 centimètre cube de benzine pèse 0gr,88. La densité du sucre par rapport à la benzine est 1,82, c'est-à-dire que le rapport de la masse M d'un volume de sucre à la masse M' d'un égal volume de benzine est 1,82. Si le volume considéré est 1 centimètre cube, M' = 0gr,88. Donc

$$\frac{M}{M'} = \frac{M}{0,88} = 1,82,$$

d'où

$$M = 0,88 \times 1,82 = 1,6.$$

68. Mesure de la densité des liquides.

Soit à déterminer la densité de l'essence de térébenthine. En principe, il suffit de chercher successivement les masses :

M de ce flacon vide;
M′ de même flacon plein d'essence;
M″ du flacon plein d'eau.

On a, par différence :

M′ — M = la masse de l'essence.
M″ — M = la masse du même volume d'eau.

Donc :

$$\frac{M' - M}{M'' - M} = \text{la densité de l'essence.}$$

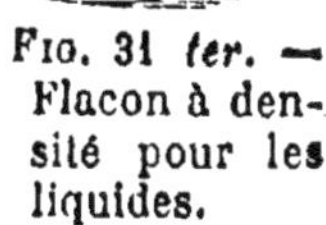

Fig. 31 *ter*. — Flacon à densité pour les liquides.

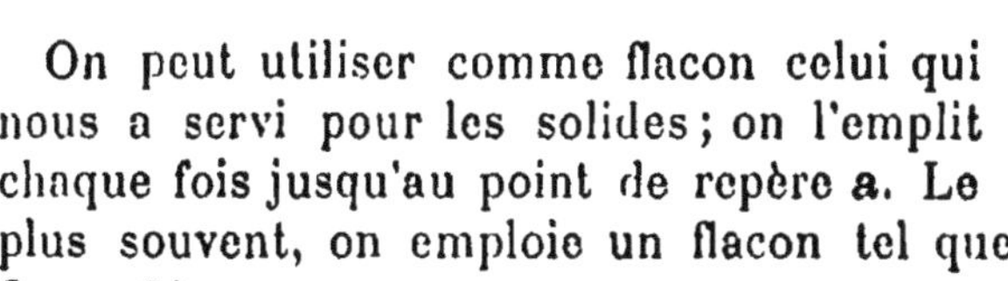

On peut utiliser comme flacon celui qui nous a servi pour les solides; on l'emplit chaque fois jusqu'au point de repère **a**. Le plus souvent, on emploie un flacon tel que celui de la figure 31 *ter*.

69. Résultats.

Des expériences, longues et précises, ont été faites pour déterminer la densité des solides et des liquides. Le tableau suivant donne quelques-uns des résultats obtenus :

SOLIDES		LIQUIDES	
Platine	21,45	Mercure	13,59
Or	19,26	Acide sulfurique concentré	1,84
Plomb	11,35	Acide azotique fumant	1,52
Argent	10,47	Lait	1,03
Cuivre	8,85	Eau de mer	1,026
Fer	7,79	Huile	0,91
Zinc	6,86	Essence de térébenthine	0,87
Aluminium	2,56	Alcool absolu	0,79
Soufre	2,03	Ether	0,72
Phosphore	1,84		
Houille	1,33		
Glace	0,92		
Liège	0,24		

70. Expériences.— Peser 1 kilogramme de graisse et en comparer le volume avec celui des masses marquées employées. Mettre sur les plateaux d'une balance des masses égales de liège et de plomb : le liège occupe un volume bien plus grand. Même expérience avec de la plume et du plomb.

Peser deux verres identiques, l'un plein d'huile, l'autre plein d'eau.

Déterminer la densité d'un solide et d'un liquide. A défaut de flacon à densité, on emploie un petit flacon de pharmacien, bien fermé par un bouchon traversé par un tube de verre. Le point de repère est indiqué par une bande de papier collée sur le tube.

LIVRE II

HYDROSTATIQUE

CHAPITRE VI

LIQUIDES EN REPOS PRINCIPALES PROPRIÉTÉS PRESSIONS QU'ILS EXERCENT

PLAN

- **Propriété essentielle des liquides**
  - **Fluidité**
    - **Conséquences**
      - Prennent la forme des vases qui les renferment.
      - La surface libre des liquides au repos est plane et horizontale.
- **Notion de pression**
  - **I. Pressions sur les solides**
    - Expérience montrant que les pressions dépendent de la force exercée et de la surface sur laquelle elles s'exercent.
  - **Définition de la pression :**
    - force exercée sur un centimètre carré d'une surface.
  - **II. Pressions sur les liquides Principe de Pascal**
    - 1° La poussée exercée sur un liquide se transmet dans tous les sens (expérience avec un flacon à plusieurs tubulures).
    - 2° Elle est normale à la surface sur laquelle elle se transmet (Expérience avec une sphère percée de trous).
    - 3° Elle se transmet intégralement à toute surface égale à la surface pressée (principe de la presse hydraulique).
  - **III. Pressions exercées par le poids des liquides**
    - 1° Expériences montrant que ces pressions existent et qu'elles sont normales aux surfaces pressées
    - 2° Valeur des poussées :
      - *A.* Sur le fond d'un vase : $(P = d \times s \times h)$ grammes (appareil de Masson).
      - *B.* Sur les parois latérales d'un vase : $(P = d \times s \times h)$ grammes.
      - *C.* Dans l'intérieur d'un liquide, sur une surface horizontale (expérience avec l'obturateur) : $(P = d \times s \times h$ grammes).
- **Liquides superposés**
  - La surface de séparation de plusieurs liquides superposés est plane et horizontale.
- **Vases communicants**
  - **1° Expérience et conclusion**
    - Toutes les surfaces libres du liquide sont sur un même plan horizontal.
  - **2° Applications du principe des vases communicants.**
    - Mers. Puits ordinaires.
    - Puits artésiens.
    - Écluses.
    - Distribution de l'eau dans les villes. Jets d'eau.
    - Niveau d'eau.

Capillarité { Expériences avec de l'eau et avec du mercure.
Conclusion : 1° La surface libre des liquides qui mouillent les parois, forme un ménisque concave et ces liquides s'élèvent plus haut dans des tubes étroits que dans un vase large communiquant avec ces tubes.
2° L'inverse a lieu pour les liquides qui ne mouillent pas les parois.

71. Propriétés générales des liquides.

Prenons l'eau comme exemple. L'expérience nous montre que l'eau prend toujours la forme des vases qui la contiennent, et qu'au repos sa surface libre est plane et horizontale.

Le premier de ces faits s'explique facilement par la fluidité du liquide, c'est-à-dire par la grande mobilité de ses molécules. Il en est de même du second : en effet, supposons qu'on agite l'eau de telle sorte que sa surface libre soit inclinée et irrégulière, comme dans la figure 32; aussitôt, les particules les plus élevées, telles que P, glissent à la partie inférieure par suite de leur mobilité et de leur poids, et ne s'arrêtent que lorsqu'elles sont le plus bas possible, c'est-à-dire que la pente a disparu. Alors la surface libre est plane et horizontale, et le liquide est en équilibre.

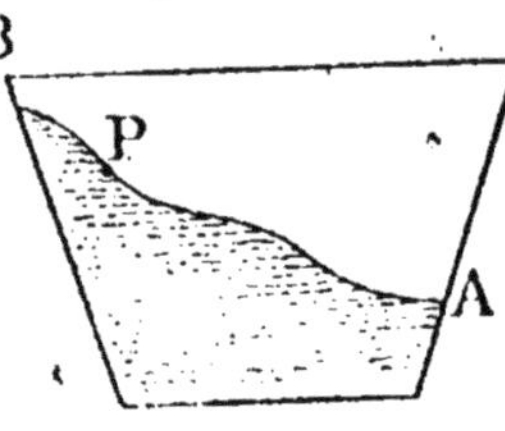

Fig. 32. — La surface d'un liquide ne peut être en équilibre tant qu'elle n'est pas plane et horizontale.

Si la surface libre de l'eau est très vaste, comme celle de la mer, elle n'est plus plane, mais sensiblement sphérique. Dans tous les cas, elle est perpendiculaire en chacun de ses points à la direction de la pesanteur (§ 23).

Les propriétés que nous venons d'étudier pour l'eau sont communes à tous les liquides, seulement ceux-ci sont plus ou moins fluides : ainsi, l'huile est moins fluide que l'eau. Quelle que soit leur mobilité, les liquides restent au repos quand aucune cause ne vient les mettre en mouvement, et l'on appelle **hydrostatique l'étude de leurs condi-**

tions d'équilibre. Nous supposerons, dans toute cette étude, qu'il s'agit de liquides très fluides, et nous expérimenterons en général avec de l'eau.

NOTION DE PRESSION

72. La notion de pression domine toute l'hydrostatique; aussi allons-nous l'étudier ici, en commençant par les pressions exercées sur les solides, car ce sont elles qui nous sont le plus familières.

I. — Pressions exercées sur les solides

73. Posons sur une table un livre pesant 1 kilogramme; il appuie avec une certaine *force*, qui est son poids, sur la *surface* qui le soutient. De même, le vent qui vient frapper la *surface* d'une voile de navire la pousse avec une certaine *force*. Lorsqu'on enfonce une épingle dans une liasse de papiers, on concentre la *force* sur la minuscule *surface* de papier recouverte par la pointe de l'épingle. Lorsqu'on coupe du pain, l'arête du couteau presse avec une certaine *force* sur la *surface* du pain qu'elle recouvre, etc.

Dans chacun de ces exemples, nous avons retrouvé les mêmes expressions : force et surface. C'est qu'en effet, pour avoir une idée exacte de l'action exercée par une force sur une surface donnée, il faut considérer, non seulement la valeur de la force, mais aussi la grandeur de la surface sur laquelle elle se répartit, comme le montre l'expérience suivante. Prenons une bouteille renfermant des grains de plomb et pesant 3 kilogrammes. Si nous la posons debout sur un lit de sable, elle s'enfonce à peine. Mais retournons la bouteille et posons-la sur le bouchon; elle s'enfonce alors dans le sable de plusieurs centimètres. Cette fois l'effet est différent du premier, bien que, dans les deux cas, la force qui presse sur le sable soit la même. Dans le premier cas, si la surface du fond de la bouteille est 60 centimètres carrés, la force supportée par 1 centimètre carré est seulement égale au poids d'une masse de

$$\frac{3.000^{gr}}{60} = 50 \text{ grammes.}$$

Dans le second cas, si la surface d'appui est 3 centimètres carrés, la force par centimètre carré est beaucoup plus grande; elle est égale au poids d'une masse de

$$\frac{3.000^{gr}}{3} = 1.000^{gr};$$

et par suite l'effet produit est beaucoup plus considérable.

Ce qu'il importe de connaître, c'est donc la force par unité de surface. Aussi appellerons-nous **pression** *la force exercée sur un centimètre carré d'une surface donnée*. Nous désignerons sous le nom de **poussée** *la force exercée sur toute cette surface.*

On mesure les pressions, et d'une manière générale les poussées,en leur faisant équilibre par des poids (§ 19). On exprime donc leur mesure en unités de force, c'est-à-dire en dynes. Toutefois, on entend souvent encore exprimer les pressions en grammes. Dans ce cas,il faut sous-entendre le poids de la masse indiquée. Dire, par exemple, qu'une pression vaut 1 kilogramme, c'est dire qu'elle est égale au poids de 1 kilogramme, soit 981.000 dynes à Paris (§ 47), d'après la relation générale :

$$P = M \times g.$$

74. Importance pratique des considérations précédentes.

1° Toutes les fois qu'un corps de grand poids doit exercer une faible pression sur un solide, on le fait reposer sur ce solide par une large base : c'est ainsi que les statues lourdes et de base étroite reposent sur un large socle. On augmente le nombre des roues des fortes locomotives, afin de répartir leur poids sur une plus grande surface d'appui. Les skis, dont se servent les Norvégiens pour marcher sur la neige (*fig.* 33), sont des sortes de semelles de bois très allongées;

FIG. 33. — Les skis sont le plus souvent en bois de frêne. Leur longueur varie de 2m,20 à 2m,35 ; leur largeur est de 7cm,5.

le poids du corps se trouve alors réparti sur une grande surface, et la pression par centimètre carré est assez faible pour que la neige ne s'enfonce pas sous les pieds.

2° Toutes les fois qu'on veut exercer une forte pression avec une faible force, on donne au corps qui transmet l'effort une surface d'appui très étroite. C'est pour cette raison que les couteaux, les haches ont un tranchant très mince, et pénètrent ainsi dans des corps très durs sous un faible effort. De même la pointe d'un clou s'enfonce dans une planche sous la pression de quelques coups de marteau. Lorsque l'on coupe une barre de savon avec une ficelle, plus la ficelle est mince, plus le savon se coupe facilement.

II. — PRESSIONS EXERCÉES SUR LES LIQUIDES

75. Principe de Pascal.

Les liquides sont à peu près incompressibles, car, si l'on exerce sur eux une pression considérable, leur diminution de volume est très faible : ainsi le volume de 1 litre d'eau, sous une pression de 20 kilogrammes, ne diminue que de 1 centimètre cube.

Que devient donc la poussée exercée sur une surface

liquide? Cette poussée se transmet dans tous les sens, normalement ([1]) et intégralement, à toute surface égale à la surface pressée. Tel est le principe de Pascal, dont les expériences suivantes vérifient les différentes parties :

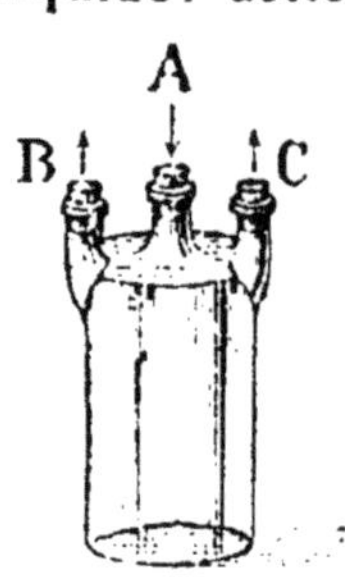

Fig. 34. — La poussée exercée par le bouchon A se transmet aux bouchons B et C.

a) La poussée se transmet dans tous les sens. — Soit un flacon plein d'eau muni de trois tubulures fermées par des bouchons, à frottement très doux (*fig.* 34). Pressons assez fortement sur le bouchon A, aussitôt les autres sortent en partie des tubulures. Donc la poussée exercée en A sur le liquide s'est transmise par l'eau aux surfaces liquides contre lesquelles les bouchons sont appliqués.

b) La poussée est normale à la surface sur laquelle elle se transmet. — Soit une sphère creuse (*fig.* 35) percée de trous fins et munie d'un tube dans lequel se meut un piston. La sphère étant remplie d'eau, on enfonce le piston et l'on voit l'eau jaillir par tous les trous, dans la direction des rayons de la sphère. Donc la poussée se transmet dans tous les sens et normalement à la paroi.

Fig. 35. — La pression exercée sur le piston fait jaillir l'eau par les trous de la sphère suivant la direction des rayons.

c) Valeur de la poussée. — Supposons deux cylindres B, A, de sections S et 10 S, et communiquant par leur partie inférieure (*fig.* 36). Ils renferment de l'eau et sont fermés par des pistons mobiles P, P'. Lorsqu'on exerce sur le piston P une poussée de 100 grammes, il faut, pour empêcher P' de se soulever, exercer sur lui une poussée

([1]) La normale en un point d'une surface est la perpendiculaire menée au plan tangent à cette surface en ce point.

de 1.000 grammes. Donc la poussée s'est transmise avec une intensité 10 fois plus grande à une surface 10 fois plus grande, c'est-à-dire que chaque portion de la surface de P′ égale à S a reçu une poussée de 100 grammes : *la pression s'est donc transmise en totalité à toute surface égale à la surface pressée*, ce qui vérifie l'énoncé.

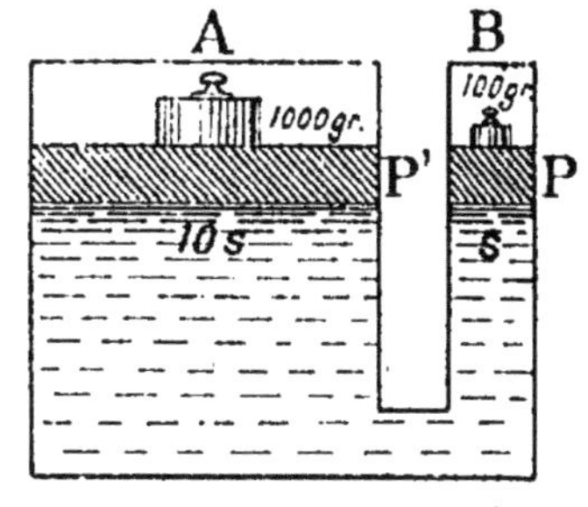

Fig. 36. — Principe de Pascal. La surface P′ est 10 fois plus grande que la surface P ; la pression exercée en P se transmet avec une intensité 10 fois plus grande.

En réalité, à cause du frottement des pistons, l'appareil précédent ne permet pas la vérification rigoureuse du principe de Pascal.

Cet appareil a reçu une application très importante dans la presse hydraulique (§ 164), qui permet, à l'aide d'une force assez faible, d'exercer des poussées considérables.

III. — Pressions dues au poids des liquides

70. 1° *Ces pressions existent.* — La pression d'un solide sur une surface (§ 73) s'exerce dans le sens de la pesanteur seulement ; un liquide, au contraire, étant formé de molécules *mobiles*, exerce, *dans tous les sens*, des pressions dues à son poids sur les corps avec lesquels il est en contact.

Expérience. — On prend un cylindre de verre bien rodé à sa partie inférieure ; on applique contre cette partie un disque ou *obturateur* maintenu à l'aide d'un fil fixé en son milieu (*fig.* 37), on plonge l'appareil verticalement dans l'eau, et on lâche le fil ; le disque ne tombe pas, ce qui prouve qu'il est pressé de bas en haut. Cette pression de *bas en haut* est le résultat de celle qui s'exerce de *haut en bas* dans le liquide, et par laquelle les couches supérieures pressent sur les couches inférieures. Celles-ci, en vertu de la mobilité des molécules liquides, transmettent de proche en proche, et *dans tous les sens*, la poussée reçue, qui arrive ainsi jusqu'au disque et le fait adhérer au cylindre.

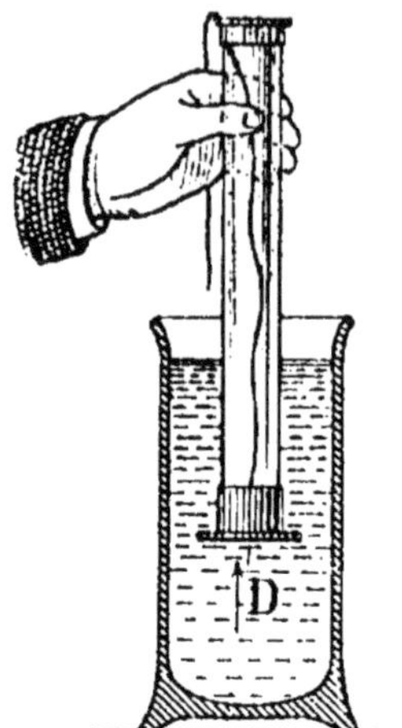

Fig. 37. — Le disque D ne tombe pas, il est appliqué contre le cylindre par la pression due au *poids* du liquide qui lui est transmise normalement.

2° *Direction des pressions.* — On verse de l'eau dans une boîte métallique dont les parois sont percées de trous fins; l'eau s'échappe par les ouvertures sous forme de jets qui, à leur sortie, sont normaux aux parois. Nous conclurons de cette expérience que les pressions sont normales aux surfaces pressées.

3° *Valeur des pressions.* — Nous allons évaluer maintenant les pressions exercées par les liquides :

1° Sur les parois des vases;

2° Sur eux-mêmes.

A. — Pressions sur les parois

77. Le fond et les parois latérales des vases sont pressés par les liquides.

a) Pression sur le fond d'un vase. — *La poussée exercée par un liquide en équilibre sur le fond horizontal du vase qui le renferme est indépendante de la forme de ce vase. Elle est égale au* poids *d'une colonne* cylindrique *de liquide ayant pour base le* fond, *et pour hauteur la* distance verticale *de ce fond à la surface libre du liquide.*

L'appareil de Masson permet de vérifier ce principe. On

y mesure la poussée en l'équilibrant par des poids (§ 19). Soit un vase cylindrique A sans fond, vissé sur un support M (*fig.* 38). On le ferme à la partie inférieure par un obturateur de verre maintenu par un fil accroché au plateau d'une balance. On équilibre l'obturateur avec une tare placée dans le plateau D, sur lequel on ajoute ensuite une masse de 300 grammes par exemple. L'obturateur est donc pressé contre la partie inférieure du vase par une force de (300 × 981) dynes et il s'en détachera sous une poussée verticale dirigée de haut en bas.

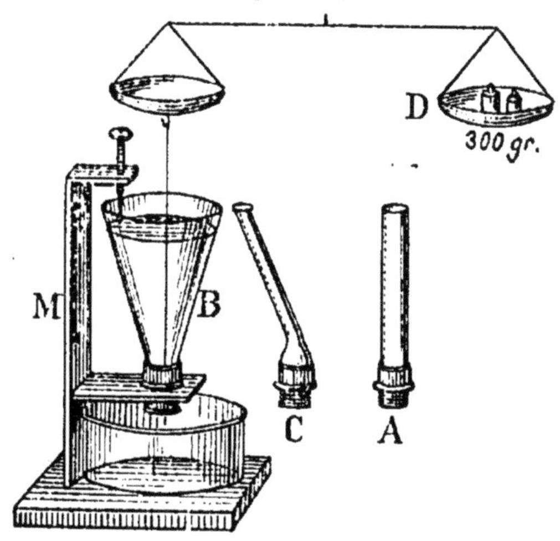

FIG. 38. — Appareil de Masson. Quelle que soit la forme des vases, l'obturateur se détache dès que le niveau du liquide se trouve à une même distance du fond.

Ceci posé, versons de l'eau dans le vase jusqu'à ce que l'obturateur se détache. A ce moment, *la poussée exercée par l'eau sur le fond du vase est* (300 × 981) dynes. On note à l'aide d'un index, le niveau de l'eau dans le vase.

Puis on dévisse le vase A et on le remplace successivement par des vases B, C, de formes différentes, mais de même surface de base (*fig.* 38). On constate que l'obturateur se détache toujours quand la hauteur de liquide est la même que dans le vase A. Donc, dans les trois vases, l'eau exerce une *même poussée* de (300 × 981) dynes sur un *même fond* quand la *hauteur du liquide est la même*, bien que les poids des masses d'eau contenues dans les vases soient différents.

Ceci justifie la première partie de l'énoncé. Pour vérifier la seconde partie, recommençons l'expérience avec le vase cylindrique A, mais recueillons l'eau versée et pesons-la.

Sa masse est juste égale à 300 grammes ; donc son poids est égal à (300 $\times$ 981) dynes, c'est-à-dire à la poussée.

CONCLUSION :

Poussée P sur le fond = poids de la colonne cylindrique de liquide.

Représentons par s la surface de fond.
— par h la hauteur verticale du liquide.
— par g l'accélération du lieu.
— par d la densité.

Alors on a

Poussée $P = (s \times h \times d \times g)$ dynes

et pression P' par centimètre carré $= (1 \times h \times d \times g)$ dynes.

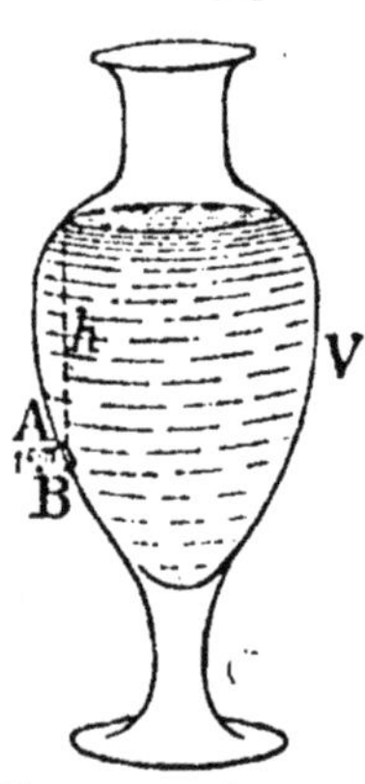

FIG. 39. — La poussée exercée par le liquide sur la surface AB est égale au poids d'une colonne de ce liquide ayant AB comme base, et comme hauteur, la distance verticale h de son centre de gravité à la surface libre.

b) Pressions sur les parois latérales. — On démontre par le calcul que la poussée P *exercée par un liquide sur une portion* s *de paroi latérale d'un vase est égale au* **poids** *du* **cylindre** *de liquide ayant pour base cette portion de paroi, et pour hauteur la* **distance verticale** h *du centre de gravité de cette portion de paroi à la surface du liquide.*

EXEMPLE. — La poussée exercée par l'eau du vase V sur la surface AB de 1 centimètre carré (*fig.* 39) est égale, pour $h = 15$ centimètres, au poids d'une masse de :

$$1^{gr} \times (1 \times 15) = 15 \text{ grammes.}$$

c) Poussée sur l'ensemble des parois d'un vase. — En résumé, un liquide presse sur toutes les parois, latérales et inférieures du vase qui le contient. On démontre par le calcul que toutes ces poussées ont une résultante (§ 17) verticale dirigée de haut en bas, et égale au poids du liquide.

C'est pourquoi, lorsqu'on verse de l'eau dans un vase posé sur le plateau d'une balance, et préalablement taré, les poids marqués, mis dans l'autre plateau pour rétablir l'équilibre, font connaître la masse du liquide versé.

78. Remarque.

Ce résultat semble en contradiction avec ce que nous avons vu à propos de l'appareil de Masson, où des poids très différents de liquides influent également sur la balance. Mais c'est que, dans l'expérience de Masson, le fond est indépendant des autres parois, aussi ne mesure-t-on que la pression sur le fond du vase. Au contraire, lorsqu'on pèse un vase ordinaire plein d'eau, *ses parois sont toutes solidaires*, et le plateau reçoit alors, non plus seulement la pression sur le fond, mais l'ensemble des pressions sur toutes les parois.

79. Effets des pressions sur les parois.

D'après ce que nous avons dit, un liquide presse d'autant plus sur une portion de paroi que sa hauteur au-dessus de cette surface est plus considérable. Ainsi, on peut faire éclater un tonneau plein d'eau (*fig.* 40) d'où sort verticalement un tube de plusieurs mètres de long, en remplissant ce tube d'eau; l'effet produit est hors de proportion avec la faible quantité d'eau

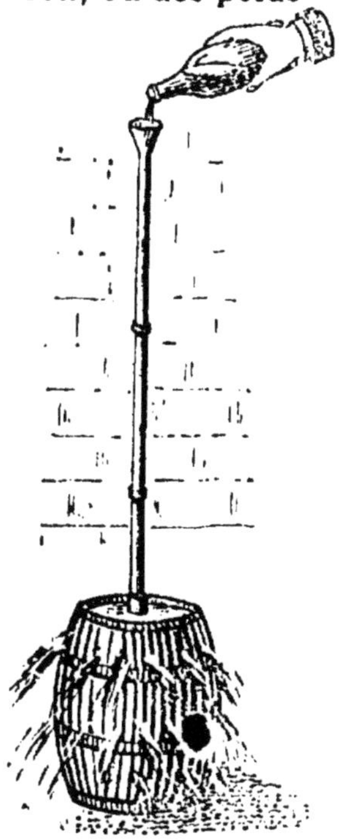

Fig. 40. — Expérience du crève-tonneau.

employée (expérience du crève-tonneau de Pascal). De ces fortes pressions dans les parties profondes des liquides, résulte la nécessité de donner aux portes d'écluses, aux barrages, plus d'épaisseur à la base qu'à la partie supérieure.

B. — PRESSIONS EXERCÉES PAR LES LIQUIDES SUR EUX-MÊMES

80. Soit à mesurer, dans un liquide au repos, tel que l'eau d'un cristallisoir C (*fig.* 41), la poussée qui s'exerce sur une portion de tranche horizontale AB. Comme cette surface est en équilibre, elle supporte de part et d'autre des poussées égales. Nous mesurerons la poussée de *bas en haut* F, en l'équilibrant par la poussée connue, F' d'une certaine quantité d'eau sur le fond d'un vase (§ 10).

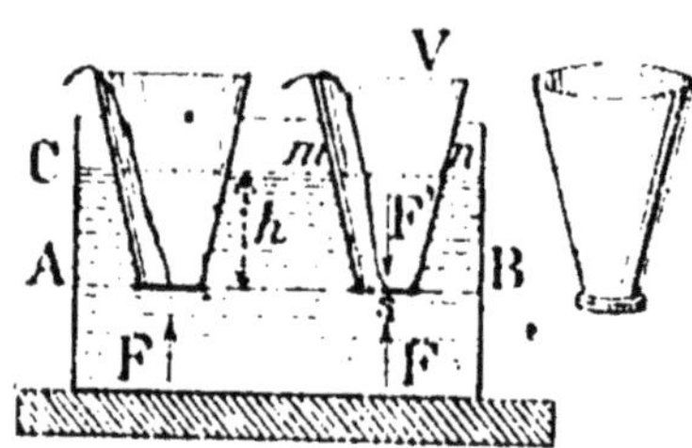

FIG. 41. — Pression dans un plan horizontal. En tous les points d'un plan horizontal AB pris dans un liquide en équilibre, la pression est la même.

A cet effet, plongeons dans l'eau du cristallisoir l'un des vases de l'appareil de Masson (*fig.* 41), de telle sorte que l'obturateur soit sur la tranche AB. Le disque, poussé de bas en haut par la force F que nous voulons mesurer, reste appliqué contre le vase V, et, pour le détacher, on constate qu'il suffit de verser de l'eau dans le vase jusqu'au niveau **mn**. A ce moment, la force F est égale à la poussée F' de l'eau du vase V sur le fond [1], c'est-à-dire (§ 77, *a*) *au poids d'une colonne cylindrique de liquide ayant pour base la surface considérée* **s** *centimètres carrés et pour hauteur sa distance verticale*, **h** *centimètres, au niveau du liquide*. On peut

[1] On ne tient pas compte ici du poids de l'obturateur. Lorsqu'on réalise l'expérience, on constate que l'obturateur se détache un peu avant que l'eau du vase V ait atteint le niveau extérieur.

donc écrire, si d est la densité du liquide, et g l'accélération :

$$\text{Poussée } \mathbf{P} = (d \times s \times h \times g) \text{ dynes.}$$

Déplaçons l'appareil dans un même plan horizontal. Il faut toujours la même hauteur d'eau pour détacher l'obturateur. **Donc la poussée est la même sur toutes les surfaces égales d'un même plan horizontal**, et l'on a par suite, pour la valeur de la pression par centimètre carré :

$$\text{Pression } \mathbf{P}' = (d \times h \times g) \text{ dynes.}$$

La tranche considérée ayant été prise à un niveau quelconque, le théorème précédent est général, et il peut servir à trouver la différence des pressions supportées par deux plans horizontaux différents.

Dans le plan CD, situé à une distance H du niveau libre du liquide, la pression est :

$$\mathbf{P} = (d \times H \times g) \text{ dynes.}$$

Dans le plan AB, situé à une distance h du niveau libre du liquide, la pression est :

$$p = (d \times h \times g) \text{ dynes.}$$

La différence de ces deux pressions est :

$$P - p = d \times H \times g - d \times h \times g = d \times (H - h) \times g \text{ dynes.}$$

La différence des pressions supportées par deux plans horizontaux différents pris dans l'intérieur d'un liquide est donc égale au poids d'un cylindre de liquide ayant pour base 1 centimètre carré et pour hauteur la distance verticale de ces deux plans. C'est là le principe général d'hydrostatique, à l'aide duquel on peut expliquer tous les phénomènes qui se passent dans les liquides en équilibre.

SURFACE LIBRE DES LIQUIDES

81. Liquides superposés.

On sait (§ 71) que la surface libre d'un liquide est plane et horizontale. On peut se demander s'il en est de même de la surface de séparation de deux liquides.

FIG. 42. — Equilibre des liquides superposés. Dans un même vase, plusieurs liquides non susceptibles de se mélanger se superposent par ordre de densités décroissantes.

Versons dans un même vase de l'eau, du mercure, de l'huile de naphte, liquides non susceptibles de se mélanger. On les voit aussitôt se séparer par ordre de densités décroissantes (*fig.* 42), le plus dense (mercure) occupant la partie inférieure. En outre, les surfaces de séparation sont planes et horizontales.

L'expérience peut aussi se faire avec des liquides capables de se mélanger, tels que du vin et de l'eau, mais il faut verser lentement le plus léger sur le plus dense, en évitant d'agiter, car le mélange se ferait aussitôt et les liquides ne se sépareraient plus.

82. Phénomènes dus à la superposition des liquides.

On fait brûler l'huile à la surface de l'eau dans les veilleuses. Une lotion faite d'huile et d'alcool se sépare, au repos; l'huile reste à la partie inférieure, l'alcool monte à la partie supérieure. La crème vient à la surface du lait qui est plus dense qu'elle. Chacun sait qu'il faut agiter son café après l'avoir sucré; sans quoi, la dissolution de sucre, plus dense que le reste du liquide, demeure au fond.

Niveau à bulle d'air. — Le niveau à bulle d'air sert à vérifier l'horizontalité d'une droite ou d'un plan. Il repose sur le principe précédent, étendu à la superposition d'un liquide et d'un gaz.

L'appareil se compose d'un tube de verre légèrement courbé, qu'on a rempli presque complètement d'un liquide très mobile (alcool ou éther), en ne laissant qu'une grosse bulle d'air. Il est fermé hermétiquement et fixé dans une gaine métallique reposant sur une plaque bien plane (*fig.* 43). La bulle d'air se place toujours à la partie la plus élevée du tube, et la surface libre du liquide est plane et horizontale.

Fig. 43. — Niveau à bulle d'air. Lorsque l'appareil est placé sur une ligne horizontale, la bulle d'air vient se loger entre les deux repères **p** et **p'**.

Lorsqu'on place l'appareil sur une ligne horizontale, la bulle d'air vient se loger entre deux points de repère *p*, *p'*. Si au contraire la ligne n'est pas horizontale, la bulle d'air n'est plus entre ces deux points : il faut, pour amener l'horizontalité, relever peu à peu la ligne d'un côté jusqu'à ce que la bulle revienne entre les deux traits.

Pour s'assurer de l'horizontalité d'un plan, il faut vérifier l'horizontalité de deux droites du plan qui se coupent (deux perpendiculaires par exemple).

83. Vases communicants.

Première expérience. — Versons de l'eau dans un entonnoir A réuni par un tuyau de caoutchouc à un autre entonnoir B (*fig.* 44, I). L'eau se répand dans les deux vases, et *les niveaux sont sur un même plan horizontal.* On obtient le même résultat avec des vases quelconques réunis par leur partie inférieure (*fig.* 44, II). Ce fait s'explique facilement, car on peut considérer l'ensemble des vases comme un vase unique, d'une forme particulière ; et l'on sait (§ 71) que, dans un vase, la surface libre des liquides est plane et horizontale.

Seconde expérience. — Si l'on prend pour l'un des vases le tube A et qu'on le baisse jusqu'en A' (*fig.* 44, III), l'eau jaillit et s'élève à peu près à la même hauteur que dans l'entonnoir. (Ce qui l'empêche de s'élever jusqu'à cette hauteur, c'est le frottement de l'eau contre les parois du tube, le frottement des gouttelettes qui retombent contre l'eau qui jaillit, et la résistance de l'air.)

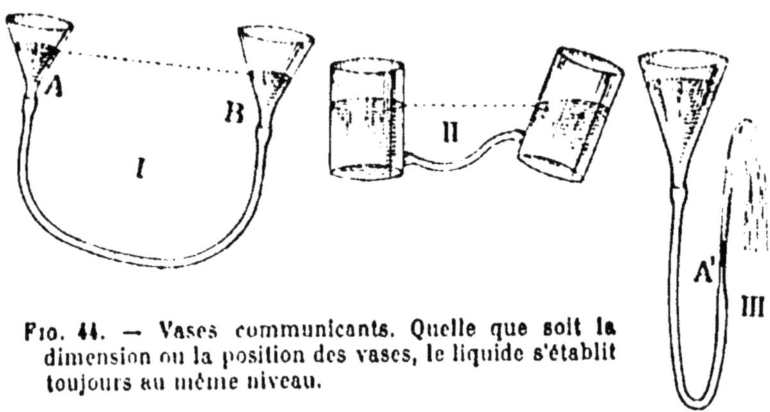

Fig. 44. — Vases communicants. Quelle que soit la dimension ou la position des vases, le liquide s'établit toujours au même niveau.

Le fait est donc général : lorsque plusieurs vases communiquent entre eux, un même liquide versé dans l'un d'eux se répand dans les autres, et atteint dans tous le même niveau.

APPLICATIONS DES VASES COMMUNICANTS

84. Le principe des vases communicants explique un certain nombre de phénomènes naturels, et reçoit de nombreuses applications.

85. Mers.

Toutes les mers qui communiquent entre elles ont même niveau. C'est ce qui permet de mesurer les altitudes en prenant comme point de repère (zéro) le niveau de la mer.

86. Puits ordinaires.

Le sol est formé de couches superposées de terrains perméables (sables) et de terrains imperméables (argiles).

L'eau de pluie qui tombe sur un terrain sablonneux s'infiltre dans le sol jusqu'à ce qu'elle rencontre une couche imperméable B (*fig.* 45). Alors, arrêtée dans sa descente, elle imprègne les couches situées au-dessus de B en formant ce qu'on appelle une nappe d'eau. Si l'on creuse un trou jusqu'en B, l'eau s'y élève au même niveau que celui de la nappe d'eau. On a un puits ordinaire.

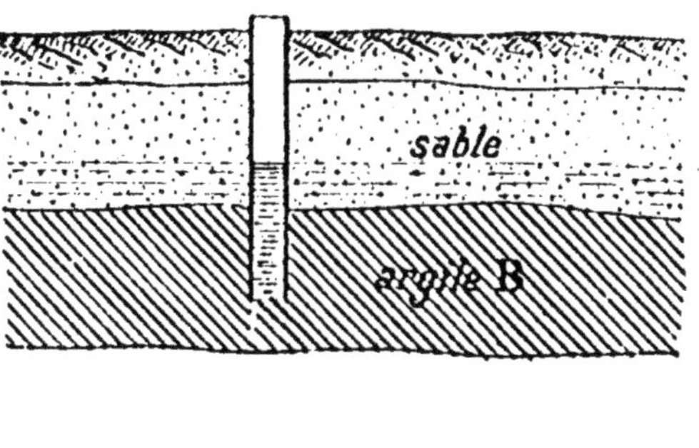

Fig. 45. — Puits ordinaire. Le trou foré dans le sol atteint la nappe d'eau retenue par la couche d'argile.

87. Puits artésiens.

Dans les puits ordinaires, l'eau ne s'élève jamais au-dessus du sol. Il n'en est pas de même dans les puits arté-

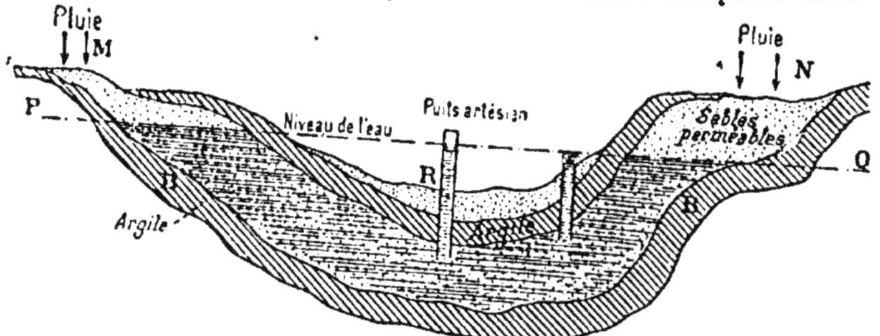

Fig. 46. — Puits artésien.

siens. Imaginons une couche perméable de terrain comprise entre deux couches d'argile et affleurant à la surface du sol en M, N (*fig.* 46). L'eau de pluie qui tombe sur les plateaux M, N pénètre dans la couche perméable, et forme à sa partie inférieure une nappe d'eau dont le niveau est, par exemple

PQ. Si l'on creuse un puits en R, l'eau s'y élève et jaillit au-dessus du sol, atteignant presque le niveau PQ ; on a un puits artésien dont on peut recueillir l'eau dans un réservoir pour la canaliser.

Remarquons que les plateaux M, N peuvent être très éloignés de l'endroit où l'on creuse le puits. Ainsi, à Paris, le puits artésien de Passy (de plus de 500 mètres de profondeur), est alimenté par les pluies tombant sur le plateau de Langres.

La disposition du sol dont nous venons de parler est très fréquente. Elle a permis de forer un grand nombre de puits artésiens dans certaines régions arides de l'Algérie, de l'Australie, etc.

88. Écluses.

Un canal est formé de parties successives appelées *biefs*, dans chacune desquelles l'eau est à un niveau différent.

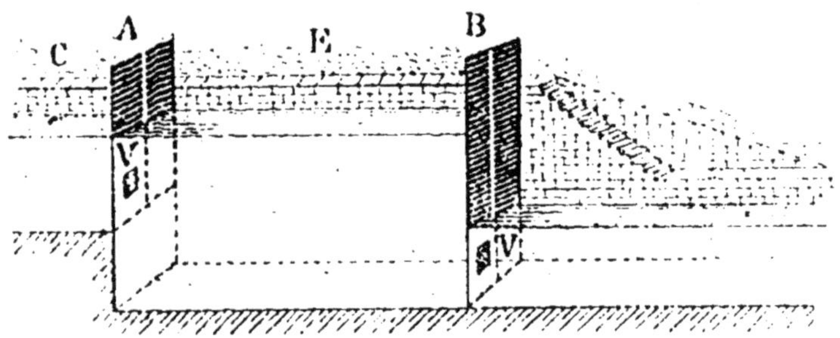

Fig. 47. — Ecluse (figure schématique).

Deux biefs successifs sont réunis par une portion de canal, l'écluse, fermée de part et d'autre par des portes A, B munies de vannes V et V' (*fig.* 47). Pour faire passer un bateau de C en C', on ouvre la vanne V de la porte A, et l'eau monte dans l'écluse au même niveau que dans le bief supérieur. On ouvre alors la porte A et le bateau peut passer dans l'écluse. On ferme la porte A, puis on ouvre la vanne V' de la porte B, l'eau descend dans l'écluse au même niveau que dans le bief inférieur. On ouvre alors la porte B, et le bateau passe en C'.

Pour faire monter le bateau de C' en C, on effectue la manœuvre inverse.

Remarque. — Les portes s'ouvrant du côté du niveau le plus élevé, il faudrait une force considérable pour les ouvrir (§ 77, *b*). Aussi égalise-t-on les niveaux en débouchant seulement la vanne V (ou V'); ce n'est qu'une fois cette égalisation obtenue qu'on ouvre la porte A (ou B) pour laisser passer le bateau.

89. Distribution de l'eau dans les villes. Jets d'eau.

Pour distribuer l'eau dans les villes, on conduit l'eau d'une source ou d'une rivière, soit directement, soit à l'aide de pompes, dans un grand réservoir placé à la partie la plus élevée de la ville. Il en part des tuyaux qui se bifurquent et distribuent l'eau aux fontaines publiques et à tous les étages des maisons. Ces tuyaux s'emplissent d'eau (vases communicants), et, quand on ouvre les robinets qui les terminent, l'eau s'écoule.

Si un tuyau débouche au niveau du sol, plus bas que le réservoir, le liquide jaillit; et si son orifice est dirigé vers le haut, on a un jet d'eau.

90. Niveau d'eau.

Le niveau d'eau est souvent employé pour mesurer la différence de niveaux entre deux points d'un terrain P et P'.

Deux flacons de verre A, B (*fig.* 48) communiquant à leur partie inférieure par un tube CD, sont remplis aux trois quarts d'eau colorée. L'appareil est porté par un trépied qui permet toujours de placer à peu près horizontalement le tube CD. On le dispose entre P et P'; puis un aide fixe en P une *mire*, règle graduée le long de laquelle peut se mouvoir une plaque carrée ou *voyant*, dont le centre, nettement marqué, sert de point de repère. L'aide monte ou descend la plaque jusqu'à ce que le centre soit vu par l'opérateur sur la ligne horizontale **mn** donnée par le niveau de l'eau. L'aide lit alors sur la règle la distance du sol au centre de la plaque, c'est-à-dire au plan hori-

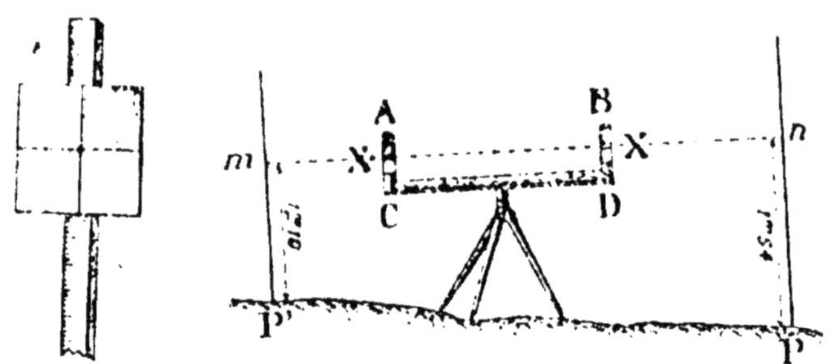

Fig. 48. — Niveau d'eau. La différence des deux hauteurs **Pn** et **P'm** fait connaître la différence des niveaux **P** et **P'**.

zontal **mn** ; soit 1m,54 cette distance. Puis il transporte la mire au point **P'** où il répète la même opération, le *niveau d'eau restant fixe*. Soit 1m,10 la distance de **P'** au plan horizontal **mn**.

On en conclut que **P** est à

$$1^m,54 - 1^m,10 = 0^m,44$$

au-dessous de **P'**.

CAPILLARITÉ

91. Les principes relatifs à la surface libre des liquides et aux vases communicants semblent en défaut dans certains cas :

1° La surface de l'eau contenue dans un vase n'est plane et horizontale qu'en son milieu. Près des bords, elle se relève et forme une courbe ou ménisque concave (*fig.* 49, I). C'est l'inverse qui a lieu avec du mercure : la surface du liquide s'abaisse près des bords en formant un ménisque convexe (*fig.* 49, II).

2° Plongeons dans un vase plein d'eau un tube de petit diamètre; non seulement la surface de l'eau qui y monte forme une courbe, comme dans le vase lui-même, mais encore cette eau s'élève plus haut dans le tube que dans le vase, bien qu'il s'agisse de deux vases communicants; l'inverse a lieu pour le mercure. Dans tous les cas, la différence de niveau est d'autant plus grande que le tube est plus fin.

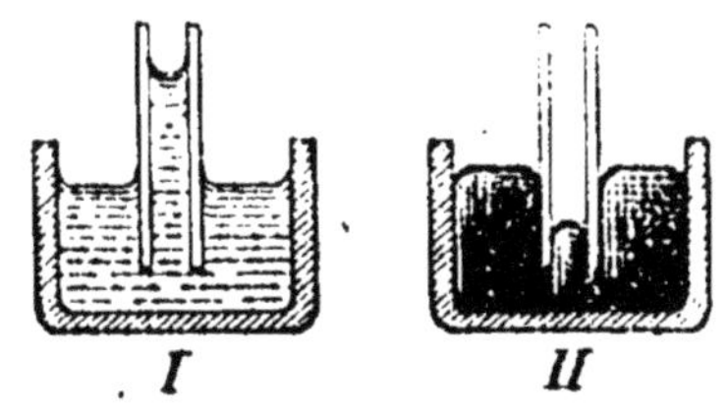

FIG. 49. — Phénomènes de capillarité. I, eau : ménisque concave. II, mercure : ménisque convexe.

Tous ces phénomènes sont appelés **phénomènes capillaires** (d'un mot latin, *capillus*, qui veut dire cheveu), parce qu'ils sont surtout visibles dans des tubes très fins. La capillarité est un fait général; tous les liquides qui mouillent les parois du vase se comportent comme l'eau; tous ceux qui ne mouillent pas les parois se comportent comme le mercure.

Les phénomènes capillaires ne sont pas en opposition avec les lois générales de l'hydrostatique : ils sont dus à des actions attractives ou répulsives exercées par les parois solides sur le liquide, actions dont nous n'avions pas tenu compte précédemment.

La capillarité explique divers phénomènes : ascension du pétrole ou de l'alcool dans une mèche, de l'eau dans un morceau de sucre, de la sève dans les végétaux, circulation ascendante de l'eau dans la terre végétale.

92. Expériences. — Mesurer la pression sur le fond d'un vase à l'aide de l'appareil de Masson. Pour mesurer la pression dans l'intérieur d'un liquide, on peut employer un verre de lampe dont la base est bien rodée (on la rode en la frottant sur une meule à couteaux) ; comme obturateur, un disque de carton muni d'une ficelle peut remplacer l'obturateur de verre.

Prendre un vase muni d'une tubulure latérale qu'on ferme avec une membrane de baudruche. Observer et expliquer le phénomène. Remplacer la membrane par un bouchon peu enfoncé. Qu'arrive-t-il?

On peut, à propos de cette leçon, faire résoudre quelques problèmes relatifs à la poussée sur une paroi. Exemple :

Une burette dont le fond a 60 *centimètres carrés de surface renferme de l'huile jusqu'à une hauteur de* 15 *centimètres. Quelle est la poussée sur le fond, la densité de l'huile étant* 0,915 ?

Expériences relatives aux liquides superposés, aux vases communicants (on peut employer comme vases, soit un entonnoir de verre et un tube, soit deux entonnoirs). On incline l'un des vases, et l'on voit que les surfaces restent sur un même plan horizontal. Expériences relatives à la capillarité.

LIVRE III

ÉQUILIBRE DES GAZ

CHAPITRE VII

GAZ. — PRESSION ATMOSPHÉRIQUE BAROMÈTRES

PLAN

I Propriétés générales des gaz

- **1° Analogues à celles des liquides**
  - Fluidité.
  - Élasticité.
  - Pesanteur.
- **2° Différentes de celles des liquides**
  - Compressibilité
  - Expansibilité.
- **Conséquence :** deux sortes de pressions dans les gaz
  - *A* Pression due à leur poids.
  - *B* Force élastique due à leur expansibilité.

II Pression atmosphérique

- **1° Sa cause :** Elle est due au poids de l'atmosphère.
- **2° Son action**
  - Elle s'exerce dans tous les sens, sur tous les objets en contact avec l'atmosphère.
  - Diverses expériences la mettent en évidence :
  - *A* De haut en bas : crève-vessie.
  - *B* De bas en haut : œuf percé d'un trou à la partie inférieure ; pipette.
  - *C* Latéralement : sou adhérent à un mur.
  - *D* En tous sens : hémisphères de Magdebourg.
- **3° Sa mesure**
  - *A* Principe : fondé sur l'expérience de Torricelli : on mesure la pression atmosphérique en l'équilibrant par la pression d'une colonne de mercure dont on sait calculer la valeur.
  - *B* La pression atmosphérique s'évalue :
    - *a)* En dynes, en grammes ou kilogrammes.
    - *b)* En hauteur verticale de colonne de mercure mesurée en centimètres.

III Sa mesure

- **Instruments de mesure**
  - *Baromètres à mercure*
    - Les conditions de leur bon établissement sont :
    - a) Vide parfait dans la chambre barométrique.
    - b) Possibilité de mesurer exactement la hauteur verticale de la colonne de mercure au-dessus du mercure de la cuvette.
    - c) Pureté du mercure.
  - *Baromètres métalliques*
    - Dans ces instruments on mesure la pression atmosphérique par la déformation d'une boîte métallique élastique. — On les gradue par comparaison avec un baromètre à mercure.
    - Ces baromètres peuvent être rendus enregistreurs.

III Sa mesure (*Suite.*)	Instruments de mesure (*Suite.*)	*Usages des baromètres*	*a*) Mesure de la pression atmosphérique. *b*) Mesure des altitudes. *c*) Leurs indications sont des éléments précieux pour la prévision du temps.

GAZ

93. Propriétés générales des gaz.

Prenons l'air comme exemple de gaz et étudions ses propriétés physiques en les comparant à celles des liquides, de l'eau par exemple.

1° Fluidité. — L'air, comme l'eau, est un corps très fluide, et par suite il n'a pas de forme propre. Toutefois, malgré sa fluidité, l'air n'a pas de surface libre comme les liquides ; nous en verrons plus loin la raison (§ 93, 4°).

2° Compressibilité. — Soit une pompe à bicyclette pleine d'air (*fig.* 50). Fermons l'ouverture O du tube avec le doigt,

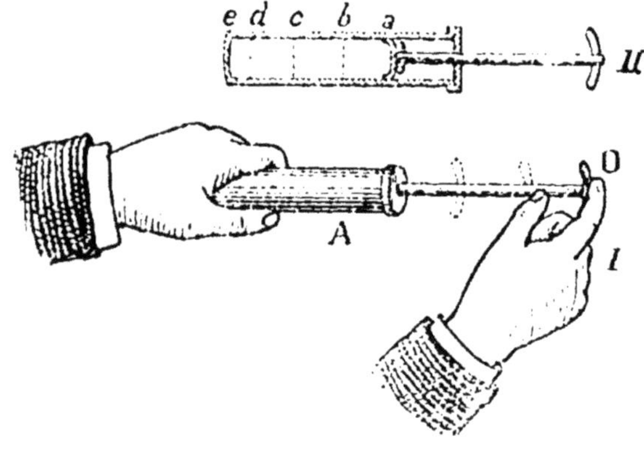

Fig. 50. — Expérience faite avec une pompe à bicyclette pour montrer la compressibilité des gaz.

et pressons sur le corps de pompe A. Nous pouvons pousser le fond du corps de pompe jusqu'à lui faire toucher le piston. Le volume occupé par le gaz a donc diminué considérablement, car il n'occupe plus que l'espace de (*fig.* 50, II). L'air est donc très compressible (différence avec les liquides).

3° *Elasticité.* — Une fois le corps de pompe poussé à fond, abandonnons-le en maintenant toujours l'ouverture O fermée. Il revient aussitôt sur lui-même jusqu'à ce que l'air ait repris son volume primitif, ce qui prouve que l'air est élastique (analogie avec les liquides) (1).

4° *Expansibilité.* — Non seulement l'air est élastique, mais de plus il tend toujours à occuper le plus grand volume possible, comme si ses molécules se repoussaient les unes les autres. Il est, comme on dit, **expansible** (différence avec les liquides). Si petite que soit une certaine quantité d'air, elle remplit toujours tout le récipient dans lequel on l'enferme.

L'expansibilité est facile à observer pour un gaz autre que l'air, odorant ou coloré : si l'on ouvre dans une salle un flacon plein de gaz hydrogène sulfuré, on perçoit bientôt l'odeur du gaz dans toutes les parties de la salle, ce qui montre bien qu'il s'est répandu partout. De même, une petite éprouvette de chlore, transvasée dans un grand flacon, l'emplit en entier.

Force expansive ou élastique. — De ce fait seul que les gaz tendent à occuper le plus grand volume possible, il résulte qu'ils pressent sur les parois des vases qui les renferment avec une certaine force, que nous désignerons sous le nom de **force expansive ou force élastique.**

5° *Pesanteur.* — L'air, comme les liquides, est un corps pesant. Pour le montrer, il suffit de peser un récipient d'abord plein, puis vide d'air. Soit un ballon B de 10 litres de capacité, muni d'un robinet ; on le suspend plein d'air

(1) Un corps est dit élastique quand, après avoir subi une déformation sous l'action d'une force, il revient à sa forme primitive dès que cette force cesse d'agir.

Un liquide comprimé reprend son volume primitif dès que la force qui le comprimait cesse d'agir. Les liquides sont donc élastiques.

sous le plateau A d'une balance, et on fait la tare (*fig.* 51). Puis on détache le ballon, on y raréfie l'air le plus possible à l'aide d'une machine pneumatique (§ 147) ; on ferme le robinet et on accroche de nouveau le ballon en A. Il n'y a plus équilibre : le plateau s'incline du côté de la tare, ce qui prouve que l'air est pesant.

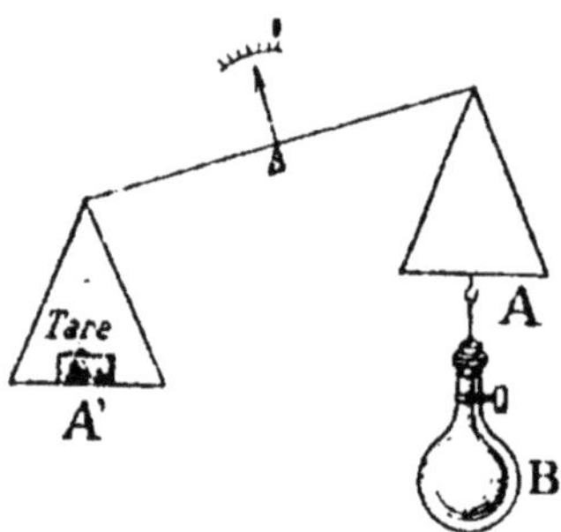

FIG. 51. — L'air est pesant. Après avoir taré un ballon plein d'air, on y fait le vide. L'équilibre est rompu, le fléau s'incline du côté de la tare.

On peut même aller plus loin et trouver approximativement la masse de 1 litre d'air, car, pour rétablir l'équilibre, il faut mettre en A 13 grammes environ. Donc 10 litres d'air pèsent 13 grammes ; 1 litre pèse $\frac{13^{gr}}{10} = 1^{gr},3$.

Par une expérience plus rigoureuse, on a trouvé que la masse de 1 litre d'air est $1^{gr},293$. Sachant que la masse de 1 litre d'eau est 1 kilogramme ou 1.000 grammes, on voit qu'à volume égal l'eau pèse $\frac{1.000}{1,293} = 773$ fois plus que l'air.

Toutes les propriétés que nous venons d'étudier pour l'air sont communes à tous les gaz.

94. Pressions exercées par les gaz.

Du fait que les gaz sont fluides et pesants comme les liquides, il résulte qu'ils exercent, eux aussi, des pressions sur eux-mêmes et sur les parois des vases qui les renferment. Et les principes généraux d'hydrostatique leur sont applicables :

1° *Les gaz transmettent les pressions comme les liquides, mais avec cette différence qu'ils diminuent en même temps de volume lorsqu'on les presse* (*compressibilité*) ;

2° *Dans un gaz en équilibre, les pressions supportées par deux surfaces de 1 centimètre carré prises dans un même plan horizontal, sont égales;*

3° *La différence de pressions entre deux surfaces de 1 centimètre carré prises à des niveaux différents est égale au poids d'une colonne cylindrique de gaz ayant pour base 1 centimètre carré et pour hauteur la* distance verticale *des deux plans considérés.*

95. En résumé, nous avons trouvé pour les gaz deux groupes de propriétés :

1° Propriétés analogues à celles des liquides	**Fluidité.** **Élasticité.** **Pesanteur.**
2° Propriétés particulières aux gaz	**Compressibilité.** **Expansibilité.**

Nous avons trouvé de même que les gaz peuvent exercer deux sortes de forces, d'origines différentes :

1° **Pressions** (dans leur masse et sur les parois latérales et inférieure des vases) dues uniquement à leur **poids** (analogie avec les liquides) ;

2° **Force élastique** (sur toutes les parois des vases), due uniquement à leur **expansibilité** (différence **avec** les liquides).

Nous allons étudier ces forces :

1° Pour l'atmosphère ;

2° Pour les gaz en vases clos.

PRESSIONS EXERCÉES PAR L'ATMOSPHÈRE

96. Épaisseur de l'atmosphère.

Quand un gaz est en vase clos, il presse, par sa force expansive, sur les parois du vase, qui l'empêchent d'accroître son volume. Il n'en est pas de même pour l'air atmosphérique, qui n'est pas contenu dans un vase. Il semblerait donc qu'en vertu de son expansibilité cet air dût s'étendre indéfiniment.

Mais la pesanteur, attire et retient énergiquement le gaz vers la surface de la terre et s'oppose à son expansion indéfinie. Il en résulte que l'épaisseur de l'atmosphère est limitée; on estime qu'elle est comprise entre 70 et 200 kilomètres.

97. Pression due au poids de l'atmosphère.

La pression exercée par l'atmosphère est uniquement due à son poids. Comme pour les liquides, elle s'exerce non seulement de haut en bas, mais *dans tous les sens* sur les objets plongés dans l'atmosphère : c'est pourquoi ces objets ne sont pas écrasés par la pression qu'ils supportent. Nous-mêmes sommes pressés de toutes parts par l'atmosphère; si nous ne sentons pas cette pression, c'est qu'elle est équilibrée par des pressions dues aux liquides et aux gaz de l'intérieur de notre organisme.

Enfin, *les chambres et les vases ouverts à l'air* renferment du gaz dont la pression est égale à la pression atmosphérique. En effet, soit un flacon fermé par une membrane en A, et communiquant en B avec l'atmosphère (*fig.* 52); on constate que la membrane ne se soulève ni ne s'enfonce, ce qui prouve que la pression qu'elle reçoit du gaz intérieur est égale à la pression atmosphérique. On obtiendrait le même résultat, quelle que soit la position de l'orifice fermé par la membrane, ce qui prouve que le gaz intérieur exerce sur toutes les parois une pression égale à la pression atmosphérique.

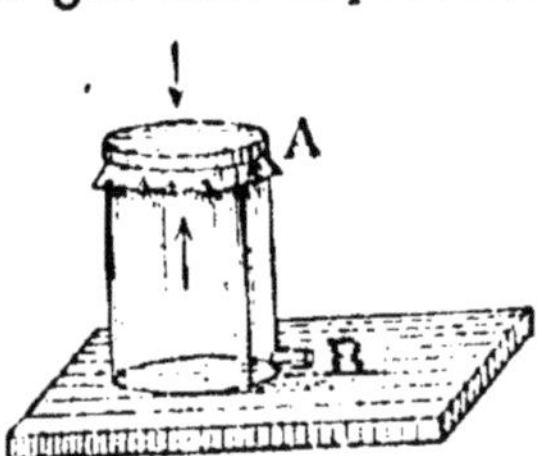

FIG. 52. — La force élastique de l'air à l'intérieur du flacon est égale à la pression atmosphérique.

Fermons maintenant l'ouverture B pour isoler de l'atmosphère l'air du flacon, nous constatons que la membrane

A reste encore en équilibre. Elle est donc poussée également de part et d'autre : or, de haut en bas, elle est poussée par la pression atmosphérique; de bas en haut, par la force élastique du gaz, puisqu'il s'agit d'un vase clos. *Donc, la force élastique de l'air contenu dans un vase clos qui a été mis au préalable en communication avec l'atmosphère est égale à la pression atmosphérique.*

Ceci étant, il nous reste : 1° à vérifier par des expériences l'existence de la pression atmosphérique ; 2° à chercher le moyen de la mesurer.

98. Expériences montrant l'existence de la pression atmosphérique.

Un corps est soumis de toutes parts aux pressions de l'atmosphère ; mais il suffit de supprimer l'une de ces pressions pour que les autres cessent d'être en équilibre, et que leur action soit mise en évidence.

99. La pression s'exerce de haut en bas.

Première expérience. — *Crève-vessie.* — On place, sur la machine pneumatique, un cylindre de verre fermé à la partie supérieure par un morceau de vessie ou de baudruche *bien tendu* et fixé sur les bords du cylindre à l'aide d'une ficelle (si la membrane a été mouillée avant d'être fixée, elle se tend fortement en séchant). On raréfie l'air dans l'appareil, et l'on voit aussitôt la membrane s'incurver, puis éclater en même temps qu'il se produit une détonation due à la rentrée brusque de l'air dans le vase vide. C'est donc que la pression atmosphérique s'exerçait de haut en bas sur la membrane.

On pourrait aussi, au lieu d'employer une membrane, fermer le cylindre avec la main. Dès qu'on raréfie l'air dans l'appareil, on sent la main si fortement appuyée contre les bords du verre qu'on ne peut plus l'en séparer; en même temps, le sang afflue dans la paume de la main qui se gonfle et pénètre dans le récipient.

Fig. 53. — Lorsqu'on aspire l'air du tube, le liquide s'élève.

Deuxième expérience. — Plongeons l'extrémité d'un tube ou d'un chalumeau de paille dans l'eau d'un verre (*fig.* 53), et, avec la bouche, aspirons à l'autre extrémité l'air qu'il contient. L'eau monte dans le tube, poussée par la pression atmosphérique qui s'exerce de haut en bas sur sa surface libre.

C'est le principe de la pipette.

100. La pression s'exerce de bas en haut.

Perçons un petit trou à l'extrémité inférieure d'un œuf. Rien ne s'écoule, ce qui prouve que l'atmosphère presse de bas en haut sur l'orifice. De même, emplissons complètement une pipette en la plongeant dans un récipient contenant du vin et sortons-la du liquide après avoir fermé avec le doigt l'ouverture supérieure ; le vin, malgré son poids, ne s'écoule pas, pour la même raison.

Mais si nous élargissons l'ouverture faite dans l'œuf, à un moment le liquide s'écoule. Cependant la pression atmosphérique s'exerce toujours de bas en haut. Pourquoi le résultat est-il différent du précédent? C'est que l'ouverture, devenue plus large, peut livrer passage à la fois au liquide qui tombe, et à l'air qui monte dans le tube, à cause de sa faible densité. La pression de cet air intérieur neutralise l'effet de la pression atmosphérique, et la colonne de liquide, divisée par l'air intérieur, s'écoule parce qu'elle est pesante.

C'est pour la même raison que l'eau contenue dans un verre tombe quand on retourne le vase. Mais qu'on applique auparavant une feuille de papier sur la surface de l'eau et on pourra retourner le verre, sans que l'eau s'écoule (*fig.* 54). La pression atmosphérique s'exerce donc de bas en haut sur la feuille, et empêche le liquide de tomber, parce qu'elle est supérieure au poids de ce liquide.

Fig. 54. — La pression atmosphérique empêche le liquide de tomber.

Remarque. — Dans toutes ces expériences, la pression atmosphérique ne s'exerce qu'à la partie inférieure des liquides, et c'est pour cela qu'on peut observer ses effets. Mais perçons un œuf à ses deux extrémités; aussitôt, la pression atmosphérique s'exerçant aussi à la partie supérieure, le contenu s'écoule, sous l'action de son poids. Même chose a lieu pour la pipette, lorsqu'on enlève le doigt.

101. La pression s'exerce latéralement.

En frottant fortement un sou contre un mur uni, il peut y rester adhérent. C'est que par le frottement on a chassé l'air compris entre la pièce de monnaie et le mur, et la pression atmosphérique la maintient appliquée contre la paroi.

102. La pression s'exerce dans tous les sens.

Hémisphères de Magdebourg. — Enfin, on peut, *en une seule expérience*, montrer que la pression atmosphérique s'exerce *dans tous les sens*. Deux hémisphères creux, de cuivre, peuvent s'appliquer exactement par leurs bords (*fig.* 55) ; un anneau de cuir placé entre les deux assure une fermeture parfaite. L'un des hémisphères porte un tube à robinet qu'on peut visser sur la machine pneumatique. Les deux hémisphères étant réunis, on fait le vide, puis on ferme le robinet et on dévisse l'appareil. Il est alors impossible de séparer l'un de l'autre les deux hémisphères, quelle que soit leur position, ce qui prouve que l'atmosphère presse sur eux dans tous les sens. Mais, si l'on ouvre le robinet, l'air rentre et la séparation s'effectue facilement, car la pression intérieure équilibre la pression extérieure.

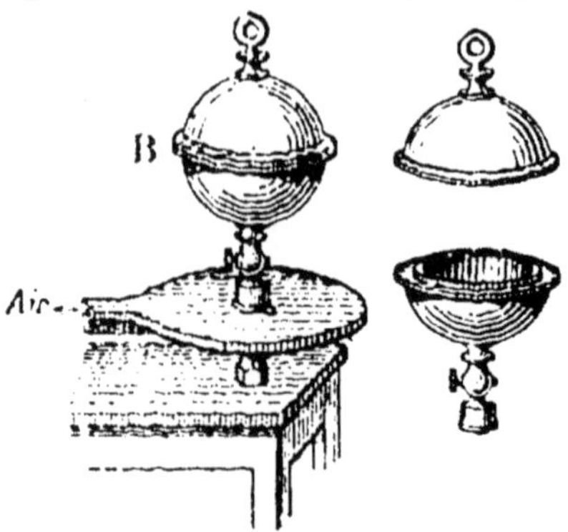

Fig. 55. — Hémisphères de Magdebourg. Quand on fait le vide à l'intérieur de l'appareil, les hémisphères se trouvent énergiquement réunis.

Bulles de savon. — Gonflons des bulles de savon et laissons-les s'échapper dans l'air. Elles sont toujours sphériques, ce qui prouve que la pression atmosphérique s'exerce avec la même intensité sur toute leur surface extérieure.

103. Mesure de la pression atmosphérique.

La pression atmosphérique est, comme toutes les pressions, une grandeur mesurable. On ne peut toutefois, comme pour les liquides, calculer sa valeur en cherchant le poids de la colonne de fluide supportée par une surface de 1 centimètre carré, car la hauteur de l'atmosphère n'est pas exactement connue, et sa densité n'est pas uniforme; les parties inférieures, étant plus pressées, sont en effet plus denses.

Mais on peut chercher à *équilibrer la pression atmosphérique par une force connue* (§ 19), *telle que, par exemple, la pression exercée par les liquides sur eux-mêmes.* C'est ce que va nous montrer l'expérience suivante.

Expérience de Torricelli.

On prend un tube de verre de 1 mètre de long environ, fermé à une de ses extrémités. On l'emplit complètement de mercure, puis on le bouche avec le doigt et on le retourne sur un vase contenant du mercure (*fig.* 56). Dès qu'on enlève le doigt, on voit le liquide descendre dans le tube et s'arrêter à une hauteur de 76 centimètres environ au-dessus du mercure de la cuvette, laissant ainsi au-dessus de lui un espace vide d'air.

Cette expérience fut faite pour la première fois par Torricelli en 1643. Jusque-là on n'avait fait aucune des expériences décrites précédemment, et on ignorait totalement l'existence de la pression atmosphérique. Torricelli comprit que si le mercure reste soulevé dans le tube, c'est parce que l'atmosphère presse de haut en bas sur le mercure de la cuvette. Considérons, en effet (*fig.* 56, III), deux surfaces de 1 centimètre carré, l'une **s** sur la surface libre du liquide dans la cuvette, l'autre **s'** sur un même plan horizontal dans l'intérieur du tube.

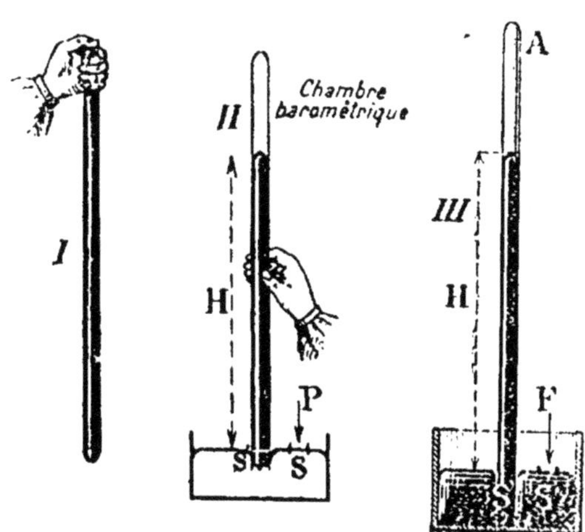

Fig. 56. — Expérience de Torricelli. Quand on retourne le tube I plein de mercure sur la cuve à mercure (II), le liquide se maintient à une certaine hauteur au-dessus de la cuvette.

D'après le principe général d'hydrostatique (§ 80), elles supportent des pressions égales, puisqu'elles sont en équilibre. Or la surface intérieure *s'* supporte la pression du mercure qui la surmonte ; la surface **s** supporte aussi une pression, qui ne peut être que celle de l'atmosphère. *Donc, la pression atmosphérique existe.*

Quant à la valeur de cette pression, elle est égale à la

pression supportée par s', c'est-à-dire (§ 80) *au poids d'une colonne cylindrique de mercure ayant pour base* 1 *centimètre carré et pour hauteur la distance verticale* H.

Sachant que 1 centimètre cube de mercure pèse 13gr,6, si la hauteur H est 76 centimètres, la pression atmosphérique P, par centimètre carré, est égale au poids de

$$13^{gr},6 \times 76 = 1.033 \text{ grammes},$$

c'est-à-dire à

$$1.033 \times 981 = 1.013.000 \text{ dynes à Paris},$$

soit en mégadynes

$$1^{még},013.$$

D'une manière générale, avec un liquide de densité d, la valeur P de la pression atmosphérique est égale au poids d'une masse

$$d^{gr} \times H.$$

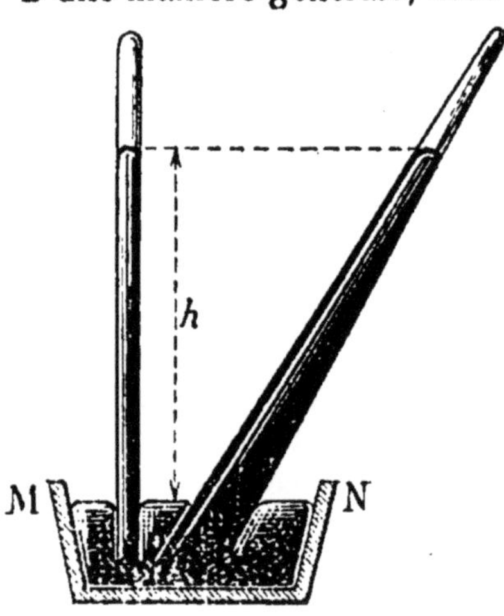

Fig. 57. — La hauteur du mercure au-dessus de son niveau dans la cuvette est indépendante de la forme et de l'inclinaison du tube.

104. Conséquences de l'expérience de Torricelli.

Diverses conséquences importantes résultent de l'expérience de Torricelli.

1° Si la pression atmosphérique P reste constante, la hauteur verticale du mercure dans le tube H reste également constante. Cette hauteur est indépendante de la forme du tube (*fig.* 57), de son inclinaison, de sa longueur (à condition toutefois qu'il soit assez long pour que le mercure ne s'y élève pas jusqu'au sommet).

Les expériences faites avec des tubes de forme et d'inclinaison variées vérifient cette conséquence.

2° Si la pression atmosphérique reste P, mais qu'on emploie un liquide de densité d' autre que d, la hauteur h' du liquide soulevé varie en raison inverse de la densité, de telle sorte que l'on ait toujours la même masse :

$$d' \times h' = d \times h.$$

Pascal prouva qu'il en est bien ainsi en répétant l'expérience de Torricelli avec un tube d'une quinzaine de mètres qu'il emplit de vin rouge. Le liquide, environ 13 fois $\frac{1}{2}$ moins dense que le mercure, resta soulevé à une hauteur verticale 13 fois $\frac{1}{2}$ plus grande, 10^{m},40 environ. Le produit $d' \times h'$ était donc bien égal au produit $d \times h$.

De même avec l'eau, de densité 1, on trouverait une hauteur verticale de 10^{m},33. Or,

$$1^{gr} \times 1.033 = 13^{gr},6 \times 76 = 1.033 \text{ grammes}$$

3° *Si la pression atmosphérique varie, la hauteur de mercure doit varier dans le même rapport.*

En effet, supposons que les pressions soient successivement P et P′ et les hauteurs correspondantes h, h', on peut écrire :

1° $\quad P = 13{,}6 \times h \times g;$

2° $\quad P' = 13{,}6 \times h' \times g.$

Donc

$$\frac{P}{P'} = \frac{h}{h'},$$

c'est-à-dire que les hauteurs varient proportionnellement aux pressions.

Il résulte de ce fait que *l'on peut mesurer les pressions par les hauteurs de mercure* (§ 9, 2°). Dire que la pression atmosphérique est 76 centimètres, par exemple, c'est dire qu'elle peut être équilibrée par le poids d'une colonne de mercure de 76 centimètres de hauteur et de 1 centimètre carré de base.

A mesure qu'on s'élève dans l'atmosphère, on remarque que la hauteur de mercure diminue ; c'est donc que la pression atmosphérique décroît. Ainsi, au sommet du puy de Dôme, la hauteur du mercure est inférieure de 8 centimètres à ce qu'elle est, au même moment, à la base de la montagne (expériences faites par Pascal).

Ces observations confirment l'idée que la pression atmosphérique est due au poids des couches d'air ; car, plus on s'élève dans l'atmosphère, moins il y a d'air au-dessus de soi, et par suite moins la pression atmosphérique est grande.

105. Baromètres à mercure.

Nous avons dit (§ 104, 3°) qu'on peut mesurer la pression atmosphérique par la hauteur du mercure soulevé dans le tube de Torricelli. Les appareils qui permettent de mesurer la pression atmosphérique sont appelés **baromètres**. Nous étudierons successivement les baromètres fondés sur l'expérience de Torricelli, ou **baromètres à mercure**, et les **baromètres métalliques**.

Conditions que doivent remplir les baromètres à mercure. — 1° Pour qu'on puisse mesurer la pression atmosphérique par la hauteur de mercure, il faut avoir le vide parfait au sommet du tube, dans l'espace qu'on désigne sous le nom de **chambre barométrique**; car, s'il y avait de l'air, sa pression s'ajouterait à celle du mercure.

2° La forme du tube et son inclinaison sont quelconques, mais on doit pouvoir mesurer exactement la distance verticale des niveaux du mercure dans la cuvette et dans le tube ; or ces deux niveaux sont variables, car, chaque fois que le mercure monte dans le tube, le niveau baisse dans la cuvette et inversement. De plus, on doit éviter d'employer des tubes trop fins, car il s'y produirait une dépression du mercure par capillarité (§ 91).

3° Pour que tous les baromètres placés dans les mêmes conditions donnent les mêmes hauteurs de mercure, il faut qu'ils renferment du liquide de même densité (§ 104, 2°). D'où la nécessité d'employer toujours du mercure bien pur.

Ces diverses conditions étant posées, étudions la manière de construire un baromètre à mercure.

106. Construction d'un baromètre.

On emploie le mercure de préférence aux autres liquides, pour plusieurs raisons : 1° il est très dense, ce qui permet d'employer un tube assez court ; 2° on peut facilement l'obtenir pur; 3° il permet d'avoir une chambre barométrique vide de gaz, car il n'émet sensiblement pas de vapeurs à la température ordinaire.

Fig. 58. — Remplissage d'un tube barométrique. — La tubulure supérieure est mise en communication avec une machine pneumatique. A mesure qu'on raréfie l'air, la pression atmosphérique oblige le mercure à pénétrer dans le tube.

On prend un tube de 80 à 85 centimètres de long, fermé à une extrémité, et terminé à l'autre par une ampoule munie de deux tubulures (*fig.* 58). On remplit le tube de mercure bien pur (*voir la légende*), et, comme il reste toujours des traces d'air et d'humidité adhérentes au verre, on place le tube sur une grille inclinée, on l'entoure de charbons incandescents de façon à l'échauffer progressivement et à le faire bouillir dans toutes ses parties. Les vapeurs de mercure qui s'échappent entraînent avec elles l'air et la vapeur d'eau; l'ampoule est destinée à recueillir le mercure projeté par l'ébullition.

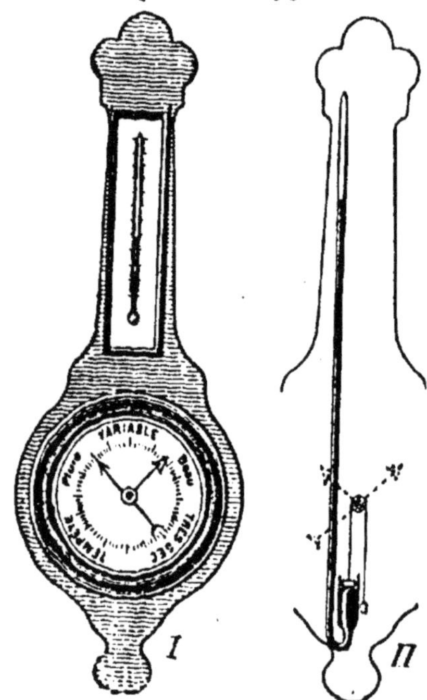

Fig. 59. — Baromètre à cadran. La branche la plus courte du tube recourbé forme cuvette. Si la pression atmosphérique augmente ou diminue, le mercure baisse ou s'élève dans la cuvette, et ces variations sont transmises à l'aiguille indicatrice par l'intermédiaire d'une poulie. En I, baromètre vu de face.

Cela fait, on détache l'ampoule, on achève de remplir le tube avec du mercure bouilli, puis, après refroidissement, on retourne le tube dans la cuvette contenant du mercure pur et sec.

107. Principaux baromètres à mercure.

Les baromètres à mercure sont très variés ; ils diffèrent surtout par la forme de la cuvette et par le procédé plus ou moins précis employé pour mesurer la hauteur de mercure.

Nous n'entrerons pas dans tous leurs détails de formes, d'autant plus qu'actuellement les baromètres à mercure ne sont pas d'un usage courant : les uns, très peu précis, ne sont presque plus employés (*baro-*

mètres d'appartements, fig. 59) ; les autres, d'une très grande précision, ne servent que dans les observatoires (*baromètre de Regnault, fig.* 59 *bis*). Seul le baromètre de Fortin est assez précis pour qu'on l'emploie fréquemment

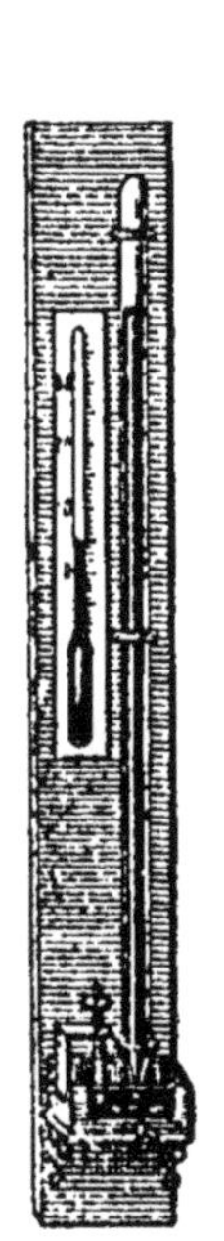

Fig. 59 *bis*. — Baromètre de Regnault.

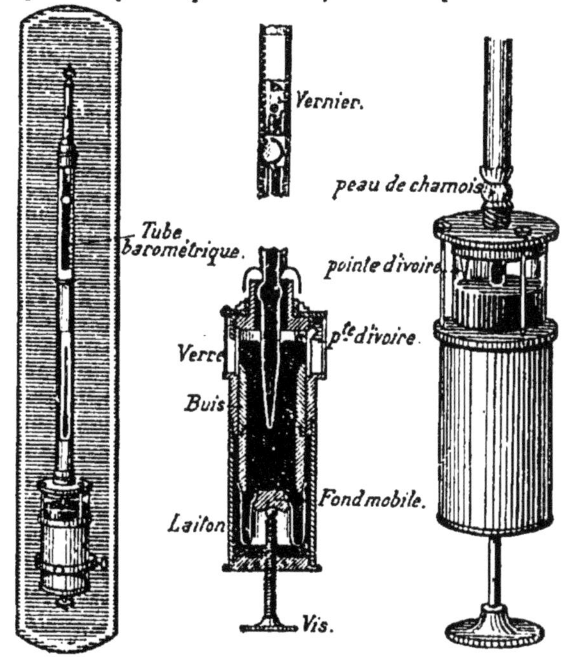

Fig. 60. — Baromètre de Fortin. La gaine de peau de chamois retient le mercure tout en permettant à la pression atmosphérique de s'exercer. La peau qui forme le fond mobile permet d'amener toujours le niveau dans la cuvette à la même position repérée par la pointe d'ivoire.

dans les laboratoires, et il offre le grand avantage d'être facilement transportable. La figure et la légende ci-dessus donnent une idée de sa disposition et de son fonctionnement (*fig.* 60).

108. Baromètres métalliques.

Les baromètres les plus employés actuellement sont les baromètres métalliques. Ils ne sont pas autre chose que des dynamomètres, car on y mesure la pression atmosphérique par la déformation qu'elle fait subir à un métal élastique. Tous sont gradués par comparaison avec un baromètre à mercure, ce qui justifie l'étude préalable de ces baromètres.

Le plus employé est le **baromètre anéroïde de Vidi.** Il est formé d'une caisse métallique à parois minces élastiques, et dont la face supérieure joue le rôle du ressort dans le dynamomètre. Cette face présente des cannelures circulaires (*fig.* 61) destinées à en augmenter la flexibilité. On a fait le vide à l'intérieur de la boîte, car, s'il y restait de l'air, sa force élastique varierait sous l'action de la température (§ 177) et la température produirait donc aussi des déformations des parois.

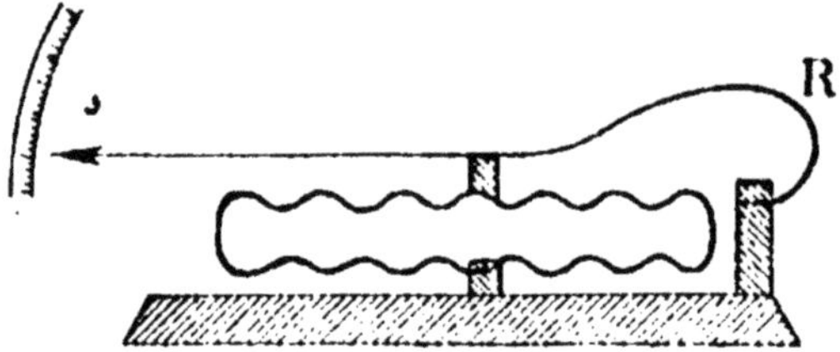

Fig. 61. — Baromètre de Vidi (schéma). Les déformations que les variations de la pression atmosphérique font subir à la paroi de la boîte sont transmises à une grande aiguille qui les amplifie sur un cadran, gradué par comparaison avec un baromètre à mercure.

La pression atmosphérique agit donc seule sur la boîte ; si la face supérieure a 50 centimètres carrés, c'est une force égale au poids de 50 kilogrammes environ qui la presse de haut en bas. Elle s'écraserait sous cette poussée si un ressort antagoniste R ne maintenait cette paroi soulevée.

Fonctionnement. — Quand la pression atmosphérique augmente, elle aplatit légèrement la boîte ; ce mouvement est amplifié et transmis par un système de tiges articulées à une aiguille qui se meut sur un cadran gradué. Si la pression atmosphérique diminue, la face supérieure de la boîte se soulève, et l'aiguille se meut en sens inverse de son premier mouvement.

La graduation du cadran est faite en millimètres de pression.

Les baromètres métalliques sont solides, peu encombrants, peu coûteux, d'un transport et d'un emploi faciles; c'est ce qui rend leur usage si courant. Mais leurs indications ne sont pas très exactes, parce que l'élasticité du métal change rapidement. Aussi doivent-ils être souvent réglés, par une nouvelle comparaison avec un baromètre à mercure.

100. Baromètres enregistreurs.

Dans les laboratoires on utilise fréquemment des appareils enregistreurs pour la mesure de certaines grandeurs; pression atmosphérique, température, etc.; c'est ainsi que le baromètre enregistreur de Richard (*fig.* 62, I) inscrit de lui-même, à tous les moments, la valeur de la pression atmosphérique.

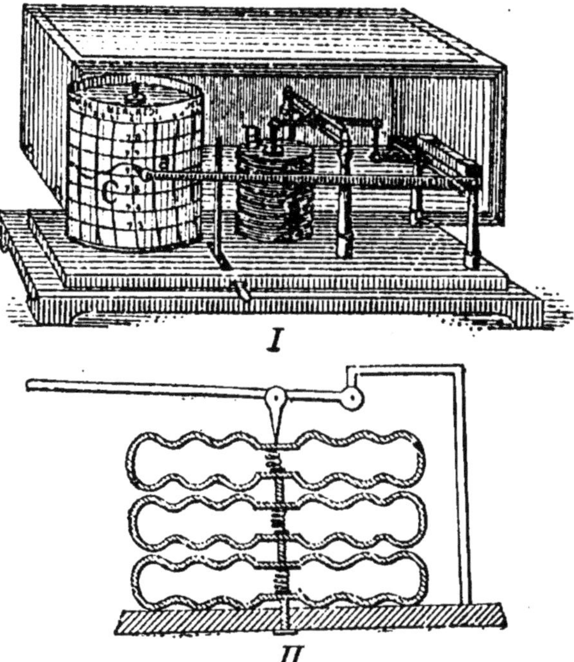

Fig. 62. — Baromètre enregistreur de M. Richard.

A cet effet, les déformations d'un groupe de boîtes semblables à la précédente (*fig.* 62, II), sont amplifiées par des leviers, qui font mouvoir une aiguille munie à son extrémité d'une plume à réservoir d'encre. Cette plume appuie légèrement sur une feuille de papier enroulée autour d'un cylindre qui tourne sur lui-même d'un mouvement uniforme sous l'action d'un mécanisme d'horlogerie, en faisant un tour par semaine. La plume trace sur le papier une certaine courbe : quand la pression atmosphérique augmente, la courbe remonte ; quand elle diminue, la courbe s'abaisse. Des nombres 72, 73, etc., inscrits sur la feuille, permettent de connaître, à l'aide de cette courbe ou *graphique*, la valeur en centimètres de la pression aux divers moments. Toutes les semaines, une nouvelle feuille de papier est fixée sur le cylindre, et celui-ci est remonté comme une pendule. Les feuilles enlevées, mises à plat, présentent un graphique à peu près analogue à celui de la figure 62 *bis*.

110. Usages des baromètres.

1° Les baromètres servent, comme nous l'avons dit, à *mesurer la pression atmosphérique*, ou à observer ses variations.

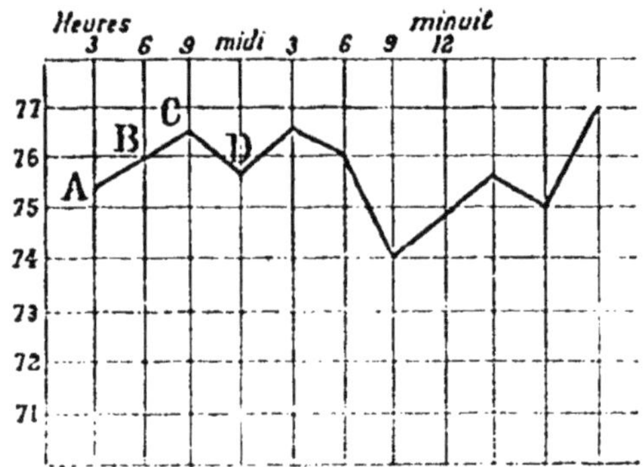

Fig. 62 *bis*. — Représentation graphique des variations de la pression atmosphérique aux différentes heures d'une journée.

Si l'on n'a pas de baromètre enregistreur, on peut, après avoir mesuré la pression à différents moments, inscrire soi-même le phénomène sous forme d'un graphique, de la manière suivante : sur un papier quadrillé, où l'espace entre les lignes verticales représente des heures, et l'espace entre les lignes horizontales des pressions (*fig.* 62 *bis*), on marque les points A, B, C,..., correspondant aux pressions observées aux différentes heures.

EXEMPLES :

A 3 heures du matin	752 millimètres	(point A)
A 6 —	760	—	(point B)
A 9 —	765	—	(point C)
A midi	758	—	(point D

Etc.

Puis on admet qu'entre chaque observation la variation de pression a été régulière, et on réunit par une courbe continue les différents points A, B, C, ...

Cette courbe a l'avantage de montrer d'un seul coup d'œil les variations du phénomène. On emploie fréquemment les graphiques pour représenter la marche d'un phénomène : variations de la force élastique des gaz sous l'influence de la température; variations de la température aux différentes heures de la journée, etc.

En observant des courbes de pression atmosphérique, on s'aperçoit que cette pression varie fréquemment, subissant parfois des oscillations brusques très grandes. A Paris, elle varie entre un minimum de 72 centimètres et un maximum de 79.

2° *Prévision du temps.* — On a remarqué depuis longtemps que les variations de la pression atmosphérique sont souvent en relation étroite avec les changements de temps. Sans nous étendre sur cette question, disons seulement que les basses pressions annoncent en général un temps pluvieux, tandis que le beau temps coïncide ordinairement avec une forte pression. Les bourrasques et les tempêtes sont toujours annoncées par une brusque dépression barométrique.

C'est en se basant sur les remarques précédentes qu'on a pu ajouter à la graduation des baromètres les indications : *tempête, grande pluie, pluie ou vent, variable, beau temps, beau fixe, très sec*. Dans nos climats, le mot *variable* correspond à 758 millimètres (la pression moyenne du lieu), et les autres indications se suivent de 9 en 9 millimètres au-dessus et au-dessous de cette pression. Il est bien évident que cette graduation spéciale doit varier avec la latitude, l'altitude, en un mot la situation des contrées.

Ajoutons que les indications sur le temps données par le baromètre sont loin d'être des certitudes, car il faudrait tenir compte aussi de la température, de la direction du vent, etc. Dans les bureaux météorologiques, on rassemble toutes les indications relatives à la pression atmosphérique dans différents pays, à la direction du vent, aux variations de température, et l'on arrive, grâce à cet ensemble d'indications, à prévoir avec une presque certitude le temps qu'il fera vingt-quatre heures ou trente-six heures plus tard. Ces prévisions, transmises dans les ports, sont d'une grande utilité pour les marins.

3° *Mesure des hauteurs.* — La masse spécifique du mercure (13,6) étant 10.500 fois plus grande que celle de l'air (0,001293), une colonne de mercure de 1 millimètre de hauteur fait équilibre à une colonne d'air de même section et de $10^m,50$ de haut.

Par conséquent, chaque fois qu'on s'élève de $10^m,50$ dans l'atmosphère, la hauteur de mercure doit diminuer de 1 millimètre. Et si la hauteur barométrique diminue de 8 millimètres par exemple, c'est qu'on s'est élevé de $10^m,5 \times 8 =$ 84 mètres.

On peut donc se servir du baromètre pour mesurer les hauteurs. Mais le calcul précédent suppose que la masse spécifique de l'air est 0,001293 dans toute l'atmosphère. Or, elle diminue à mesure qu'on s'élève, car l'air étant compressible, les couches inférieures, pressées par les couches supérieures, se compriment et sont par suite plus denses. Aussi n'évalue-t-on de la manière précédente que les hauteurs inférieures à 200 mètres. Pour les autres, on emploie des formules plus compliquées.

111. Expériences. — Outre les diverses expériences indiquées, on peut faire les suivantes pour montrer l'existence de la pression atmosphérique :

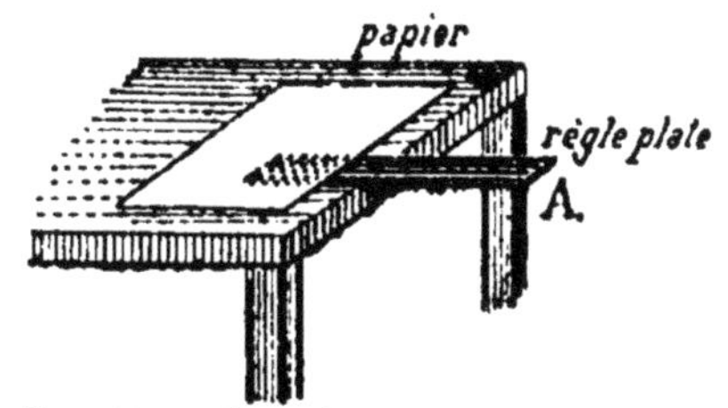

FIG. 63. — Une règle plate bien appuyée sur la surface d'une table et recouverte d'une feuille de papier se détache difficilement.

1° Placer l'une sur l'autre deux plaques de verre bien unies; elles adhèrent fortement.

2° Disposer une règle plate comme dans la figure 63. La recouvrir d'un papier sur lequel on presse pour chasser l'air sous la règle. Il faut ensuite appuyer fortement en A pour soulever la règle.

3° Apprendre à poser des ventouses.

Questions d'observation. — Comment on gobe un œuf. Fonctionnement d'une pipette, d'un compte-goutte.

CHAPITRE VIII

PRESSIONS EXERCÉES PAR LES GAZ EN VASES CLOS : LOI DE MARIOTTE MANOMÈTRES

PLAN

I. Pressions exercées par les gaz en vases clos
- Force élastique.
- Pression due au poids (négligeable par rapport à la force élastique).

CONCLUSION : Nous admettrons que la pression est la même dans toute la masse d'un gaz en vase clos, et qu'elle est égale à la force élastique.

II. Mesure de la force élastique d'un gaz
- **1° Manomètres à air libre**
  - On mesure la force élastique par la pression d'une colonne de mercure ouverte à l'air.
  - Inconvénients des manomètres à air libre : ils sont encombrants et fragiles.
- **2° Manomètres métalliques**
  - On mesure la force élastique par la déformation qu'elle fait subir à un métal.
  - Instruments peu précis, mais faciles à employer.
- **Unités de mesure**
  - Poids du kilogramme.
  - Atmosphère.
  - Hauteur de mercure.

III. Loi de Mariotte
- **Expériences** : Mesurer le volume et la force élastique d'une masse invariable de gaz. Faire varier le volume et voir ce que devient la force élastique.
- **Résultats** : A une même température, les volumes d'une masse de gaz sont en raison inverse des pressions, et par suite : les masses spécifiques sont proportionnelles aux pressions.
- **Correction à la loi de Mariotte** : la loi n'est à peu près exacte que pour des pressions peu élevées.
- **Mélange des gaz** : La force élastique du mélange est égale à la somme des forces élastiques qu'aurait chacun des gaz s'il occupait seul le volume total.

112. Différentes pressions exercées par les gaz en vases clos.

Nous avons vu (§ 95) que les gaz en vases clos possèdent une force élastique due à leur expansibilité, et exercent des pressions dues à leur poids. Or le poids d'une colonne d'air qui ne dépasse pas en général 1 mètre est négligeable relativement à la force élastique qui est toujours des milliers de fois plus grande. Aussi admettrons-nous que la pression totale d'un gaz en vases clos est égale à sa force élastique, et que celle-ci est la même en tous les points de la masse du gaz.

113. Mesure de la force élastique d'un gaz.

Dans l'industrie on a souvent besoin de connaître la force élastique d'un gaz contenu dans un vase clos (force élastique de la vapeur dans la chaudière d'une locomotive, du gaz d'éclairage dans les gazomètres, etc.).

La force élastique est, comme toutes les forces, une grandeur mesurable. On la mesure comme la pression atmosphérique en l'équilibrant par une force connue qui peut être :

1° La pression d'une colonne de mercure ouverte à l'air ;

2° L'élasticité d'un métal.

Les appareils employés portent le nom de manomètres : les premiers sont les *manomètres à air libre*, les seconds les *manomètres métalliques*.

114. Manomètres à air libre.

Ils sont formées d'un tube en U aux branches inégales renfermant du mercure (*fig.* 64) : l'une A, courte et large, peut être mise en communication avec le réservoir contenant le gaz dont on veut mesurer la force élastique, l'autre B, plus longue et plus étroite, est ouverte à l'air (d'où le nom de *manomètre à air libre*). Trois cas peuvent se produire :

1° La force élastique du gaz est égale à la pression atmosphérique. Alors le mercure s'élève au même niveau dans les deux branches (I).

2° La force élastique est supérieure à la pression atmosphérique ; le mercure descend dans la branche A et monte dans la branche B (II). Quand il est en équilibre, les deux surfaces *s*, *s'*, de 1 centimètre carré, prises sur le même plan horizontal supportent des pressions égales. Donc *la force élastique du gaz est égale à la pression de la colonne de mercure* **h**, augmentée de la pression atmosphérique qui s'exerce sur elle.

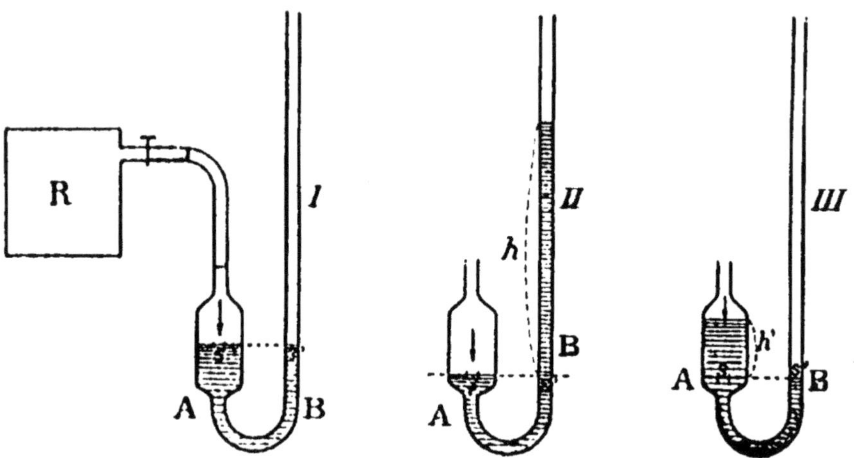

Fig. 64. — Manomètres à air libre. En I la force élastique du gaz enfermé en R est égale à la pression atmosphérique ; — en II elle lui est supérieure ; — en III elle lui est inférieure.

Si la hauteur **h** est 80 centimètres, et si la pression atmosphérique du moment est 75 centimètres, la force élastique du gaz est égale au poids d'une masse de :

$$13^{gr},6\ (75 + 80) = 2.121 \text{ grammes};$$

3° La force élastique du gaz est inférieure à la pression atmosphérique : le mercure descend dans la branche **B** et monte dans la branche **A** (III). Quand il est en équilibre, les deux surfaces **s**, **s'**, supportent la même pression. *Donc la force élastique du gaz + la pression de la hauteur* **h'** *de mercure qui surmonte* **s** *est égale à la pression atmosphérique.* Si la hauteur **h'** est 15 centimètres et la pression atmosphérique $75^{cm},8$, la force élastique du gaz est égale au poids de :

$$13^{gr},6 \times (75,8 - 15) = 826^{gr},88.$$

On voit que les manomètres à air libre exigent l'emploi d'un baromètre.

115. Inconvénients des manomètres à air libre.

Les manomètres à air libre sont très précis, mais aussi *très encombrants* dès que la pression à mesurer dépasse sensiblement la pression atmosphérique; aussi ne sont-ils guère employés.

Toutefois, pour mesurer la pression du gaz d'éclairage qui sort des gazomètres, pression supérieure de 5 ou 6 centimètres à la pression atmosphérique, on emploie des manomètres à air libre contenant de l'eau au lieu de mercure (*fig.* 65). Ils indiquent avec précision des variations de pression de quelques millimètres.

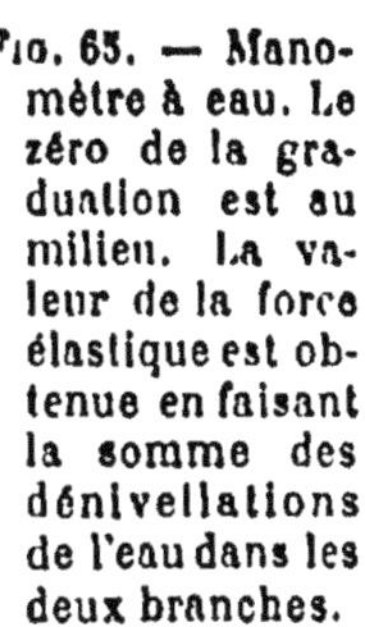

Fig. 65. — Manomètre à eau. Le zéro de la graduation est au milieu. La valeur de la force élastique est obtenue en faisant la somme des dénivellations de l'eau dans les deux branches.

116. Manomètres métalliques.

Les manomètres les plus employés dans l'industrie sont les manomètres métalliques, qui présentent les mêmes avantages que les baromètres métalliques (§ 108). Le plus simple est le manomètre de Bourdon.

Un tube flexible, à paroi mince et à section elliptique (pour être plus déformable), est enroulé en spirale (*fig.* 66); une de ses extrémités est ouverte et communique avec la chaudière contenant le gaz; l'autre, fermée, porte une aiguille qui se meut devant un cadran gradué.

Dès que le gaz pénètre dans le tube, il le déforme; la partie externe, ayant une surface plus grande que la paroi interne, est plus pressée que celle-ci et, par suite, la spirale tend à s'ouvrir d'autant plus que la force du gaz est plus grande; l'aiguille avance donc sur le cadran. Si la force élastique diminue, le métal, en vertu de son élasticité, reprend sa première forme, et l'aiguille se meut en sens inverse.

On gradue cet appareil par comparaison avec un manomètre à air libre, de la manière suivante : un réservoir communique avec un manomètre à air libre et avec le manomètre à graduer. On marque 0 sur celui-ci au point où s'arrête l'aiguille quand le réservoir contient de l'air à la pression atmosphérique; puis on comprime de l'air dans le réservoir jusqu'à ce que la hauteur de mercure soulevé dans le manomètre à air libre corresponde à une pression de 1 kilogramme, et on inscrit 1 au point où s'arrête l'aiguille du manomètre métallique. On comprime l'air un peu plus et, lorsque la hauteur du mercure soulevé correspond à 2 kilogrammes, on marque 2, et ainsi de suite; le chiffre 0 indique donc une pression de 1 kilogramme environ, le nombre 1 indique une pression de 2 kilogrammes, etc.

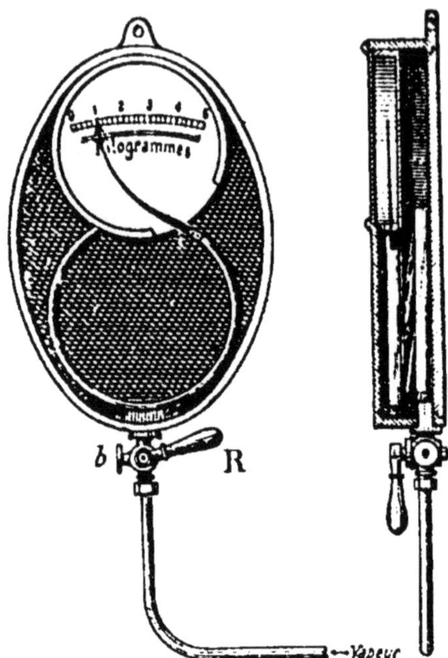

Fig. 66. — Manomètre de Bourdon.

Comme les baromètres métalliques, ces manomètres doivent être souvent réglés par une nouvelle comparaison avec un manomètre à mercure.

117. Unités de mesure employées.

Comme pour la pression atmosphérique, on peut évaluer les forces élastiques des gaz en dynes ou en millimètres de mercure. Mais les appareils industriels sont gradués, ainsi que nous venons de l'expliquer, en *kilogrammes par centimètre carré*, c'est-à-dire qu'ils indiquent les masses dont les poids pourraient équilibrer les pressions du gaz.

On emploie quelquefois aussi comme unité *l'atmosphère* : dire que la force élastique d'un gaz est 5 atmosphères, c'est dire qu'elle est capable de soulever une hauteur de mercure de 5 fois 76 centimètres, ou encore qu'elle est de 5 fois 1^{kg},033.

Dans les mesures peu précises, on ne fait pas de différence entre le kilogramme et l'atmosphère.

LOI DE MARIOTTE

118. Quand on comprime de l'air dans une pompe de bicyclette (§ 93), on sent, en enfonçant le piston, une résistance d'autant plus grande que l'air est plus comprimé. Cela prouve que, plus le volume du gaz diminue, plus sa force élastique augmente. Il y a donc une relation entre le volume et la force élastique d'un gaz. Des expériences permettent de trouver cette relation : *en principe, il suffit d'avoir une masse invariable de gaz, dont on mesure le volume et la force élastique. On fait varier le volume, on mesure la force élastique nouvelle, et l'on compare les nombres obtenus aux premiers.*

Il faut opérer à une *température fixe*, car les variations de température produisent, comme nous le verrons (§ 177), des variations de volume ou de force élastique.

Première expérience. — Un tube, analogue à un manomètre à air libre, peut nous servir (*fig.* 67) ; dans la petite branche fermée, on emprisonne le gaz, de l'air par exemple, au moyen d'un peu de mercure, de telle sorte que le niveau soit le même dans les deux branches (*fig.* 67, I). L'air enfermé est donc primitivement à la pression atmosphérique.

Pour qu'on puisse mesurer les volumes de gaz, la petite branche est divisée en centimètres cubes. Les forces élastiques se mesurent, comme dans les manomètres à air libre, par les pressions du mercure, augmentées de la pression atmosphérique; à cet effet, la grande branche est divisée en millimètres.

Supposons qu'au début on ait 12 centimètres cubes d'air à la pression atmosphérique du moment, 75^{cm},6 par exemple. Ajoutons du mercure dans la grande branche pour com-

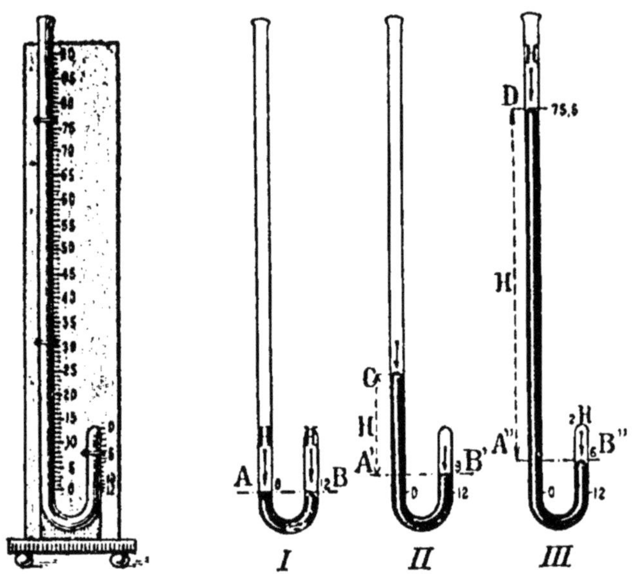

FIG. 67. — Tube de Mariotte. — En I, le volume du gaz enfermé en B est à la pression atmosphérique H. — En II, la pression en A' est les $\frac{4}{3}$ de H, le volume en B' est les $\frac{3}{4}$ du volume B. — En III, la pression en A'' a doublé, le volume en B'' est la moitié du volume B.

primer le gaz et l'amener à n'occuper plus que 9 centimètres cubes ou les $\frac{3}{4}$ du volume primitif. Pour trouver la nouvelle force élastique du gaz, considérons deux surfaces horizontales de 1 centimètre carré, prises, l'une au niveau libre du liquide dans la petite branche, l'autre, sur le même plan horizontal, dans la grande branche. La première supporte la force élastique du gaz, la seconde supporte la pression de la colonne de mercure qui la surmonte, augmentée de la pression atmosphérique. On constate que la hauteur de mercure A'C est $25^{cm},2$ (*fig.* 67, II). Donc, la force élastique du gaz est

$$75^{cm},6 + 25^{cm},2 = 75^{cm},6 \times \frac{4}{3}.$$

CONCLUSION. — *Quand le volume du gaz devient les $\frac{3}{4}$ de ce qu'il était, la force élastique devient les $\frac{4}{3}$ de sa valeur primitive.*

Réduisons maintenant le volume à 8 centimètres cubes, soit les $\frac{2}{3}$ de 12 centimètres cubes. La hauteur du liquide soulevé au-dessus du plan passant par le niveau libre de la petite branche est égale à $37^{cm},8$. Donc la nouvelle force élastique du gaz est

$$75^{cm},6 + 37^{cm},8 = 75^{cm},6 \times \frac{3}{2}.$$

En réduisant ensuite le volume à la moitié de 12 centimètres cubes, on constate que la pression du gaz devient 2 fois plus grande qu'au début (*fig.* 67, III).

Le tableau suivant réunit les résultats obtenus :

TABLEAU I

VOLUMES	HAUTEURS DE MERCURE soulevées au-dessus du plan passant par la surface libre du liquide de la petite branche	FORCES ÉLASTIQUES DU GAZ EN CENTIMÈTRES
12^{cm3}	0	75,6
$9^{cm3} = 12 \times \frac{3}{4}$	$25^{cm},2$	$75,6 + 25,2 = 75,6 \times \frac{4}{3}$
$8^{cm3} = 12 \times \frac{2}{3}$	$37^{cm},8$	$75,6 + 37,8 = 75,6 \times \frac{3}{2}$
$6^{cm3} = 12 \times \frac{1}{2}$	$75^{cm},6$	$75,6 + 75,6 = 75,6 \times 2$

CONCLUSION. — *Les volumes occupés par la masse d'air considérée varient en raison inverse des forces élastiques.*

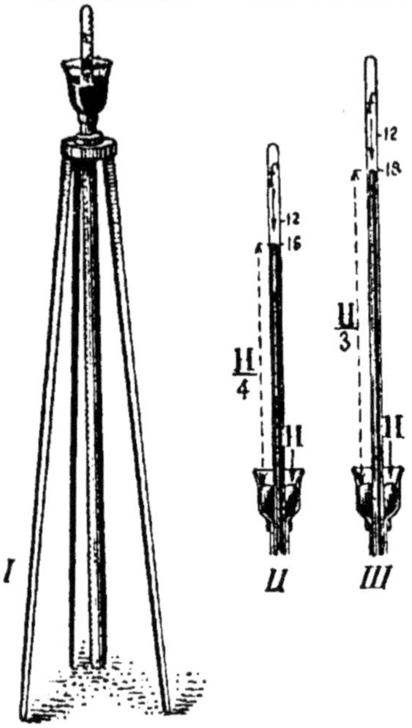

DEUXIÈME EXPÉRIENCE. — Le résultat est le même lorsque les forces élastiques sont inférieures à la pression atmosphérique. Pour le montrer, on prend un long tube barométrique de 1 centimètre carré de base, gradué en centimètres, ce qui permet la *mesure des hauteurs* de mercure. Chaque division ayant une capacité de 1 centimètre cube, la graduation indique également les *volumes*.

Fig. 68. — Vérification de la loi de Mariotte pour les pressions inférieures à la pression atmosphérique. — En I, la force élastique d'un volume V de gaz est égale à la pression atmosphérique H. — En II, le volume du gaz est les $\frac{4}{3}$ de V, sa force élastique est réduite aux $\frac{3}{4}$ de H. — En III, le volume du gaz est $\frac{3}{2}$ de V, tandis que sa force élastique est devenue $\frac{2}{3}$ de H.

On verse du mercure dans le tube en laissant une certaine quantité d'air, puis on le retourne sur un vase très profond et on l'enfonce jusqu'à ce que les niveaux soient les mêmes à l'intérieur et à l'extérieur du tube (*fig.* 68, I). On a donc emprisonné une masse invariable d'air, dont on connaît le volume, soit 12 centimètres cubes, et dont la force élastique est égale à la pression atmosphérique du moment, soit 75^{cm},6.

On soulève le tube (*fig.* 68, II); l'air augmente de volume, mais en même temps le mercure monte d'une certaine quantité dans le tube, ce qui prouve que la force élastique du gaz diminue. Lorsque l'air occupe un volume de $16^{cm^3} = 12^{cm^3} \times \frac{4}{3}$, on constate que la hauteur du mercure soulevé au-dessus de la cuvette est $18^{cm},9 = \frac{75^{cm},6}{4}$. Quelle est d'après cela la force élastique du gaz? Les surfaces s, s' de 1 centimètre carré supportent la même pression, puisqu'elles sont en équilibre ; donc on a :

Force élastique du gaz + pression de la colonne de mercure = pression atmosphérique. D'où :

Force élastique du gaz = pression atmosphérique — pression du mercure.

La pression atmosphérique étant $75^{cm}6$, et celle du mercure $18^{cm},9$, la force élastique du gaz est :

$$75^{cm},6 - 18^{cm},9 = 75^{cm}6, \times \frac{3}{4}.$$

Conclusion. — *Quand le volume de l'air devient les $\frac{4}{3}$ de ce qu'il était, sa force élastique devient les $\frac{3}{4}$ de sa valeur primitive.*

Répétons l'expérience en amenant le volume à être 18 centimètres cubes ou les $\frac{3}{2}$ de ce qu'il était (*fig.* 68, III). On trouve que la hauteur du mercure soulevé est $25^{cm},2 = \frac{75^{cm},6}{3}$; donc la force élastique de l'air est devenue :

$$75^{cm},6 - 25^{cm},2 = 75^{cm},6 \times \frac{2}{3}.$$

De même si le volume devient 24 centimètres cubes ou 2 fois 12 centimètres cubes, la hauteur du mercure soulevé est $37^{cm},8 = \frac{75^{cm},6}{2}$; donc la force élastique du gaz est :

$$75^{cm},6 - 37^{cm},8 = 75^{cm},6 \times \frac{1}{2}.$$

Réunissons tous ces résultats dans le tableau suivant :

TABLEAU II

VOLUMES	HAUTEURS DE MERCURE SOULEVÉES	FORCES ÉLASTIQUES DU GAZ EN CENTIMÈTRES
12^{cm^3}	0	75,6
$16^{cm^3} = 12 \times \frac{4}{3}$	$18^{cm},9$	$75,6 - 18,9 = 75,6 \times \frac{3}{4}$
$18^{cm^3} = 12 \times \frac{3}{2}$	$25^{cm},2$	$75,6 - 25,2 = 75,6 \times \frac{2}{3}$
$24^{cm^3} = 12 \times 2$	$37^{cm},8$	$75,6 - 37,8 = 75,6 \times \frac{1}{2}$

110. Divers énoncés de la loi de Mariotte.

En généralisant les conclusions des tableaux I et II, on est amené à énoncer la loi suivante :

PREMIER ÉNONCÉ. — *A une même température, les volumes occupés par une même masse gazeuse sont en raison inverse des forces élastiques.*

Comme la force élastique d'un gaz en équilibre est égale à la pression qu'il supporte, on peut dire aussi : à une même température, *les volumes occupés par une* même masse *gazeuse sont en raison inverse des pressions qu'elle supporte.*

Si l'on représente par V le volume d'un gaz sous la pression H et par V' le volume de la même masse de gaz sous la pression H', on peut donc écrire :

$$\frac{V}{V'} = \frac{H'}{H} \qquad (1)$$

(H et H' sont mesurés en unités quelconques de pression : dynes, hauteurs de mercure par exemple).

DEUXIÈME ÉNONCÉ. — De la formule (1), on peut tirer (le produit des extrêmes étant égal au produit des moyens) :

$$V \times H = V' \times H',$$

d'où l'énoncé suivant : Lorsque, à une même température, *une masse gazeuse est soumise à diverses pressions, le produit du volume par la pression correspondante est un nombre constant.*

TROISIÈME ÉNONCÉ. — Nous avons vu que la loi de Mariotte se rapporte à une masse invariable de gaz. Il en résulte une remarque importante au sujet des masses spécifiques des gaz :

On avait dans la première expérience (§ 118) 12 centimètres cubes de gaz à la pression atmosphérique : 1 centimètre cube pesant $1^{mgr},293$, la masse du gaz était environ :

$$1^{mgr},293 \times 12 = 15^{mgr},516.$$

On réduit le volume à $6^{cm3} = \frac{12^{cm3}}{2}$; la masse reste $15^{mgr},516$; donc 1 centimètre cube pèse cette fois :

$$\frac{15^{mgr},516}{6} = 2^{mgr},586,$$

c'est-à-dire 2 fois plus que dans le premier cas. La masse spécifique a donc doublé en même temps que la force élastique.

De même, quand le volume devient 9 centimètres cubes ou les $\frac{2}{3}$ de 12, la masse reste $15^{mgr},516$, mais la pression devient les $\frac{3}{2}$ de ce qu'elle était, et la masse spécifique devient :

$$\frac{15^{mgr},516}{9} = 1^{mgr},939,$$

soit aussi les $\frac{3}{2}$ de sa valeur primitive.

D'une manière générale, les masses spécifiques sont proportionnelles aux forces élastiques.

La loi de Mariotte, établie au XVIIe siècle par Mariotte en France et Boyle en Angleterre, fut pendant cent cinquante ans regardée comme une loi exacte, s'appliquant à tous les gaz.

Or les expériences n'avaient été faites que sur l'air, et pour des pressions voisines de 1 atmosphère. D'autres furent faites plus tard, avec beaucoup de précision, pour des variations de pressions considérables, et pour des gaz divers (expérience de Regnault, de MM. Cailletet et Amagat). Elles ont montré que la loi de Mariotte ne s'applique rigoureusement à aucun gaz; tous, sauf l'hydrogène, se compriment un peu plus que ne l'indique la loi de Mariotte, c'est-à-dire que, si la pression devient par exemple 10 fois plus grande, le volume est un peu inférieur au $\frac{1}{10}$ de sa valeur primitive.

L'écart est d'autant plus grand que les pressions sont plus élevées, et il varie, pour une même pression, avec la nature des gaz; ainsi, il est beaucoup plus grand pour le gaz carbonique que pour l'air.

Mais en général, pour de faibles pressions, l'écart est négligeable et la loi de Mariotte peut alors être considérée comme vraie.

120. Mélange des gaz.

Nous avons vu que les gaz n'ont pas de surface libre. De même, plusieurs gaz de densités différentes introduits dans un même vase ne se superposent pas comme les liquides, mais ils se mélangent intimement, de telle sorte que chacun d'eux occupe l'espace total comme s'il était seul; on dit qu'ils *se diffusent* (expérience du gaz coloré ou odorant, § 93, 4°).

On peut se demander quelle est la force élastique du mélange ainsi obtenu. Des expériences ont montré que la *force élastique du mélange est égale à la somme des forces élastiques qu'aurait chacun des gaz s'il occupait seul le volume total à la même température.*

PREMIER EXEMPLE. — Faisons passer, dans un vase d'une contenance de 1.000 centimètres cubes, 400 centimètres cubes d'oxygène mesurés à la pression 760 millimètres, et 800 centimètres cubes d'hydrogène mesurés à la même pression. L'oxygène occupe tout le volume du vase, soit 1.000 centimètres cubes; donc sa force élastique, d'après la loi de Mariotte, est de :

$$\frac{760^{mm} \times 400}{1.000} = 304 \text{ millimètres.}$$

L'hydrogène occupe 1.000 centimètres cubes, donc sa force élastique est de :

$$\frac{760^{mm} \times 800}{1.000} = 608 \text{ millimètres.}$$

La force élastique du mélange est :

$$304^{mm} + 608^{mm} = 912 \text{ millimètres.}$$

DEUXIÈME EXEMPLE. — On dit, en chimie, qu'un litre d'air est formé de $\frac{4}{5}$ de son volume en azote et du $\frac{1}{5}$ de son volume en oxygène. Il est plus exact de dire : 1 litre d'air à la pression de 760 millimètres est formé de 1 litre d'azote à la pression de $760^{mm} \times \frac{4}{5}$ et de 1 litre d'oxygène à la pression $760^{mm} \times \frac{1}{5}$. La force élastique du mélange est bien 760 millimètres.

Il résulte de ce que nous avons dit qu'il faut toujours

spécifier sous quelle pression sont mesurés les volumes de gaz dont on parle. Par exemple., dans le commerce, on trouve des bouteilles d'acier contenant de l'oxygène comprimé ; il est évident que ces bouteilles contiennent plus ou moins d'oxygène selon que la pression est plus ou moins grande, et pourtant le volume occupé par le gaz est constant.

De même, on ne peut comparer entre eux des volumes de gaz que si ces gaz sont à la même pression. Dans la pratique, il n'est pas toujours commode de les y ramener, mais alors il suffit d'appliquer la loi de Mariotte.

Exemple. — *On a deux bouteilles d'oxygène comprimé, ayant pour capacité* 20 *litres et* 25 *litres ; dans la première, l'oxygène est à la pression de* 45 *atmosphères ; dans l'autre, il est à la pression de* 30 *atmosphères. Quelle est la bouteille qui contient le plus de gaz ?*

Solution. — Cherchons quel serait le volume occupé par le gaz de la première bouteille si la pression était 30 atmosphères. D'après la loi de Mariotte, les volumes sont inversement proportionnels aux pressions. Donc si la pression était 30 atmosphères au lieu de 45 le volume serait :

$$20^{l} \times \frac{45}{30} = 30 \text{ litres.}$$

Or, la seconde bouteille ne contient que 25 litres à la même pression, c'est donc elle qui contient le moins de gaz.

121. Expériences. — Mesurer la force élastique du gaz d'éclairage : on relie un bec de gaz, par un tuyau de caoutchouc, à un tube en U contenant de l'eau. On ouvre le robinet : l'eau s'élève dans la branche ouverte à quelques centimètres au-dessus de son niveau dans la branche fermée. — Expériences vérifiant la loi de Mariotte.

Exercice d'observation. — Vaporisateur ; fonctionnement.

CHAPITRE IX

PRINCIPE D'ARCHIMÈDE

PLAN

I Faits d'observation	Tout corps plongé dans un liquide subit une poussée de bas en haut.	
	La valeur de la poussée dépend	de la nature du liquide (eau, mercure). du volume du corps plongé (boîte de fer-blanc et morceau de fer plein).
II Expérience permettant de mesurer la poussée	**Principe**	Faire la tare d'un corps suspendu à une balance. Le plonger dans l'eau : l'équilibre est rompu. Pour le rétablir, ajouter dans le plateau supérieur le poids de l'eau déplacée.
	Conclusion	Principe d'Archimède. Il est applicable aux liquides et aux gaz. La poussée s'applique en un point appelé centre de poussée.
III Réciproque du principe d'Archimède	**Expérience**	Faire la tare d'un vase plein d'eau. Y plonger un corps soutenu par un fil, l'équilibre est rompu. Pour le rétablir, il faut supprimer le poids de l'eau déplacée.
	Conclusion	La poussée du corps sur le fluide est égale au poids du fluide déplacé.
IV. Équilibre des corps immergés dans un fluide	**1er Cas** : Poids supérieur à poussée : le corps tombe. **2e Cas** : Poids égal à poussée : le corps est en équilibre au sein du fluide. **3e Cas** : Poids inférieur à poussée : le corps flotte.	
V Corps flottants	**Conditions d'équilibre**	1° Poids du corps = poids du fluide déplacé. 2° Le centre de gravité et le centre de poussée sont sur une même verticale.
	Condition d'équilibre stable : Le centre de gravité doit être le plus bas possible.	
VI Applications de l'équilibre des corps flottants	**Chargement des bateaux.**	
	Aréomètres	1° Aréomètres de Baumé : graduation arbitraire. Deux groupes : Pèse-acides, pèse-sels ; Pèse-esprits, pèse-éthers. 2° Densimètres : leur graduation indique des densités. 3° Alcoomètres : leur graduation indique la proportion d'alcool contenu dans un mélange d'alcool et d'eau.
	Aérostats	Principe : Vaste enveloppe pleine d'un gaz moins dense que l'air. Le poids de l'aérostat est inférieur à la poussée : l'appareil s'élève. *Force ascensionnelle* = poussée — poids total de l'aérostat. Description : Appendice. Nacelle, filet. Lest. Moyen de faire monter plus haut l'aérostat quand la force ascensionnelle est nulle : jeter du lest. Moyen de faire descendre l'aérostat : rentrée d'air par une soupape supérieure. Utilité des ascensions aérostatiques ; ballons dirigeables.

122. Pressions des fluides sur les corps qu'ils baignent.

Nous savons (§ 76) que les liquides et les gaz pressent sur tous les corps avec lesquels ils sont en contact. Si l'on plonge un corps dans l'un de ces fluides, il est pressé de tous côtés, et l'on peut chercher à étudier quelle est la résultante de toutes les poussées qui s'exercent sur lui. Examinons d'abord le cas où le fluide est un liquide.

123. Faits d'observation.

Plongeons verticalement un seau dans l'eau ; il nous faut faire un certain effort pour l'enfoncer, car nous sentons que le liquide le repousse de bas en haut. Lorsqu'il est entièrement dans l'eau, il nous paraît beaucoup plus léger que lorsqu'il était dans l'air. Il y a donc, dans les deux cas, une poussée de bas en haut exercée par l'eau sur le corps.

La valeur de cette poussée dépend :

1° De la nature du liquide ; essayons, en effet, d'enfoncer la main dans l'eau, puis dans le mercure, nous avons beaucoup plus d'effort à faire dans le second cas que dans le premier, ce qui prouve que le mercure exerce une poussée plus grande que l'eau.

2° Du volume du corps plongé : enfonçons dans l'eau une boîte de fer, et un morceau de fer plein de *même masse ;* celui-ci pénètre de lui-même tandis qu'il faut presser fortement sur la boîte.

Il résulte de ces observations que la poussée est d'autant plus grande que la densité du liquide et le volume du corps plongé sont plus considérables. Mais ces observations ne nous donnent que des résultats qualitatifs ; pour avoir une loi quantitative, il nous faut avoir recours à l'expérience.

124. Étude expérimentale de la poussée. — Principe d'Archimède.

La poussée étant une force, on la mesure en l'équilibrant par le poids d'un corps (§ 19).

On utilise à cet effet un appareil commode, imaginé par M. Boudréaux, et composé d'un vase **R** muni d'une tubulure latérale (*fig.* 30 et 69), et de deux autres vases plus petits ***v*** et ***v'*** de même masse. Soit à trouver la valeur de la poussée subie par un caillou **C** plongé dans l'eau. On suspend ce caillou sous le plateau **P** d'une balance, on fait la tare dans l'autre plateau **P'**. On place le vase **R** plein d'eau sur un support à crémaillère, disposé sous le corps **C**, et on le soulève jusqu'à ce que le corps soit entièrement immergé. Une certaine quantité d'eau s'échappe par la tubulure latérale, on la recueille dans le vase ***v***; en même temps l'équilibre est rompu, le fléau de la balance s'incline du côté de la tare, ce qui montre que le caillou subit une poussée verticale de bas en haut. Pour rétablir l'équilibre il suffit de remplacer le vase ***v'*** du plateau **P**, par le vase ***v***, ce qui revient à ajouter dans le plateau **P** l'eau recueillie.

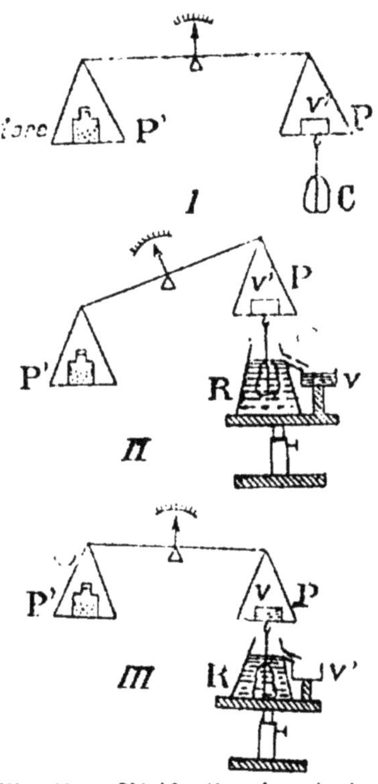

FIG. 69. — Vérification du principe d'Archimède. L'équilibre de la balance est rétabli lorsqu'on remplace le vase *v'* par le vase *v* contenant l'eau chassée du récipient **R** par le corps **C**.

CONCLUSION. — La poussée *que subit le caillou est égale au* poids *du liquide déplacé par ce corps.*

Le résultat est le même, quels que soient le corps et le liquide employés; il est encore le même lorsque le corps ne plonge que partiellement. Enfin on a montré que les gaz se comportent comme les liquides. On peut donc énoncer le principe général suivant, dit principe d'Archimède :

Tout corps plongé dans un fluide en équilibre subit une poussée verticale de bas en haut égale au poids du fluide déplacé.

Cette force est appliquée en un point, le *centre de poussée*, qui est le centre de gravité du volume de fluide déplacé.

Il résulte du principe d'Archimède qu'un corps plongé dans l'air pèse un peu moins que dans le vide. On fait donc une erreur en évaluant la masse d'un corps dans l'air. Pour les solides et les liquides, cette erreur est négligeable par rapport à la masse totale; pour les gaz, elle est importante, et on établit en physique des formules permettant de la corriger.

125. Réciproque du principe d'Archimède.

D'après le principe précédent, un corps plongé dans un liquide subit une poussée de bas en haut qui contre-balance en partie son poids. Cependant, plaçons ensemble, sur l'un des plateaux d'une balance, un caillou et un vase contenant de l'eau, puis faisons la tare. Plongeons ensuite le caillou dans l'eau; il semblerait, d'après le principe d'Archimède, que l'équilibre dût être détruit, comme dans l'expérience du paragraphe 124. Or, cet équilibre subsiste. Cela tient à ce que, si le liquide pousse le corps de bas en haut avec une certaine force, *réciproquement le corps presse le liquide de haut en bas avec une force égale.* C'est ce que montre l'expérience suivante: sur l'un des plateaux d'une balance (*fig.* 69 *bis*, I), on place le vase **R** plein d'eau, et un vase vide ***v***. On fait la tare, puis on plonge dans l'eau un caillou C suspendu à un support, sans lui faire toucher le fond du vase. Le fléau s'incline aussitôt du côté du vase (*fig.* 69 *bis*, II), ce qui prouve que le liquide a subi une poussée de haut en bas. Pour rétablir l'équilibre, il suffit d'enlever l'eau déplacée recueillie dans le vase **v**. Donc *la poussée exercée par*

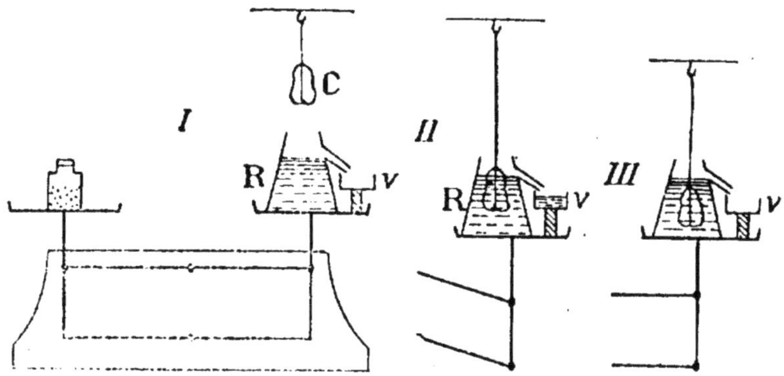

Fig. 69 *bis*. — Réciproque du principe d'Archimède. Si l'on plonge dans le récipient R posé sur une balance (I) un corps C suspendu à un support, l'équilibre de la balance est rompu (II). Il est rétabli si l'on vide le vase V de l'eau que le corps R a chassée du récipient.

le corps sur le liquide est egale au poids du liquide déplacé, c'est-à-dire à la poussée du liquide sur le corps.

En résumé :

D'une part, deux forces s'exercent sur *le corps : a*) son poids, et *b*) la poussée du liquide, forces agissant en sens contraires.

D'autre part, deux forces s'exercent sur le *liquide : c*) son poids, et *d*) la poussée du corps, forces agissant dans le même sens.

1° Si le caillou et le liquide sont sur une même balance les quatre forces s'exercent sur le fléau; les deux poussées (*b*) et (*d*) se neutralisent, puisqu'elles sont égales, et les poids (*a*) et (*c*) du liquide agissent seuls sur le bras du fléau (*fig.* 70, I).

2° Si le caillou seul est sur la balance, les deux forces (*a*) et (*b*) qui s'exercent sur ce corps agissent sur le bras du fléau, en sens contraire (*fig.* 70, II).

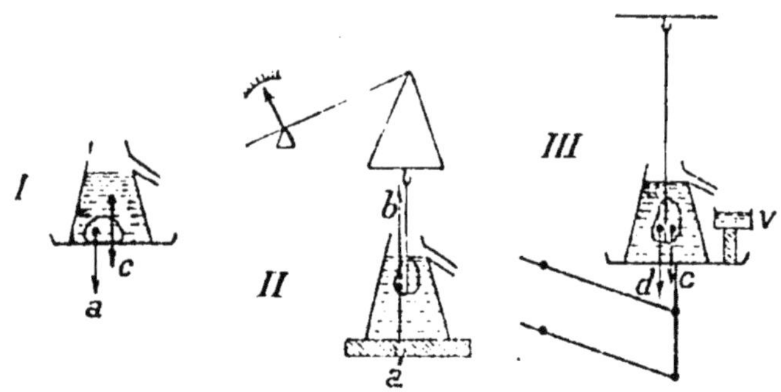

FIG. 70. — En I, les poids du corps et de l'eau agissent seuls. En II, le poids du corps et la poussée de l'eau agissent seuls. En III, la poussée du corps et le poids de l'eau agissent seuls.

3° Si l'eau seule est sur la balance (*fig.* 70, III), ce sont au contraire les forces (*c*) et (*d*) qui agissent, et dans le même sens.

120. Équilibre des corps immergés.

Il résulte du principe d'Archimède que *tout corps plongé dans un liquide* est soumis à deux forces verticales et de sens contraires : son poids **P** et la poussée **P′** que le fluide exerce sur lui.

Trois cas peuvent se produire :

1° P *plus grand que* **P′**. — Le corps tombe, sous l'action de la résultante **P — P′**, c'est-à-dire moins vite qu'en chute libre. C'est le cas d'un œuf dans l'eau pure, d'un morceau de fer plein dans l'eau.

2° P = P′. — Le corps reste en équilibre, dans l'intérieur du liquide. Exemple : œuf plongé dans l'eau convenablement salée.

3° P *plus petit que* **P′**. — Le corps se soulève, sous l'action de la résultante **P′ — P**. Arrivé à la surface du liquide, il sort en partie; mais alors toute la partie émergée ne reçoit plus que la poussée de l'air, beaucoup moins forte que celle de l'eau. Il en résulte que P', la poussée totale sur le corps, va en diminuant, et bientôt, devient égale au poids P.

A ce moment, les deux forces étant égales et de sens contraire se font équilibre, et le corps est au repos; on dit qu'il flotte. Exemples, œuf dans de l'eau saturée de sel; morceau de fer dans du mercure.

127. Remarque.

Avant de prendre sa position d'équilibre, le corps oscille plusieurs fois de part et d'autre de cette position : quand la poussée est égale au poids du corps, celui-ci continue à se soulever en vertu de sa vitesse acquise (inertie); mais alors son poids est supérieur à la poussée, il redescend donc et acquiert une vitesse qui l'entraîne (toujours à cause de son inertie), au delà de sa position d'équilibre, et ainsi de suite. Il en serait ainsi indéfiniment si la résistance de l'air et celle du liquide ne finissaient par annuler ces mouvements.

Tout ce que nous avons dit pour l'équilibre des corps plongés dans un liquide s'applique aussi aux corps plongés dans un gaz.

128. Corps flottants.

D'après ce qui précède, **lorsqu'un corps flotte dans un liquide, son poids est égal au poids du fluide qu'il déplace.** Mais le poids de l'air déplacé par la partie émergée est négligeable par rapport au poids du liquide déplacé; aussi peut-on dire sans grande erreur que le *poids d'un corps flottant est égal au poids du* liquide *qu'il déplace.*

Pour vérifier ce principe, on place un corps capable de flotter, une sphère de cuivre creuse par exemple, dans l'eau d'un vase V; elle déplace une certaine quantité d'eau que l'on recueille et que l'on pèse. On trouve que son poids est égal à celui de la sphère.

Pour qu'un corps flottant demeure en équilibre, il faut que **le centre de gravité et le centre de poussée soient sur la même verticale.** Cette condition est nécessaire. En effet : si l'on place un corps de telle sorte que le centre de gravité et le centre de poussée ne soient pas sur la même verticale (*fig.* 71), les deux forces ont pour effet de faire tourner le corps dans le sens de la flèche jusqu'à ce que leurs directions verticales soient dans le prolongement l'une de l'autre. Alors seulement le corps est en équilibre.

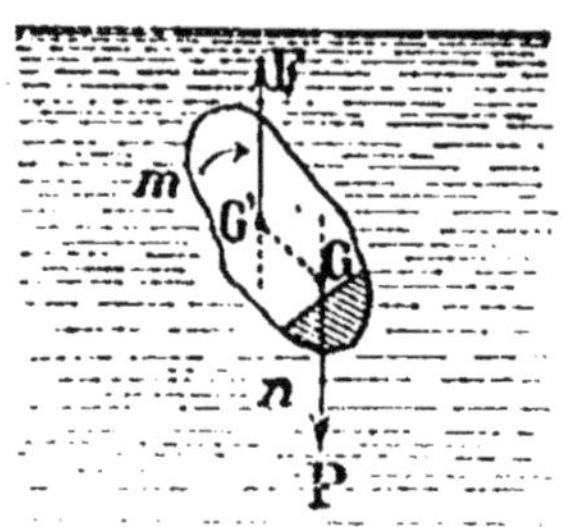

FIG. 71. — Équilibre d'un solide plongé dans un liquide. Le centre de gravité G et le centre de poussée G' n'étant pas sur la même verticale, le corps pivote dans le sens de la flèche m.

Lorsque cette condition est remplie, l'équilibre a toujours lieu, mais il est plus ou moins stable : *l'équilibre est d'autant plus stable que le centre de gravité est placé plus bas,* on peut abaisser le centre de gravité d'un corps en le *lestant.*

FIG. 72. — En I, le centre de gravité G est au-*dessus* du centre de poussée G', l'équilibre est instable. En II, il est au-dessous, l'équilibre est stable.

Chacun sait qu'il est impossible de faire flotter une règle de bois, un tube à essai plongés verticalement dans l'eau (*fig.* 72). C'est qu'alors leur centre de gravité G est au-dessus du centre de poussée G'. Le contraire a lieu lorsque la règle est lestée par une petite masse de plomb, le tube par du mercure. Ils se tiennent verticalement en équilibre stable, et si on les incline, ils reviennent à leur première position.

120. Applications de l'équilibre des corps flottants.

Pour avoir un équilibre stable des bateaux, on les charge surtout à la partie inférieure. Un bateau s'enfonce d'autant plus dans l'eau qu'il est plus chargé, et pour une même charge, il s'enfonce davantage dans l'eau douce que dans l'eau salée, qui est plus dense ; on doit donc tenir compte de ce fait quand on charge un bateau qui doit passer de la mer dans un fleuve.

Les *bateaux sous-marins* peuvent à volonté naviguer à la surface ou à l'intérieur de l'eau : pour rendre possible la plongée des sous-marins, on remplit d'eau de grands réservoirs, ce qui augmente leur poids. Inversement, on vide ces réservoirs pour faire flotter le bateau.

Un homme flotte très facilement à la surface de l'eau lorsqu'on lui attache sous les bras des corps de grand volume et de faible poids (ceintures de natation, de sauvetage formées de plaques de liège réunies par des cordes, ou de sacs de caoutchouc gonflés d'air).

Une autre application importante du principe des corps flottants est présentée par les aréomètres.

130. Aréomètres.

Ce sont des instruments qui renseignent sur la plus ou moins grande densité d'un liquide, et par suite sur son degré de concentration.

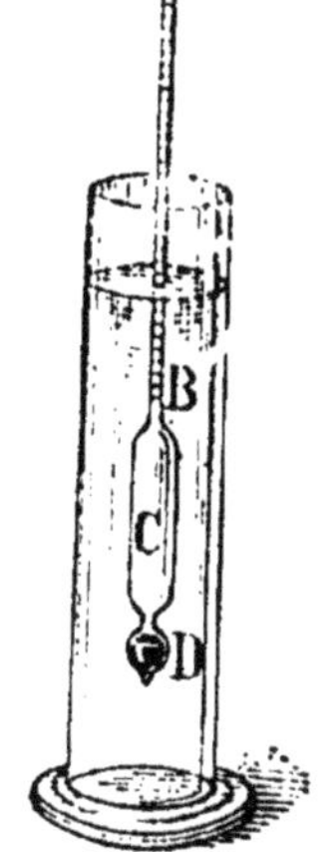

FIG. 73. — Aréomètre. Il déplace un volume de liquide dont le poids est égal à son propre poids.

Ils se composent d'un flotteur creux en verre, C, surmonté d'un tube cylindrique B qui portera la graduation, et lesté inférieurement par de la grenaille de plomb ou du mercure logé dans une ampoule D ; le lest maintient l'aréomètre en équilibre stable dans la position verticale (*fig.* 73). Un tel instrument, quand il est en équilibre, déplace toujours un volume de liquide dont le poids est égal à son propre poids (§ 128). Donc, plus le liquide est dense, moins l'aréomètre s'enfonce, et par conséquent, si la tige est graduée, les points d'affleurement correspondant à divers liquides permettent de comparer ces liquides au point de vue de leurs densités.

Tous les aréomètres sont fondés sur le même principe ; mais ils diffèrent par la graduation, qui permet de les classer en trois groupes :

1° *Aréomètres de Baumé* où la graduation est *arbitraire ;*

2° *Densimètres,* qui indiquent la densité des liquides ;

3° Aréomètres qui indiquent la *composition pour* 100 d'un mélange d'eau et d'un autre liquide (*alcoomètres*).

Nous n'étudierons que les plus employés.

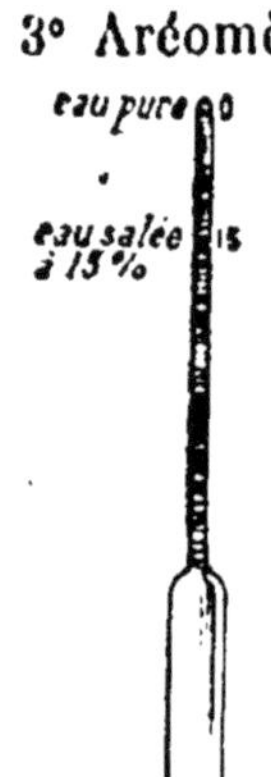

Fig. 74. — Graduation des aréomètres pour liquides plus denses que l'eau. Elle n'indique pas la densité du liquide, mais son degré de concentration.

131. Aréomètres de Baumé.

La graduation de ces aréomètres est tout arbitraire, mais fixée par une convention. Elle varie suivant que les aréomètres servent pour les liquides plus denses que l'eau (pèse-acides, pèse-sels, pèse-sirops, pèse-urines, pèse-lait) ou pour les liquides moins denses (pèse-esprits, pèse-éthers).

1° Graduation des aréomètres pour les liquides plus denses que l'eau. — Pour tous les liquides plus denses que l'eau, la graduation s'établit de la même façon. Comme l'aréomètre s'enfonce plus dans l'eau que dans un de ces liquides, on le leste de manière que dans l'eau, il affleure au sommet de la tige ; on marque 0 au point d'affleurement (l'eau étant prise à 15°) (*fig.* 74). Puis on plonge l'instrument dans une dissolution de 15 grammes de sel marin dans 85 grammes d'eau. L'aréomètre s'enfonce moins : on marque 15 au point où il affleure. On divise l'intervalle 0-15 en 15 parties égales, et on prolonge la graduation jusqu'au bas de la tige. Les degrés n'indiquent nullement la densité des liquides, mais renseignent sur leur degré de concentration. Exemple : on sait que l'acide sulfurique du commerce marque 66° au pèse-acides de Baumé (cela ne veut pas dire qu'il renferme 66 0/0 d'acide). S'il marque moins, c'est qu'il est étendu d'eau.

De même, l'acide azotique ordinaire marque 36° ; l'acide chlorhydrique du commerce 21°, etc.

2° *Graduation des aréomètres pour les liquides moins denses que l'eau.* — Un aréomètre s'enfonce davantage dans un alcool ou un éther que dans l'eau. On le leste donc de manière que dans l'eau il affleure presque à la base de la tige et l'on marque 10 au point d'affleurement (*fig.* 75). On le plonge ensuite dans une dissolution de 10 grammes de sel pour 90 grammes d'eau. Il s'enfonce moins et l'on marque 0 au point d'affleurement. On divise l'espace 0-10 en 10 parties égales, et on prolonge la graduation jusqu'au sommet de la tige.

FIG. 75. — Graduation des aréomètres pour liquides moins denses que l'eau. Elle ne renseigne que sur le degré de concentration.

Même remarque que pour les pèse-acides : la graduation ne renseigne que sur le degré de concentration. Ainsi l'ammoniaque du commerce doit marquer 22 à 28° Baumé ; l'éther ordinaire de 56 à 65°. Si l'aréomètre marque moins, c'est que ces liquides sont trop étendus d'eau.

132. Densimètres.

Les degrés indiqués sur l'appareil désignent des densités. Ces instruments sont peu employés dans la pratique courante.

133. Alcoomètre de Gay-Lussac.

Le plus employé des aréomètres du troisième groupe est l'alcoomètre de **Gay-Lussac**, qui indique le *volume d'alcool* contenu dans 100 centimètres cubes d'un *mélange d'alcool* et *d'eau*, pris à 15°.

L'alcool étant moins dense que l'eau, l'appareil est lesté pour que, dans l'alcool pur, il affleure au sommet de la tige : on marque 100 au point d'affleurement. On marque 0 au point où il affleure dans l'eau à la température de 15°. Puis on plonge l'appareil successivement dans des mélanges faits avec 5, 10, 15 centimètres cubes d'alcool, auxquels on a ajouté assez d'eau distillée pour faire 100 centimètres cubes (le mélange se contractant, il faut ajouter à 5, 10, ... centimètres cubes d'alcool plus de 95, 90, ... centimètres cubes d'eau pour que le volume total soit 100 centimètres cubes). Aux divers points d'affleurement, on marque 5, 10, 15, 20. On constate que les traits ne sont pas équidistants (*fig.* 76), ils sont beaucoup plus rapprochés à la base qu'au sommet. On peut cependant, sans erreur appréciable, diviser les intervalles successifs en 5 parties égales.

Fig. 76. — Alcoomètre centésimal de Gay-Lussac. Il indique la proportion d'alcool contenu dans un mélange d'alcool et d'eau.

D'après le mode de graduation, on comprend que l'alcoomètre indique la proportion d'alcool contenue dans un mélange d'alcool et d'eau.

Mais pour qu'il donne des indications exactes, il faut que le mélange soit pris à 15°, car la graduation a été faite à cette température. Si le mélange est à 20° par exemple, il est moins dense, et l'alcoomètre, s'enfonçant davantage, indique un degré alcoométrique supérieur au degré véritable. Toutes les fois qu'on n'opère pas à 15°, on corrige le résultat obtenu au moyen de tables de correction construites par Gay-Lussac.

Ajoutons que l'alcoomètre ne peut servir lorsqu'un mélange renferme autre chose que de l'alcool et de l'eau. Si l'on veut déterminer la richesse alcoolique d'un vin à l'aide de cet instrument, il faut d'abord séparer l'alcool : on distille (§ 249) 300 centimètres cubes du vin jusqu'à ce que tout l'alcool ait passé à la distillation; l'expérience a montré que cela a lieu lorsqu'on a recueilli 100 centimètres cubes de liquide. On ajoute à ce liquide assez d'eau pour reformer un volume de 300 centimètres cubes, et l'on plonge l'alcoomètre dans le mélange (appareil de Salleron).

134. Remarque.

La graduation indiquée pour les alcoomètres est très longue; aussi n'est-elle employée que pour construire les alcoomètres étalons; les autres sont gradués par comparaison avec eux.

135. Application du principe d'Archimède aux corps plongés dans l'atmosphère : aérostats.

Une bulle de savon tombe lorsqu'elle est gonflée d'air, et s'élève dans l'atmosphère lorsqu'elle est gonflée d'hydrogène ou de gaz d'éclairage, parce que son poids est inférieur à la poussée qu'elle subit.

Imaginons, au lieu de la bulle de savon, une vaste enveloppe de tissu léger, renfermant un gaz moins dense que l'air. Désignons par P le poids du gaz, par A celui de l'enveloppe et des divers accessoires qui l'accompagnent. Si $P + A$ est inférieur à la poussée P', le corps s'élève avec une force égale à $P' - P - A$. Tel est le principe des aérostats : la force qui soulève le ballon, c'est-à-dire $P' - P - A$, porte le nom de force ascensionnelle au départ. Cette force n'est jamais supérieure au poids de 5 ou 6 kilogrammes.

136. Aérostat ordinaire.

L'enveloppe est flexible et imperméable, faite de taffetas gommé (soie recouverte d'un vernis siccatif). Elle est sphérique, d'une capacité de 800 à 2.000 mètres cubes et présente à la partie inférieure un tube à parois flasques, la *manche* ou *appendice*, par où l'on a introduit le gaz, et qu'on ne ferme pas (nous verrons plus loin pourquoi). Le gaz employé est l'hydrogène ou le gaz d'éclairage. La nacelle, dans laquelle se trouvent les aéronautes, est fixée à un cercle de bois résistant (*fig.* 77); ce cercle est suspendu à un filet qui enveloppe en partie le ballon, et répartit également la charge sur toute la surface qu'il recouvre. On place dans la nacelle des sacs de sable ou lest qu'on peut jeter si l'on veut diminuer le poids de l'appareil pour développer une force ascensionnelle ou ralentir la chute dans les atterrissages.

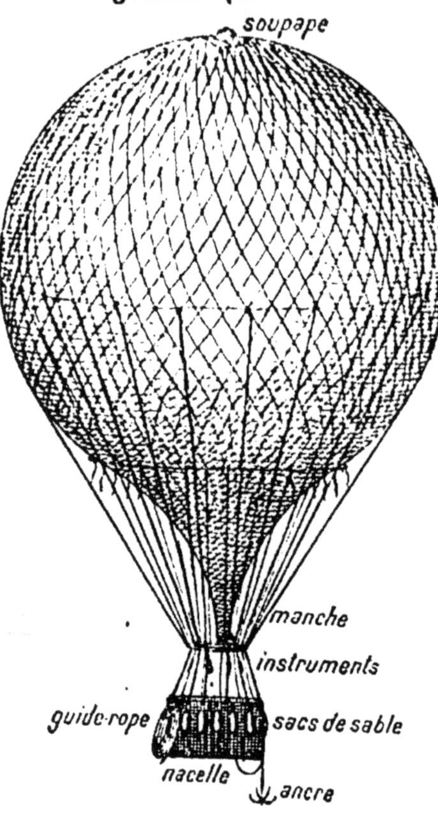

Fig. 77. — Aérostat.

Ajoutons que l'aéronaute emporte toujours divers instruments scientifiques lui permettant, les uns de s'orienter et de connaître la hauteur qu'il atteint (boussole, baromètre); les autres, de faire des observations sur les régions traversées (thermomètre enregistreur, hygromètre, etc.).

137. Variations de la force ascensionnelle avec l'élévation du ballon.

Supposons que la force ascensionnelle soit égale au

poids de 3 kilogrammes au départ. Alors, on a :

$$\text{Poids de } 3^{kg} = P' - P - A.$$

Par la pensée, suivons dans son mouvement ascendant, le ballon supposé complètement gonflé : à mesure qu'il s'élève, la pression atmosphérique diminue; s'il était hermétiquement clos, la force élastique du gaz deviendrait donc supérieure à la pression extérieure et ferait éclater l'enveloppe; mais, grâce à la manche dont celle-ci est munie, une partie du gaz s'échappe, de sorte que la force élastique intérieure équilibre toujours la pression extérieure.

Si la pression extérieure est devenue les $\frac{9}{10}$ de sa valeur primitive, il en est de même de la pression intérieure, et par suite des masses spécifiques respectives de l'air et du gaz, puisque les masses spécifiques des gaz varient proportionnellement aux pressions (§ 119, 3e énoncé). Donc ces deux masses spécifiques étant simultanément les $\frac{9}{10}$ de leur valeur primitive, il en est de même pour les valeurs de P, de P' et par suite pour la différence P' — P. Ainsi, cette différence décroît, par conséquent, la valeur P' — P — A, c'est-à-dire **la force ascensionnelle, décroît à mesure que le ballon s'élève.** Si elle arrive à être nulle, le ballon est en équilibre.

Mais il ne conserve pas longtemps cet équilibre, car une foule de causes viennent augmenter son poids ou diminuer son volume et par suite la poussée : dépôt d'humidité sur l'enveloppe (le poids de ce dépôt peut atteindre plus de 100 kilogrammes); fuites du gaz et rentrées d'air par des trous imperceptibles; refroidissement ou échauffement du gaz intérieur. Il est donc impossible que l'aérostat se maintienne longtemps à un niveau constant; il tend en général à descendre.

Comment s'y prendre alors pour retarder la descente du ballon? On diminue son poids en jetant du lest. Si l'on veut au contraire le faire descendre lorsqu'il possède encore une force ascensionnelle, on ouvre à l'aide d'une corde une soupape située à la partie supérieure de l'enveloppe ; une partie du gaz intérieur s'échappe; on diminue ainsi à la fois le volume et le poids de l'appareil, et le ballon descend. Si la descente est trop rapide, on la modère en jetant un peu de lest.

138. Atterrissage.

Pour éviter la chute brusque en arrivant à terre, l'aéronaute déroule un *guide-rope*, rouleau de corde de 100 à 150 mètres de long ; à mesure que le ballon se rapproche du sol, une plus grande quantité de corde traîne à terre et l'allège d'autant.

Enfin par une dernière manœuvre, l'aéronaute jette l'*ancre* reliée à la nacelle par une longue corde, et dont les griffes, en s'enfonçant dans le sol, permettent l'atterrissage.

139. Utilité des ascensions aérostatiques.

Les ballons sont utilisés pour l'étude des phénomènes atmosphériques. Mais les hommes ne s'élèvent guère au-dessus de 10.000 mètres (le record de hauteur est de 11.800^m) même en emportant des provisions d'oxygène ; aussi, pour explorer les hautes régions de l'atmosphère, emploie-t-on les *sondes aériennes* inventées par le colonel Renard, mais surtout utilisées par un savant météorologiste français, Léon Tesserenc de Bort.

Ce sont des ballonnets sphériques de caoutchouc ou de papier ayant un diamètre variant de 3 à 8 mètres et un volume de 14 à 270 mètres cubes. Gonflés au gaz hydrogène pur, ils ont une grande force ascensionnelle au départ (4 à 8 mètres par seconde) et peuvent s'élever à une très grande hauteur [28.000, 29.000 et même 37.700 mètres (Pavie, 17 décembre 1912)]. Ils sont munis d'appareils enregistreurs : baromètre, thermomètre, hygromètre, etc., et d'appareils automatiques de prises d'air qui rapportent des renseignements précieux permettant l'étude de la haute atmosphère [1].

[1] Cf. un article intéressant de M. J. Mascart dans *La Nature* du 5 avril 1913.

140. Ballons dirigeables.

Dans les ballons ordinaires, le mouvement vertical seul peut être réglé par l'aéronaute ; le déplacement horizontal ne dépend pas de lui. Aussi a-t-on cherché depuis longtemps à diriger à volonté les ballons aussi bien horizontalement que verticalement. Voici le principe des dirigeables : admettons que l'air soit immobile par rapport au sol ; il suffit de produire un déplacement du ballon dans l'air, pour le déplacer par rapport au sol. On arrive à ce résultat en le munissant d'un moteur capable de mettre en mouvement une hélice. L'hélice n'est autre qu'un fragment d'une vis de très grand diamètre, qui s'avance dans l'air à la façon d'une vis s'enfonçant dans le bois. Dans son mouvement de

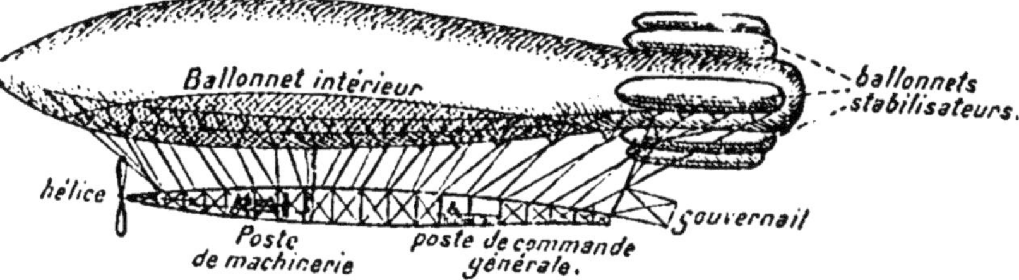

Fig. 78. — Dirigeable militaire. Grâce au ballonnet intérieur qu'un ventilateur peut gonfler plus ou moins, suivant les variations de la pression du gaz hydrogène, le ballon conserve toujours sa forme et sa rigidité. Dans ces conditions l'air glisse toujours le long d'une surface lisse au lieu de battre des parois flasques.

pénétration, elle entraîne avec elle la nacelle à laquelle elle est fixée et par suite l'aérostat tout entier.

On dirige le ballon au moyen d'un gouvernail en toile.

Si l'air n'est pas au repos, le même principe peut être appliqué : seulement, lorsque le vent souffle en sens inverse de la direction donnée au ballon, il faut que la vitesse imprimée par l'hélice soit supérieure à celle du vent pour permettre une direction efficace. Dans tous les cas, on rend la résistance de l'air aussi faible que possible, en donnant aux ballons la forme de fuseaux allongés (*fig.* 78).

L'application pratique du principe précédent présente, en réalité, beaucoup de difficultés : il faut que le moteur ait une puissance suffisante pour faire face aux plus grands vents, et qu'il soit cependant léger pour ne pas trop alourdir le ballon (on emploie actuellement des moteurs à essence de pétrole). Il faut aussi assurer la stabilité de l'aérostat, empêcher qu'il ne se redresse ou n'oscille trop fortement, etc. A cet effet, on le munit à l'arrière de ballonnets ou de plans stabilisateurs de forme allongée, qui assurent la stabilité horizontale.

En France, depuis les expériences des capitaines Renard et Krebs en 1884, des progrès considérables ont été réalisés. Le *Dupuy-de-Lôme*, un de nos plus récents dirigeables, a un volume de 9.000 mètres cubes, sa longueur totale est de 89 mètres, son plus grand diamètre 12m,80 ; il est gonflé à l'hydrogène pur, et dispose d'une puissance de 250 chevaux pouvant lui imprimer une vitesse de 55 kilomètres à l'heure.

La France a fait construire d'autres dirigeables, comme le *Lebaudy-4*, le *Conté*, le *Capitaine Ferber*, etc. Sa flotte actuelle (avec les dirigeables civiles) comprend 19 unités ; elle sera augmentée, à la fin de 1913, de 7 grands dirigeables ayant chacun une capacité de 20.000 mètres cubes et une vitesse d'au moins 75 kilomètres à l'heure.

L'Angleterre, l'Autriche-Hongrie, l'Italie, la Russie et l'Allemagne ont également des dirigeables. Ces deux dernières puissances surtout ont des flottes aériennes redoutables.

141. Aéroplanes.

D'autres appareils volants, dirigeables aussi, mais non fondés sur le principe d'Archimède, prennent actuellement une grande importance ; de jour en jour ils se perfectionnent, et il est à prévoir qu'ils auront, dans un avenir prochain, une importance aussi grande que celle des ballons dirigeables : ce sont les aéroplanes.

142. Principe.

L'aéroplane est un appareil plus lourd que l'air qui, pour se maintenir et progresser dans l'atmosphère, n'utilise que des *procédés mécaniques*.

L'aéroplane, peut-on dire, est une sorte de cerf-volant automobile. C'est en effet le cerf-volant qui va nous servir à expliquer ce phénomène, étrange en apparence, d'un corps plus lourd que l'air pouvant se soutenir et se déplacer dans l'atmosphère.

Chacun sait qu'il est impossible d'enlever sur place un cerf-volant par un temps calme ; l'appareil retombe sur le sol sous l'action de son poids. Pour qu'il s'enlève il faut qu'une autre force vienne annuler la première, et cette force, ce sera le vent ou nous qui la fournirons : le vent, en soufflant ; nous, en entraînant rapidement le cerf-volant dans l'air.

Dans l'un ou l'autre cas, il y a déplacement du corps par rapport à l'air ; celui-ci, par suite de son inertie, ne peut s'écarter brusquement devant la surface plane offerte par le cerf-volant ; il en résulte une résistance au déplacement de l'appareil, une poussée, d'autant plus grande que le déplacement relatif des deux facteurs en présence est plus considérable. Nous allons supposer que cette poussée est fournie par le vent qui soufflerait assez fort pour soulever le cerf-volant ; nous n'aurons donc pas à nous déplacer pour que cette poussée se produise.

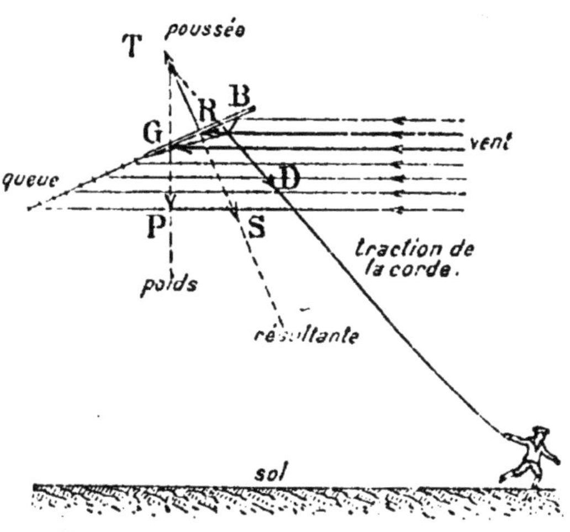

Fig. 79. — Schéma expliquant le vol d'un cerf-volant.

L'appareil est alors sollicité à tomber sous l'action de deux forces (*fig.* 79) : 1° son poids GP appliqué en son centre de gravité G et qui tend à le faire tomber verticalement ; 2° la traction de la corde qui l'entraîne dans la direction BD.

Or, nous savons, d'après la règle du parallélogramme des forces (§ 17) que, sous l'action de ces deux forces, le cerf-volant tendra à se déplacer suivant celle de leur résultante RS.

D'autre part le vent, en soufflant sur la surface plane qui lui est offerte, exerce une poussée pouvant être remplacée par l'action d'une force unique normale au plan du cerf-volant, qui tend à le soulever et agit en un point unique, dit *centre de poussée.*

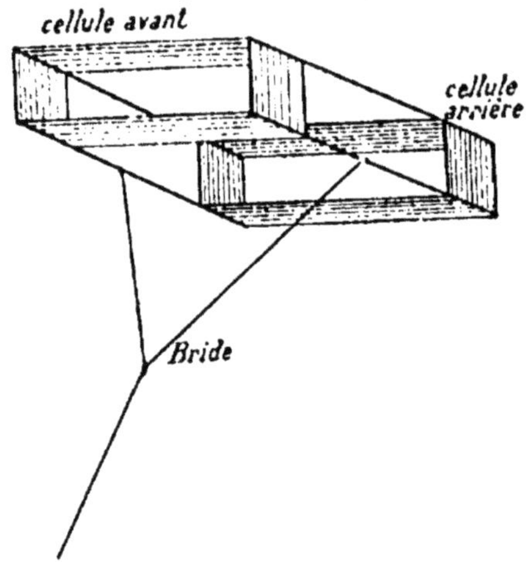

Fig. 80. — Cerf-volant cellulaire modèle Hargrave.

Pour une inclinaison convenable du cerf-volant, ce centre de poussée se trouve en R. Il suffit alors que la poussée RT soit égale à la résultante RS pour que l'appareil se maintienne en l'air.

Il existe d'autres types de cerf-volant construits d'après le modèle Hargrave, ou modèles cellulaires composés de plusieurs surfaces parallèles en toile reliées entre elles par des tiges (*fig.* 80).

Imaginons maintenant un grand cerf-volant cellulaire (*fig.* 81) muni d'un moteur à essence comme ceux qui actionnent les automobiles, et supposons que ce moteur imprime à une hélice une rotation de 1.100 tours à la minute. Soutenons cet appareil par des roues indépendantes du moteur. Celui ci mis en mouvement actionne l'hélice, qui, en se vissant dans l'air, déplace en avant tout le système. Peu à peu la vitesse s'accélère, puis tout à coup, quand elle a atteint environ l'allure de 48 kilomètres à l'heure, les roues d'arrière ne touchent plus la terre, les roues d'avant s'en détachent à leur tour ; à ce moment cet appareil, nommé aéroplane, ressemble à une gigantesque libellule planant au-dessus du sol

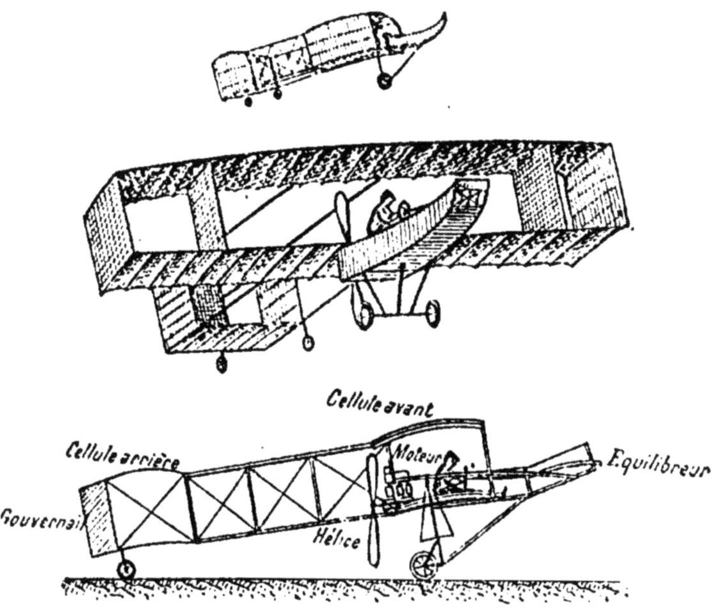

FIG. 81. — Aéroplane de MM. Voisin frères.

Cette fois c'est la traction due au moteur qui remplit le rôle de la corde du cerf-volant; quant à la cause de l'enlèvement de l'appareil, elle est la même : **l'excès de la réaction de l'air sur la résultante RS.**

143. Stabilité et vitesse des aéroplanes.

L'expérience a montré que la stabilité des aéroplanes actuels est déjà satisfaisante. Quant aux dangers d'un tel mode de transport (*fig.* 82), la plupart des gens se l'exagèrent, puisqu'ils envisagent que dans le cas d'un arrêt du moteur, l'appareil est voué à une chute vertigineuse. En réalité, si l'appareil est bien construit et bien manœuvré, il descendra en pente douce grâce à la résistance que l'air oppose à sa chute, sans que sa vitesse s'accélère ; la force motrice seule aura changé, puisqu'elle sera le poids du corps. D'après M. Painlevé, membre de l'Institut, les atterrissages en aéroplanes sont très sûrs, très doux et même beaucoup plus faciles que certains atterrissages en ballons.

Fig. 82. — Aéroplane en plein vol.

Dans une expérience remarquable (1909), un aviateur célèbre, Wilbur Wright, après s'être élevé jusqu'à 120 mètres, arrêta son moteur à une hauteur de 65 mètres, et atterrit sans secousse quelques instants après.

L'aéroplane, comme nous l'avons dit, ne doit sa légèreté qu'à la force de réaction de l'air. Or cette force est d'autant plus grande que la vitesse donnée par le moteur est plus considérable, car elle est proportionnelle au *carré* de la vitesse de propulsion. Supposons, par exemple, que pour une vitesse de 20 kilomètres à l'heure, la poussée verticale soit de 200 kilogrammes ; pour une vitesse double de 40 kilomètres, la poussée due à la résistance de l'air sera, non pas double, mais quadruple, c'est-à-dire de 800 kilogrammes. Si donc l'appareil pèse 500 kilogrammes, il sera soulevé du sol bien avant que sa vitesse n'ait doublé.

Actuellement les appareils utilisés marchent à des vitesses de 80 à 100 kilomètres à l'heure environ. Les expériences et les perfectionnements qui se poursuivent font prévoir pour un avenir prochain, des vitesses plus grandes encore.

Ajoutons, pour terminer, que l'aviation est une science avant tout française. C'est en France qu'elle a pris naissance, c'est aussi en France qu'ont eu lieu les premiers essais officiels et que les expériences se poursuivent avec le plus de succès. La plus retentissante a été la traversée du détroit du pas de Calais, de Sangatte (France) à Douvres (Angleterre), effectuée par notre compatriote Louis Blériot, le 25 juillet 1909 qui marquera une date importante dans l'histoire de l'aviation (1).

(1) La traversée a été effectuée en 27 min. 21 sec. L'aéroplane (un monoplan) était propulsé par un moteur de 22 chevaux (§ 202) à 3 cylindres assurant 1.700 tours d'hélice et pesait, avec son pilote, 250 kgs. Son envergure était de 7m,80 avec une surface portante de 14 m².

Depuis de grands progrès ont été réalisés. Voici, parmi les exploits récents, deux des plus remarquables, accomplis par des aviateurs français : Perreyon établit le record d'altitude en s'élevant à 5.880m ; Brindejonc des Moulinais se rendit en une journée (10 juin 1913), par trois étapes successives, de Paris à Varsovie (1.400 km.), en un vol d'une durée effective de 8 h. 1/2, au cours duquel il atteignait par moment des vitesses dépassant 200 km.

144. Expériences. — On peut, à défaut de balance hydrostatique, vérifier le principe d'Archimède en suspendant le corps à la balance de Roberval, comme l'indique la figure 83. Si l'on ne dispose pas de l'appareil de M. Boudréaux, on emploie, au lieu d'un corps de forme quelconque, un corps de forme géométrique, dont on puisse calculer le volume (parallélipipède, cylindre). On le plonge dans un verre d'eau après avoir fait la tare, et l'on rétablit l'équilibre avec des masses marquées. Si le volume du corps est 50 centimètres cubes par exemple, on constate qu'il faut ajouter 50 grammes dans le plateau B. Le principe est vérifié.

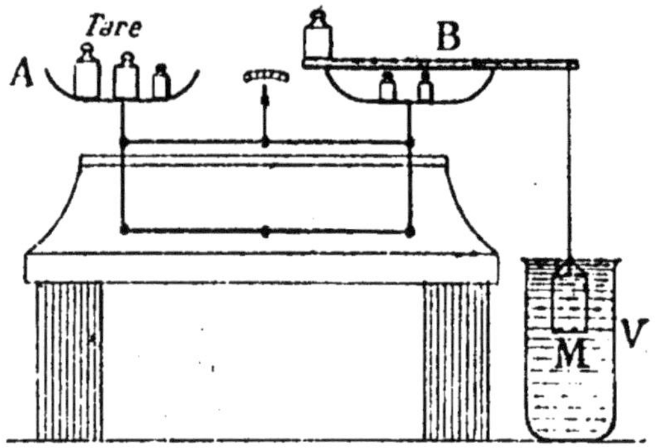

Fig. 83. — Vérification du principe d'Archimède à l'aide de la balance de Roberval.

Faire mesurer par les élèves le degré de concentration de divers corps, au moyen des aréomètres de Baumé : acides, éther, dissolution de sels, etc. Si l'on dispose d'un *appareil de Salleron*, faire distiller du vin et mesurer son degré alcoolmétrique.

Exercices d'observation. — Qu'observe-t-on lorsqu'on tire de l'eau d'un puits ? — Observations sur une éponge plongée dans l'eau. Observations sur un ballon semblable à ceux que distribuent les magasins.

Questions. — Peser dans l'air une vessie pleine d'air et la même vessie vide d'air. Laquelle pèse le plus dans l'air ? Le résultat serait-il différent si les pesées avaient lieu dans le vide ? — Une personne se place sur une bascule, tenant une brique au moyen d'une ficelle. Sur la bascule est un seau d'eau. On pèse l'ensemble, puis la personne plonge la brique dans l'eau. L'équilibre est-il rompu ? Pourquoi ? — Même expérience, le seau n'étant plus sur la bascule. — Même expérience, le seau étant seul sur la bascule.

CHAPITRE X

POMPES — SIPHONS

PLAN

- **I Pompes à gaz**
  - **1° Machines pneumatiques.**
    - *But* : Elles servent à raréfier l'air dans un récipient.
    - *Principe* : Faire arriver une partie de l'air du récipient dans un corps de pompe, puis chasser cet air au dehors. Répéter la manœuvre un assez grand nombre de fois : il y a une limite à la raréfaction.
    - Machines à deux corps de pompe; elles font le même travail deux fois plus vite que les machines à un corps de pompe. Sont moins pénibles à manœuvrer.
    - *Pompes à mercure* (vide barométrique).
    - *Pompe à eau* (vide presque parfait).
    - *Usages*
      - dans les laboratoires.
      - dans l'industrie (glace artificielle, concentration des jus sucrés, etc.).
  - **2° Pompes de compression.**
    - *But* : Comprimer un gaz dans un récipient.
    - *Principe* : Faire arriver le gaz dans un corps de pompe, puis le chasser du corps de pompe dans le récipient.
    - *Usages*
      - Production d'air comprimé dont on utilise la force élastique (machines-outils, tramways, etc.).
      - Compression de l'air dans les bandages pneumatiques ; de l'oxygène, du gaz carbonique vendus sous pression dans des récipients, etc.
- **II Pompes à liquides**
  - **1° Pompes aspirantes.** Corps de pompe d'une machine pneumatique relié par un tuyau d'aspiration à un réservoir d'eau. Un tuyau supérieur permet l'écoulement du liquide.
  - **2° Pompes aspirantes et foulantes.** Même pompe que précédemment, mais le *refoulement* du liquide a lieu par un tuyau inférieur.
  - **3° Pompes à jet continu.**
    - Pompes à incendie.
    - *Principe*
      - Deux corps de pompe au lieu d'un.
      - L'eau est envoyée dans une chambre à air comprimé ; la force élastique de l'air fait jaillir l'eau de façon continue par un tuyau de refoulement.
- **III Presse hydraulique**
  - Fondée sur le principe de Pascal.
  - Le tuyau d'aspiration d'une pompe amène dans le petit corps de pompe l'eau nécessaire à la montée du grand piston.
  - *Usages*
    - Compression des paquets, des graines oléagineuses, des acides gras.
    - Fonctionnement des ascenseurs hydrauliques, etc.

IV Siphons	*But* : Transvaser un liquide sans l'agiter.	
	Description	Tube coudé à 2 branches inégales; la petite plonge dans le liquide à transvaser; le tube est plein de liquide.
	Conditions du fonctionnement	La petite branche doit avoir une longueur inférieure à $10^m,33$ pour l'eau. Le niveau du liquide à transvaser doit être plus élevé que celui du liquide transvasé.

POMPES

145. Les pompes sont des appareils destinés à puiser un liquide ou un gaz dans un réservoir A pour le faire passer dans un autre B. On les divise en p n es à gaz et pompes à liquides.

POMPES A GAZ

146. Les pompes à gaz servent : soit à raréfier le gaz du réservoir A (*machines pneumatiques*); soit à comprimer un gaz dans le réservoir B (*pompes de bicyclette*).

MACHINES PNEUMATIQUES

147. Imaginons un cylindre ou corps de pompe dans lequel se meut un piston plein, et dont la partie inférieure est munie de deux ouvertures (*fig.* 84), l'une d'elles fait communiquer par le tube T le corps de pompe avec le récipient A contenant le gaz à raréfier; elle est fermée par la soupape O qui s'ouvre de bas en haut. L'autre fait communiquer le corps de pompe avec le réservoir B, qui est ici l'air extérieur; elle est fermée par une soupape *b* s'ouvrant de haut en bas.

Supposons que le récipient A et le tube T aient une capacité totale de 6 litres, et le corps de pompe une capacité de 1 litre. Le piston étant au bas de sa course, soulevons-le (*fig*, 84, I); le vide tend à se faire au-dessous de lui, la soupape *b*, maintenue par la pression atmosphérique, reste fermée; mais l'air contenu dans le récipient A pousse la soupape O, et remplit le corps de pompe. Quand le piston est au haut de sa course, l'air du récipient occupe $6^l + 1^l = 7$ litres. Sa force élastique (loi de Mariotte) est donc les $\frac{6}{7}$ de ce qu'elle était, soit $H \times \frac{6}{7}$, H étant la force élastique primitive.

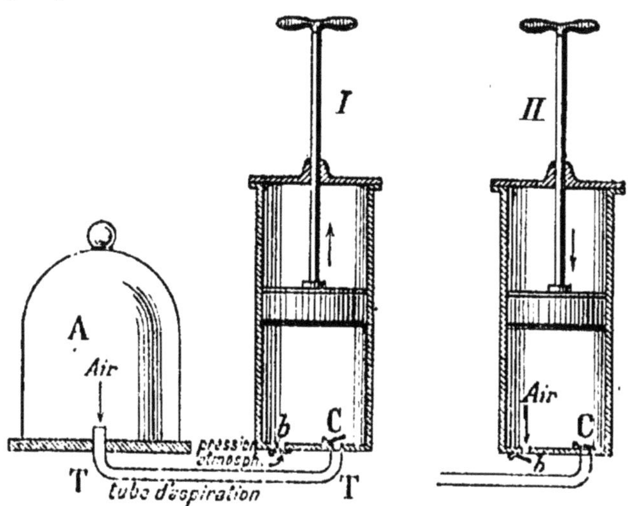

Fig. 84. — Principe de la machine pneumatique. — I. L'air de la cloche A est aspiré par le piston, la soupape C se soulève, la soupape b est maintenue fermée par la pression atmosphérique — II. L'air du corps de pompe est refoulé par le piston, la soupape C se ferme, la soupape b s'ouvre sous la pression de l'air comprimé qui s'échappe au dehors.

Dès que le piston a cessé de monter, la soupape C, également pressée sur ses deux faces, s'abaisse en vertu de son poids. Abaissons le piston (*fig.* 84, II); l'air du corps de pompe est comprimé, sa force élastique augmente et devient bientôt supérieure à la pression atmosphérique; alors elle pousse la soupape b, et l'air s'échappe au dehors. Après la descente du piston, le corps de pompe est donc vide d'air.

Conclusion. — Après une allée et venue du piston, au lieu d'avoir dans le récipient 6 litres d'air à la pression H, on a 6 litres d'air à la pression $H \times \frac{6}{7}$. La masse spécifique du gaz (§ 119, 3e énoncé) et, par suite, sa masse totale sont donc devenues les $\frac{6}{7}$ de ce qu'elles étaient.

Recommençons la manœuvre du piston. Après chaque allée et venue, la force élastique et, par suite, la masse du gaz deviennent les $\frac{6}{7}$ de ce qu'elles étaient précédemment; ainsi après 2 coups de piston, la force élastique est :

$$\left(H \times \frac{6}{7}\right) \times \frac{6}{7} = H \times \left(\frac{6}{7}\right)^2,$$

Après n coups de piston, elle sera :

$$H \times \left(\frac{6}{7}\right)^n$$

et la masse du gaz sera :

$$M \times \left(\frac{6}{7}\right)^n$$

M étant la masse primitive.

Théoriquement, on peut donc, avec la machine pneumatique, pousser très loin la raréfaction du gaz; mais on ne peut obtenir le vide parfait, car on ne fait sortir chaque fois qu'une fraction de l'air resté dans le récipient.

148. Machines à deux corps de pompe.

Les machines pneumatiques employées ordinairement sont à deux corps de pompe au lieu d'un; les pistons sont mus par un même levier, de telle sorte que l'un monte tandis que l'autre descend.

Avantages de cette disposition. — 1° Le gaz est enlevé du récipient à la montée de chaque piston, c'est-à-dire 2 fois plus souvent qu'avec un seul corps de pompe;

2° La pression atmosphérique, qui s'exerce à la face supérieure des pistons, s'oppose à la montée de l'un tandis qu'elle fait descendre l'autre avec une force égale. Elle n'oppose donc aucune résistance au mouvement du levier.

Nous n'entrerons pas dans le détail de la description de ces machines. Disons seulement qu'elles ne permettent pas de réduire la force élastique du gaz au-dessous de 1 ou 2 millimètres de mercure.

On peut arriver à un vide de $\frac{1}{10}$ ou même $\frac{1}{1.000}$ de millimètre de mercure, au moyen de machines fondées sur d'autres principes : citons la pompe à mercure et la trompe à eau.

140. Pompe à mercure. On produit le vide de la même manière que dans la chambre barométrique.

Un réservoir C (*fig.* 85) peut communiquer soit avec l'extérieur (robinet r_1), soit avec le récipient V où l'on veut faire le vide (robinet r). Un réservoir A' mis en relation avec C par un long tube plein de mercure, peut voyager de A' en A''.

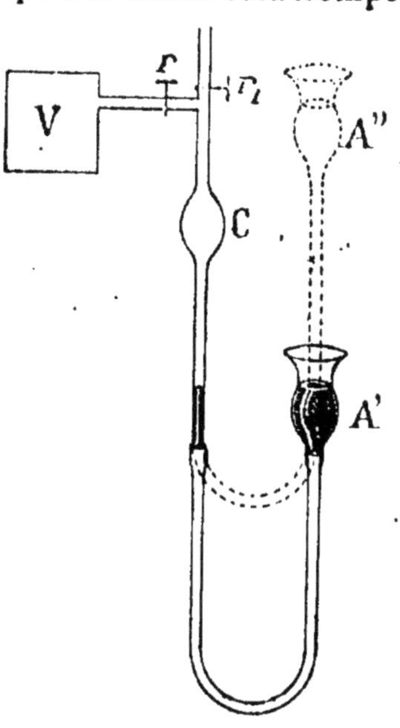

FIG. 85. — Machine pneumatique à mercure. On raréfie l'air dans le récipient V en le mettant en communication avec le vide barométrique de la chambre C

Fonctionnement. — 1° On ferme le robinet r; on ouvre le robinet r_1 et l'on soulève le vase A', jusqu'en A''. Le mercure remplit le réservoir C en chassant l'air;

2° On ferme le robinet r_1, et l'on baisse le vase de A'' en A', à plus de 76 centimètres au-dessous du niveau de l'ampoule C de manière à produire en C un vide barométrique.

Il suffit alors d'ouvrir le robinet r pour que l'air passe du récipient dans C.

On chasse cet air comme précédemment, puis on fait de nouveau le vide en C, et l'on rétablit la communication avec le récipient V. Après beaucoup de manœuvres semblables, on a de l'air à une pression de $\frac{1}{10}$ de millimètre, mais l'opération est longue.

150. Pompes à mercure Gaede.

Des pompes, de construction récente[1], imaginées par le Dr Gaede, réalisent un grand progrès sur les machines précédentes : avec certaines d'entre elles on arrive à faire le vide au $\frac{1}{10.000.000}$ de millimètre, en un quart d'heure, dans un récipient de 6 litres.

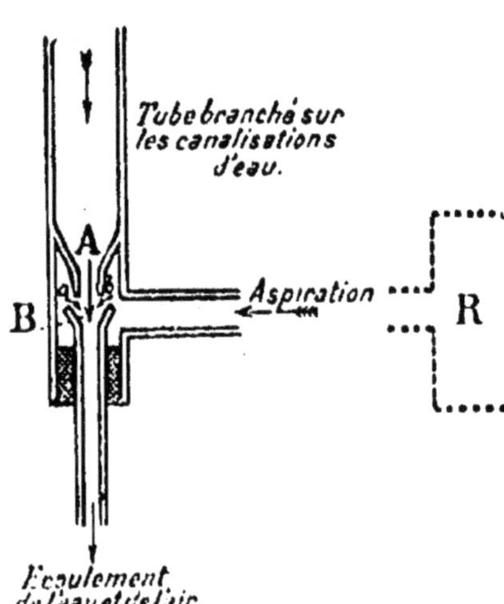

Fig. 86. — Principe de la trompe à eau. L'eau en passant rapidement de l'ajutage A à l'ajutage B entraîne l'air situé autour de la région ab.

151. Trompes.

Les trompes, au lieu d'enlever l'air de façon intermittente comme les pompes, l'aspirent de façon continue par un écoulement de liquide. Elles sont surtout employées pour achever de faire le vide dans un récipient où l'on a déjà raréfié l'air au moyen d'une autre machine.

La trompe à eau se compose de deux tubes coniques (*fig.* 86), enfermés dans un cylindre en communication avec le récipient R

(1) Ces pompes sont construites à Cologne. Cf. Journal *La Nature*, 22 mars 1913.

où l'on fait le vide. L'eau arrive sous pression dans le tube A, et passe en B en entraînant l'air situé autour des parties a, b. Le vide se fait ainsi dans le récipient, mais jamais complètement.

La trompe à mercure permet d'obtenir un vide aussi parfait que possible. On fait tomber goutte à goutte du mercure dans un tube T en communication latérale avec le récipient R où l'on veut faire le vide (*fig.* 87); les gouttes successives de mercure emprisonnent entre elles de l'air qui se trouve ainsi expulsé. Afin d'éviter les rentrées d'air, on plonge la base du tube dans une cuve à mercure.

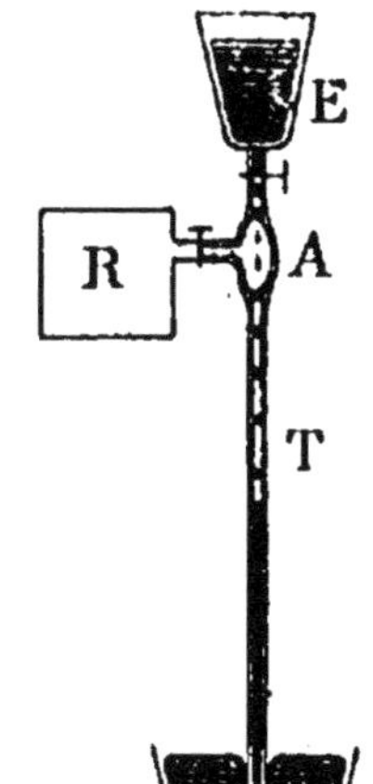

Fig. 87. — Principe de la trompe à mercure. Les gouttes successives de mercure qui tombent du réservoir E emprisonnent entre elles de l'air venu par expansibilité du récipient R dans l'ampoule A.

152. Usages des machines pneumatiques.

En dehors de leurs usages fréquents dans les laboratoires (§ 3, 93, etc.), les machines pneumatiques servent beaucoup dans l'industrie : pour fabriquer de la glace (§ 237), pour concentrer le jus sucré des betteraves à basse température, pour faire le vide dans les condenseurs des machines à vapeur, etc.

POMPES DE COMPRESSION

153. Reprenons le corps de pompe de la figure 84; mais, cette fois, laissons l'ouverture o à l'air, et faisons communiquer le corps de pompe par l'ouverture *b* avec le récipient B, renfermant de l'air à la pression atmosphérique H (*fig.* 88).

Le piston étant au bas de sa course, soulevons-le. Le vide

tend à se faire dans le corps de pompe; la soupape *b* reste fermée, mais la soupape *c* se soulève, poussée par la pression atmosphérique, et le corps de pompe s'emplit d'air. Quand le piston est au haut de sa course, la soupape *c* se referme, par son poids. Abaissons le piston : l'air du corps de pompe est comprimé, sa force élastique augmente, devient supérieure à la pression de l'air contenu dans B, pousse alors la soupape *b*, et tout l'air du corps de pompe passe dans le récipient.

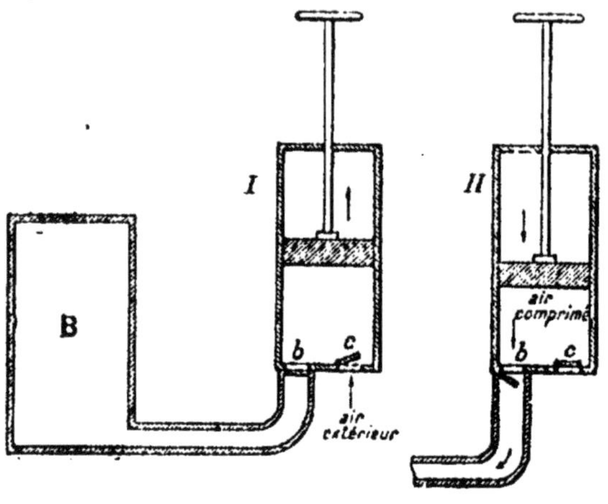

FIG. 88. — Principe des pompes de compression. — I. L'air atmosphérique est aspiré par le piston, la soupape *c* se soulève, la soupape *b* reste fermée. — II. L'air est comprimé par le piston. La soupape *c* se referme, la soupape *b* s'ouvre sous la pression de l'air comprimé qui est refoulé dans le réservoir B.

Supposons que B ait 5 litres de capacité et le corps de pompe 2 litres. L'air du corps de pompe refoulé dans B occupe alors un volume de 5 litres et, par suite, prend une force élastique égale à $H \times \frac{2}{5}$ (loi de Mariotte) qui s'ajoute à la force élastique H du gaz déjà contenu dans B (§ 120). Après un coup de piston, B renferme donc 5 litres d'air à la pression $H + H \times \frac{2}{5}$. Au deuxième coup de piston, il passe de même, en B, 2 litres d'air qui occupent un volume de 5 litres à la pression $H \times \frac{2}{5}$ de sorte que B renferme cette fois 5 litres d'air à la pression $H + 2H \times \frac{2}{5}$.

En continuant le raisonnement, on trouvera de même qu'après *n* coups de piston la force élastique de l'air contenu dans B sera

$$\left[H + nH \times \frac{2}{5}\right] \text{ ou } H\left(1 + n \times \frac{2}{5}\right)$$

D'une manière générale, si *v* désigne le volume du corps de pompe V celui du récipient, la force élastique H_n du gaz comprimé au bout de n coups de piston est : $H_n = H\left(1 + n\frac{v}{V}\right)$.

On *comprime* donc de l'air dans B, d'où le nom de *pompes de compression* données à ces appareils ; en général les ouvertures *b, c,* sont placées latéralement, et débouchent dans des tubes.

S'il s'agit de comprimer un autre gaz que l'air, on met l'ouverture *c* en communication avec le réservoir contenant le gaz à comprimer. Dans ce cas, on ne fait pas autre chose que transvaser un gaz, en l'*aspirant* d'un récipient pour le *refouler* dans un autre.

154. Usages.

Les machines de compression ont de nombreux usages : on utilise souvent la force élastique de l'air comprimé comme force motrice, par exemple pour actionner les machines-outils dans les ateliers, les tramways à air, les machines perforatrices dans le percement des tunnels et dans les travaux de mines ; pour serrer les freins des wagons dans les chemins de fer. A Paris, les télégrammes pneumatiques sont envoyés au moyen de l'air comprimé : les dépêches sont insérées dans des pistons creux glissant dans des tuyaux cylindriques ; le déplacement des pistons se fait en comprimant de l'air sur l'une des faces à la station de départ, tandis qu'au bureau d'arrivée, on raréfie l'air sur l'autre face.

On emploie aussi les machines de compression pour envoyer aux scaphandriers l'air nécessaire à leur respiration, et pour refouler l'eau en dehors des *cloches à plongeur* ; on appelle ainsi de vastes caisses métalliques ouvertes à la base, que l'on descend au fond de l'eau, avant d'effectuer des travaux hydrauliques. L'air comprimé chasse l'eau de la cloche, dans laquelle les ouvriers peuvent alors descendre et travailler presque à sec.

Les pneumatiques de voitures, de bicyclettes et d'automobiles sont gonflés d'air à l'aide de pompes de compression ; ils servent à rendre le roulement plus doux.

On se sert encore des machines de compression pour

comprimer les gaz vendus sous pression (oxygène, hydrogène, gaz carbonique); pour envoyer de l'air dans les tuyères des hauts fourneaux, pour le soufflage mécanique du verre, la fabrication des boissons gazeuses, etc.

POMPES A LIQUIDES

155. Les pompes à liquides servent à élever l'eau ou un autre liquide, d'un niveau à un autre plus élevé. Nous en décrirons deux sortes : pompes aspirantes et pompes foulantes.

POMPES ASPIRANTES

156. Principe.

Si l'on fait le vide dans un corps de pompe communiquant par un tuyau avec un réservoir d'eau, le liquide monte pour faire équilibre, par sa pression, à la pression atmosphérique.

157. Description.

Puisqu'il faut faire le vide, le corps de pompe et le piston sont ceux d'une machine pneumatique (*fig.* 89); mais, pour plus de commodité, l'ouverture **b** est dans le piston. En R est le tuyau d'écoulement.

158. Fonctionnement.

1° Supposons le piston au bas de sa course et soulevons-le. L'air du tuyau **T** se répand dans le corps de pompe; mais, son volume augmentant, sa force élastique diminue et ne fait plus équilibre à la pression atmosphérique, qui s'exerce à la surface de l'eau du réservoir. L'eau monte donc dans le tuyau, jusqu'à ce que la force élastique de l'air intérieur, augmentée de la pression du liquide soulevé fasse équilibre à la pression atmosphérique.

Quand le piston s'abaisse, le résultat est le même que dans la machine pneumatique (§ 147) : l'air sort du corps de pompe en soulevant la soupape *b*.

Donc, après un coup de piston, une hauteur d'eau *h* est soulevée dans le tuyau.

Un second coup de piston a pour effet de faire monter l'eau à un niveau plus élevé dans le tuyau T et de chasser une nouvelle quantité d'air au dehors. Après un nombre suffisant de coups de piston, l'eau arrive dans le corps de pompe, on dit alors que la pompe *est amorcée*.

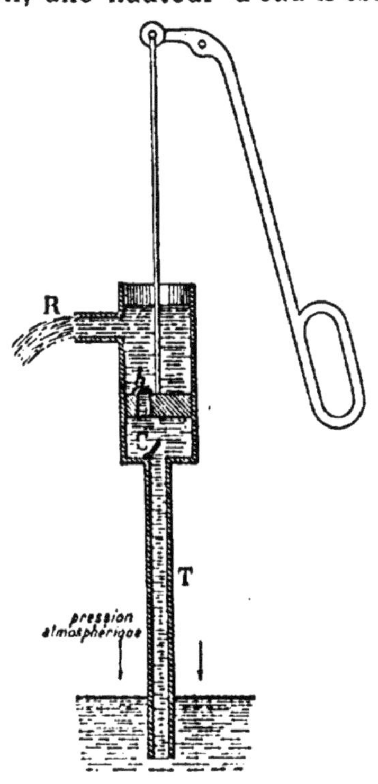

FIG. 89. — Pompe aspirante. Quand le piston s'élève, la pression atmosphérique fait monter l'eau dans le tube d'aspiration T, tandis que l'eau qui a déjà passé au-dessus du piston par la soupape b s'écoule par le tuyau de déversement R.

2° A partir de ce moment, à chaque descente du piston, l'eau soulève la soupape *b* et passe au-dessus d'elle. A chaque montée du piston, la soupape **b** se ferme, l'eau soulevée s'écoule par le tuyau R, tandis qu'une nouvelle quantité d'eau emplit le corps de pompe puisqu'il n'y a plus d'air dans l'appareil.

En résumé : 1° l'*ascension de l'eau* dans le tuyau d'aspiration est produite par la pression atmosphérique. Théoriquement on ne peut donc soulever l'eau à plus de 10^{m},33 de hauteur (§ 104, 2°). Dans la pratique, à cause du dégagement des gaz dissous dans l'eau, etc., on ne peut l'élever à plus de 8 mètres environ, car l'appareil ne pourrait s'amorcer. S'il s'agit d'un autre liquide que l'eau, la hauteur du liquide soulevé est d'autant moins grande que ce liquide est plus dense.

2° Quand la pompe est amorcée, c'est la *force musculaire* ou la force produite par un moteur qui fait monter l'eau du corps de pompe dans le tuyau d'écoulement. On peut donc donner à ce tuyau une longueur quelconque (*pompe aspirante élévatoire*) ; mais la force à exercer est d'autant plus grande que la hauteur d'eau soulevée au-dessus du piston est plus considérable.

POMPES FOULANTES

159. Supposons que, dans la pompe précédente, au lieu de *soulever* l'eau dans un tuyau d'élévation, on la *refoule* dans un tuyau T' placé à la partie inférieure du corps de pompe (*fig.* 90). On a une pompe *aspirante et foulante*, qui s'amorce comme la pompe aspirante. Dans ce cas le piston n'est pas muni d'ouvertures, et la soupape *b*, placée à l'entrée du tuyau T', s'ouvre dans le tuyau.

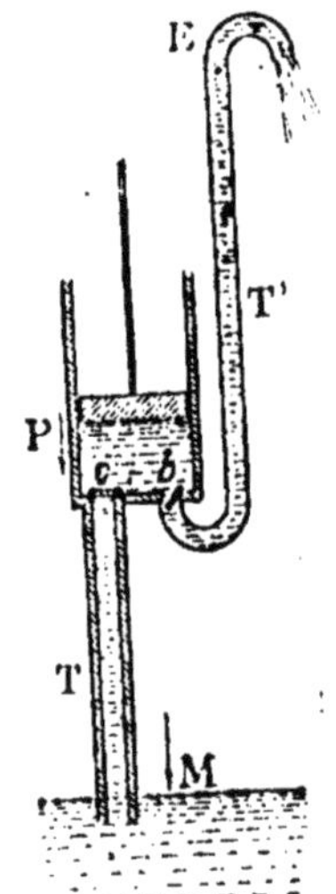

Fig. 90. — Pompe à liquide, aspirante et foulante. L'eau aspirée par le piston est refoulée par celui-ci dans le tube T'.

160. Fonctionnement.

Une fois la pompe amorcée, dès qu'on abaisse le piston, la soupape *c* se ferme; le liquide pousse la soupape *b*, l'ouvre et s'élève dans le tuyau T'. Lorsqu'on soulève le piston, la soupape *b* se referme, empêchant l'eau du tuyau de descendre ; la soupape *c* s'ouvre et le cylindre se remplit d'eau. Après quelques coups de piston, le tuyau de refoulement est plein d'eau, et l'eau s'écoule chaque fois qu'on abaisse le piston.

161. Conclusion.

Comme dans les pompes aspirantes, c'est par la force musculaire ou par la force produite par un moteur qu'on élève l'eau dans le tuyau d'écoulement, et la force nécessaire est d'autant plus grande que la hauteur du tuyau est plus considérable. Mais ici, c'est pendant la descente du piston qu'on exerce cette force.

162. Remarque.

Le tuyau d'aspiration peut ne pas exister; on a alors une pompe foulante proprement dite (*fig.* 91) employée dans la pompe à incendie.

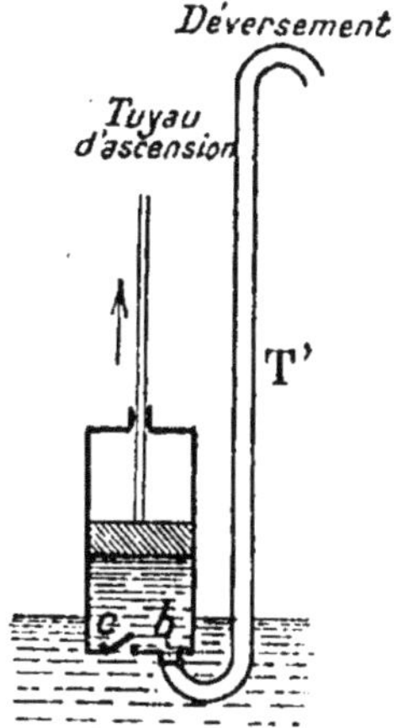

Fig. 91. — Pompe foulante (schéma). La partie inférieure du cylindre plonge dans l'eau. A la montée du piston le cylindre se remplit d'eau. A la descente, cette eau est refoulée dans le tuyau de déversement.

POMPE A INCENDIE

163. Dans toutes les pompes précédentes, l'écoulement d'eau est intermittent (il se produit pendant la montée du piston pour les pompes aspirantes, pendant la descente pour les pompes foulantes).

Mais accouplons deux corps de pompe comme dans la machine pneumatique, de telle sorte que l'un s'emplisse d'eau tandis que l'autre se vide; un jet continu sortira par le tuyau commun d'écoulement. Toutefois, il y aura une légère interruption au moment du changement de sens dans la manœuvre des pistons.

Pour avoir un jet tout à fait régulier, on utilise la force élastique de l'air comprimé; le liquide, avant d'être refoulé dans le tuyau d'écoulement O (*fig.* 92), est envoyé dans une chambre à air A; il y comprime le gaz qui s'y trouve, et, par réaction, l'air, dont la force élastique augmente, presse le liquide et le fait alors monter dans le tuyau. Ainsi, l'écoulement a lieu, non plus par intermittence, mais d'une façon continue.

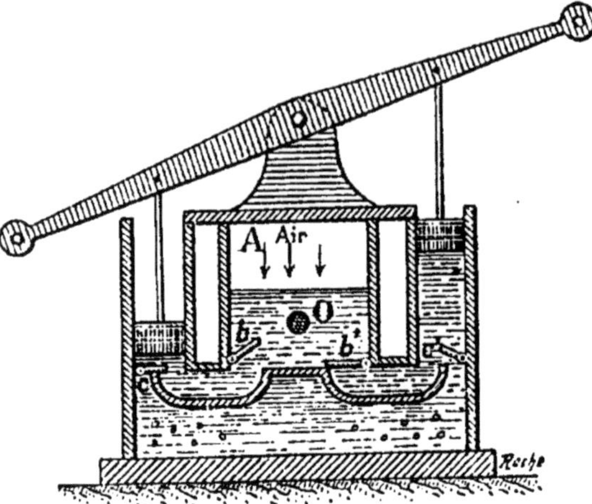

Fig. 92. — Pompe à incendie (schéma). Deux pompes foulantes sont accouplées et envoient l'eau dans un récipient fermé. L'air comprimé en A réagit constamment sur la surface du liquide en sorte que la sortie de l'eau par l'orifice O a lieu non par intermittence, mais d'une façon continue.

Tel est le principe de la pompe à incendie. Le tuyau d'écoulement se termine par une lance qui envoie le jet d'eau à distance. Les petites pompes sont actionnées à bras; dans les grandes villes, on emploie des pompes mues par la vapeur ou par des moteurs à essence semblables à ceux des automobiles.

PRESSE HYDRAULIQUE

164. La presse hydraulique sert à produire des poussées considérables avec une force relativement faible. On arrive à ce résultat à l'aide d'un appareil analogue à celui du paragraphe 75 (*c*). Si le grand piston P est 100 fois plus large que le petit *p*, la force exercée sur celui-ci se transmettra en P avec une intensité 100 fois plus grande : avec une force égale au poids de 1 kilogramme par exemple appliquée en *p*, on soulèvera le grand piston avec une force égale au poids de 100 kilogrammes.

Mais cet appareil présente un inconvénient : on s'aperçoit

que, si le petit piston descend de 1 mètre, le grand se soulève seulement de 1 centimètre [1]. Pour faire monter le grand piston d'une hauteur suffisante, il faudrait donc donner au petit cylindre une très grande longueur. On remédie à cet inconvénient en adaptant à la partie inférieure du petit cylindre (*fig.* 93) un tuyau d'aspiration T, qui plonge dans un réservoir d'eau; il est muni d'une soupape *r* s'ouvrant de bas en haut. Une autre soupape *r'* ferme la communication entre les deux cylindres.

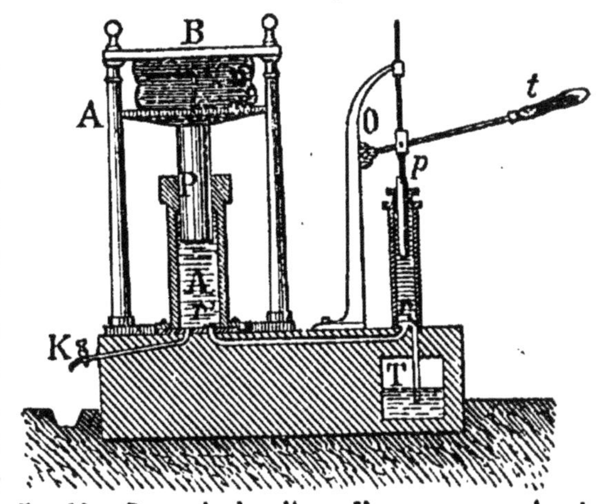

Fig. 93. — Presse hydraulique. Une pompe aspirante et foulante *p* envoie de l'eau sous un gros piston P, qui se trouve soulevé avec une force d'autant plus grande que le rapport de sa surface à celle du petit piston est plus grand. La décompression du piston P se fait à l'aide du robinet K.

Le grand piston est surmonté d'une plate-forme A sur laquelle on place les objets à comprimer, qui se trouvent pressés lors de l'ascension du piston contre une plate-forme fixe B soutenue par de solides colonnes de fonte. Le petit piston est mis en mouvement à l'aide d'une tige *t* mobile

[1] Ce fait s'explique facilement : un volume d'eau V, repoussé par le petit piston, passe dans le grand cylindre qui a une section 100 fois plus grande que le petit; il y occupe donc une hauteur 100 fois plus petite. D'autre part si la force exercée en A est 100 fois plus grande qu'en *p*, le chemin parcouru est 100 fois plus petit; par conséquent le produit de la force par le chemin parcouru n'a pas changé. Nous verrons plus loin (§ 304) que ce produit est le *travail* de la force. Nous n'avons donc pas centuplé le travail avec cette machine, nous l'avons seulement transformé.

autour de son extrémité O, ce qui permet, sans un effort considérable, de presser fortement sur le petit piston.

165. Usages.

La presse hydraulique a des usages industriels très nombreux : elle sert pour extraire l'huile des graines oléagineuses, pour séparer l'acide oléique des acides stéarique et margarique dans la fabrication des bougies ; pour comprimer le papier, le foin, les étoffes qu'on veut transporter sous un petit volume, pour fabriquer les tuyaux de plomb, le vermicelle, etc.

On utilise la grande force produite par l'eau sous pression pour faire fonctionner les monte-charges, les ascenseurs hydrauliques, etc.

SIPHONS

166. Supposons qu'on ait un vase V muni seulement d'une ouverture supérieure et qu'on ne puisse déplacer (cuve, bonbonne). Comment peut-on faire passer dans un autre vase V' le liquide qu'il contient ?

Le même problème se pose si le vase V renferme un liquide qu'on ne veut pas agiter (vin qui produit un dépôt, eau qu'on veut séparer d'une couche d'huile supérieure, etc.).

Deux moyens peuvent être employés : 1° utiliser une pompe ou une pipette (§ 99) ; alors le transvasement est intermittent ; 2° faire écouler le liquide de façon continue dans le vase V' en le faisant passer par-dessus les bords du vase V ; c'est ce qu'on réalise à l'aide d'un siphon.

167. Description.

Un tube coudé est formé de deux branches inégales (*fig.* 94) ; la petite branche plonge dans le liquide à transvaser, et le tube est rempli du même liquide. On constate que l'écoulement se produit de façon continue de la petite branche vers la grande.

168. Fonctionnement.

Pour expliquer ce phénomène, supposons un instant le liquide au repos; considérons une tranche liquide de 1 centimètre carré, *rs*, à la partie inférieure de la grande branche, et cherchons quelles pressions elle reçoit de part et d'autre.

1° De bas en haut la tranche *rs* supporte une pression F égale à la pression atmosphérique H.

2° De haut en bas cette tranche supporte une pression F′ égale à la pression que reçoit la *tranche égale* **mn** prise sur le plan horizontal DE, augmentée de la *pression* de la colonne de liquide comprise entre *mn* et *rs*. Or la tranche **mn** supporte, comme la tranche **m′n′** placée sur un même plan horizontal, la pression atmosphérique H.

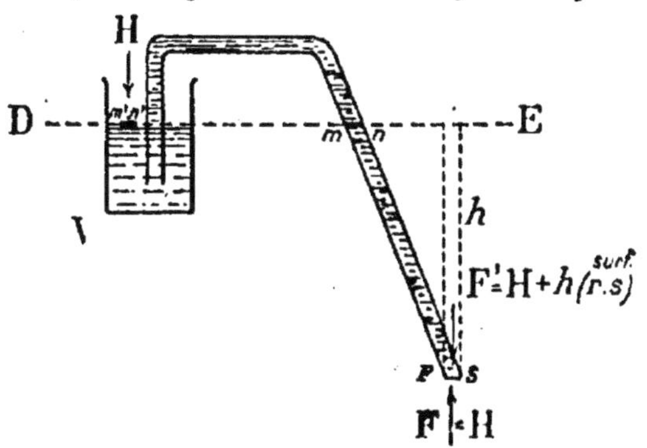

Fig. 94. — Siphon. La pression F′ supportée par la tranche rs sur sa face supérieure est plus grande que la pression F qu'elle supporte sur sa face inférieure, donc le liquide s'écoule par l'orifice *rs*.

Donc

F′ = H + pression de la colonne de liquide *mn*, *rs*,

c'est-à-dire :

F′ = H + poids de la colonne de liquide de base *rs* et de hauteur verticale *h*.

Les forces F et F′ ne sont donc pas égales ; la force F′ est la plus grande, et *la tranche r est poussée de haut en bas avec une force* F — F′ *égale au poids de la colonne de liquide ayant pour hauteur verticale* h.

Un raisonnement analogue pourrait être appliqué à une tranche quelconque autre que *rs*, fût-elle prise dans la petite branche. Donc, tout le liquide du tube s'écoule par la grande branche ; et comme la pression atmosphérique s'exerce toujours sur la surface libre en V, le liquide s'élève sans cesse dans la petite branche, en sorte que l'écoulement se fait d'une manière continue, avec une vitesse d'autant plus grande que la distance *h* est plus considérable.

169. Conditions pour que l'écoulement se produise.

Il résulte des explications théoriques précédentes : 1° que le niveau du liquide doit être plus bas dans le vase V′ que dans le vase V ; le siphon cesse de fonctionner lorsque le niveau est le même dans les deux vases.

2° La pression atmosphérique qui s'exerce en V doit pouvoir maintenir le siphon plein d'eau, autrement dit la petite branche doit avoir moins de 10^{m},33 s'il s'agit d'eau, de 0^{m},76 pour du mercure, etc.

S'il n'en est pas ainsi, le liquide se divise à la partie supérieure du siphon, et descend dans chacune des branches ; il forme une colonne de 10^{m},33 pour de l'eau, de 0^{m},76 pour du mercure, etc. laissant au-dessus de lui une chambre barométrique.

Dans le vide, le liquide sortirait en entier du siphon, puisqu'il n'y aurait plus aucune force qui le maintiendrait soulevé.

170. Usages.

Les siphons sont souvent employés pour transvaser des acides, séparer un liquide d'un dépôt solide, pour vider les étangs ou détourner le cours des rivières lorsqu'on veut y faire des travaux.

171. Manières d'amorcer.

Quels que soient les usages des siphons, il faut les amorcer pour les faire fonctionner, c'est-à-dire les remplir de liquide. Divers moyens sont employés :

1° On plonge la petite branche dans le liquide, et on aspire avec la bouche par la grande branche.

2° Si le liquide est corrosif ou vénéneux, on aspire l'air par une branche latérale en A (*fig.* 95), tandis qu'on ferme en b avec le doigt, ou par un robinet. Dès que le liquide est arrivé dans la boule C on cesse d'aspirer, et l'on ouvre la grande branche : l'écoulement a lieu aussitôt.

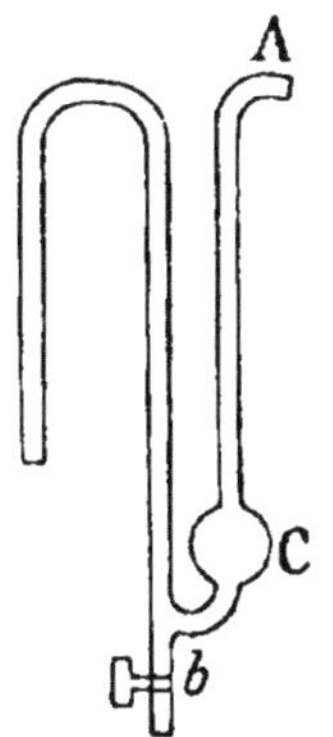

FIG. 95. — Siphon à branche latérale.

172. Fontaines intermittentes.

La théorie des siphons explique l'existence de sources intermittentes ; ces sources sont alimentées par les eaux d'infiltration qui se réunissent dans une cavité souterraine (*fig.* 96), communiquant avec la source par un canal en forme de siphon. Lorsque la cavité est pleine d'eau jusqu'au niveau AB, le siphon s'amorce et la source coule. Mais quand le niveau de l'eau a baissé jusqu'en CD, le siphon ne peut plus s'alimenter, et la source est tarie. Elle recommence à couler dès que

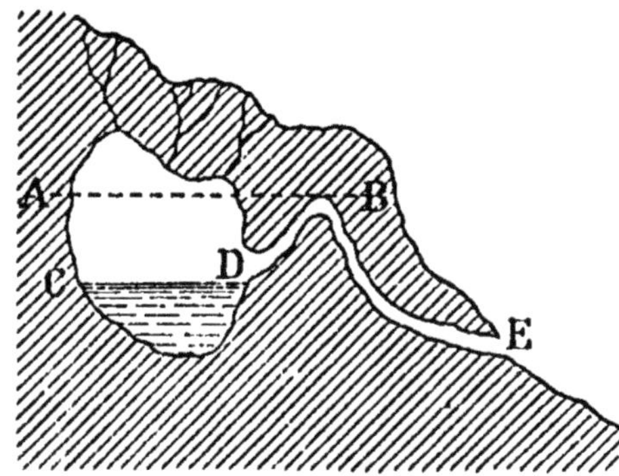

FIG. 96. — Fontaine intermittente. Lorsque le niveau de l'eau arrive en AB le siphon s'amorce et l'écoulement se produit jusqu'à ce que le niveau soit descendu en CD.

les eaux d'infiltration ramènent le niveau en AB, et ainsi de suite.

173. Expériences. — Faire fonctionner la machine pneumatique et les pompes que l'on peut avoir dans les appareils de physique. Expliquer le fonctionnement d'une seringue. — Examiner, si l'on peut, une pompe d'arrosage.

Expériences avec un siphon fait avec un tube de verre coudé ou simplement avec un tube de caoutchouc un peu long qu'on amorcera en le plongeant entièrement dans l'eau. Avoir soin de pincer fortement l'extrémité qui sera la plus basse; plonger l'autre dans le vase supérieur, puis laisser écouler le liquide.

LIVRE IV

CHALEUR

CHAPITRE XI

THERMOMÉTRIE

PLAN

- **Effets de la chaleur sur les corps**
  - Un corps qui s'échauffe se *dilate*; lorsqu'il se refroidit, il se *contracte*. Ces effets sont plus ou moins marqués selon la nature des corps.
  - *A* : **Solides** — Dilatation faible. Expérience : Anneau de 'S Gravesande.
  - *B* : **Liquides** — Se dilatent plus que les solides. Expérience : ballon de verre prolongé par un tube et empli d'eau colorée.
  - *C* : **Gaz** — Se dilatent plus que les liquides. Lorsqu'ils s'échauffent sous volume constant, leur *force élastique augmente*. Expérience : récipient contenant un gaz mis en relation avec un tube manométrique.
- **Notion de température**
  - *A*. Elle est fournie par le toucher.
  - *B*. Elle peut se définir à l'aide des variations de volume des corps sous l'action de la chaleur.
  - **Egalité de deux températures** — Deux corps sont à la même température quand, mis au contact l'un de l'autre, ils ne changent pas de volume.
  - **Inégalité de deux températures** — Un corps A est à une température plus élevée qu'un autre B, quand, mis au contact de B, il se contracte tandis que B se dilate.
  - **Conclusion** — Comme on ne peut définir une température 2, 3, 4 fois plus grande qu'une autre, la température n'est pas une grandeur mesurable. En revanche on peut mesurer des différences de températures.
- **Instruments de comparaison : thermomètres**
  - **Principe** — Les thermomètres sont des instruments permettant de mesurer des différences de températures. Ils sont fondés sur l'observation facile de la dilatation d'un liquide ou d'un gaz sous l'action de la chaleur.
  - **Graduation**
    - Elle est arbitraire et nécessite la connaissance de deux volumes bien déterminés du corps thermométrique (points fixes) correspondant à des températures fixes.
    - *Graduation centigrade*. Le premier point fixe correspond à la température de la glace fondante (point zéro) et le deuxième, à celle de la vapeur d'eau bouillante, sous la pression de 76 centimètres de mercure (point 100).
    - Le *degré centigrade* est l'élévation de température qui fait dilater le corps thermométrique de la centième partie de la variation de volume de ce corps entre 0° et 100°.
    - Autres graduations : *Réaumur*, *Fahrenheit*.

Instruments de comparaison : thermomètres (*Suite*)	Instruments divers	Thermomètres à mercure, à alcool (températures ordinaires). Thermomètres à alcool, à toluène (températures basses). Thermomètres à gaz (températures quelconques). Thermomètres enregistreurs — à minima — à maxima.

174. Premières notions sur les dilatations.

On sait comment les charrons cerclent une roue de voiture ; ils prennent un cercle de fer un peu plus petit que la roue et le chauffent fortement ; la roue entre facilement dans le cercle, qu'ils refroidissent ensuite avec de l'eau et la roue se trouve alors fortement enserrée. Que s'est-il passé? En *s'échauffant*, le cercle a *augmenté de volume*, ou, comme on dit, s'est dilaté ; en *se refroidissant*, il a *diminué de volume*, il s'est contracté.

Nous allons montrer que les solides, les liquides et les gaz se dilatent quand on les chauffe.

175. Dilatation des solides.

1° *Anneau de 'S Gravesande.* — On prend une sphère creuse de cuivre (*fig.* 97) capable de passer à frottement très doux dans un anneau, on chauffe la boule, et l'on constate qu'elle ne peut plus traverser l'anneau ; elle a donc augmenté de volume. Laissons-la refroidir, elle reprend son volume primitif, car elle peut de nouveau passer dans l'anneau.

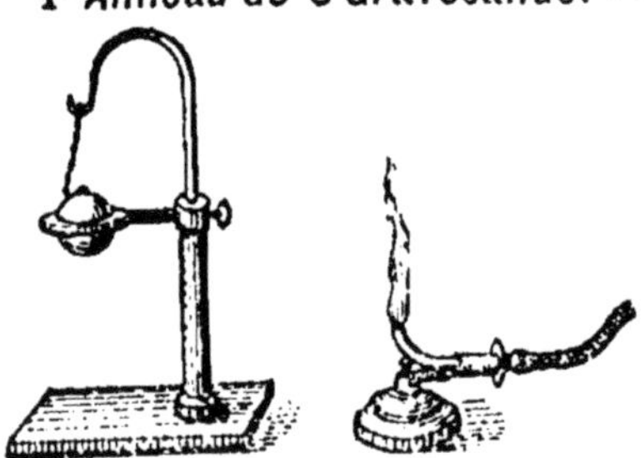

FIG. 97. — Anneau de 'S Gravesande. La boule de métal qui traverse, à frottement doux, l'anneau de cuivre à la température ordinaire, ne peut plus passer quand elle est chaude.

Chauffons à la fois la sphère et l'anneau, la boule ne cesse pas de pouvoir traverser l'anneau. Donc le volume *d'un corps solide creux augmente exactement comme celui d'un corps plein de même nature et de même dimension.*

2° *Pyromètre à cadran.* — Pour observer la dilatation d'un solide suivant une seule de ses dimensions, on chauffe, par exemple, une tige métallique A (*fig.* 98); afin

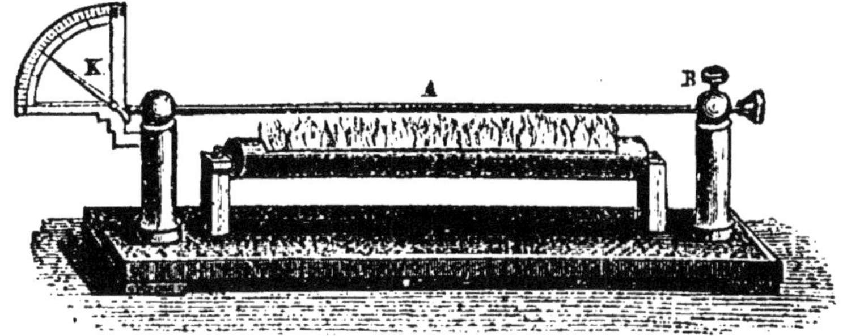

Fig. 98. — Pyromètre à cadran. Le faible allongement de la tige A sous l'action de la chaleur est rendu sensible par le déplacement de la grande aiguille K.

de mettre en évidence son allongement, trop faible pour être observé directement, on fixe une de ses extrémités B; l'autre, qui est libre, pousse le petit bras d'un levier coudé dont le grand bras K se meut sur un cadran gradué. Plus l'aiguille K est grande, plus l'allongement de la tige est amplifié.

En résumé : Les solides se dilatent lorsqu'on les chauffe, mais leur dilatation est très faible.

176. Dilatation des liquides.

Prenons un ballon plein d'eau colorée (*fig.* 99), fermons-le par un bouchon traversé par un tube, et marquons le niveau du liquide dans le tube à l'aide d'une bande de papier gommé. Chauffons *progressivement* le ballon : le niveau du liquide s'élève. Donc la chaleur fait dilater l'eau.

Répétons la même expérience, mais chauffons *brusquement* le ballon en le plongeant dans de l'eau chaude (*fig.* 99); le liquide commence par s'abaisser pendant quelques secondes de A en B, puis il remonte et arrive en C, dépassant de beaucoup le niveau primitif.

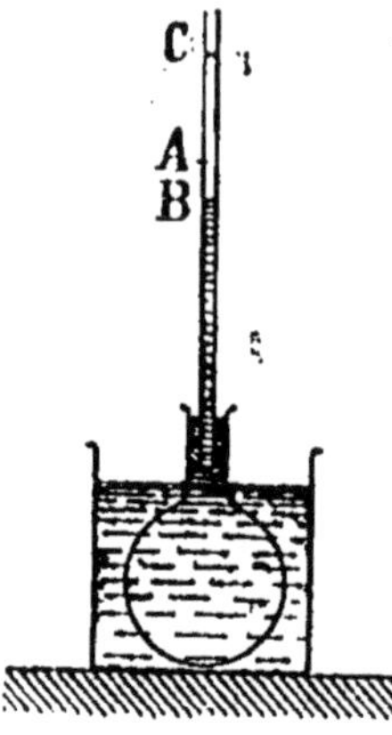

Fig. 99. — Le liquide qui arrivait primitivement en A descend d'abord en B par suite de l'augmentation de volume due à la dilatation de l'enveloppe de verre. Quand le liquide est échauffé à son tour, il remonte en C.

Ces deux phénomènes s'expliquent facilement : le verre, au contact de l'eau chaude, s'est échauffé avant l'eau, il s'est dilaté et l'eau, ayant un plus grand volume à occuper, a légèrement diminué de hauteur. Mais dès que la chaleur a gagné le liquide, celui-ci s'est dilaté beaucoup plus que le verre, d'où l'ascension de l'eau au-dessus de A. L'augmentation de volume AC représentée par la différence entre le niveau primitif et le niveau final, ne donne que la dilatation apparente du liquide. Sa dilatation absolue est donnée par le volume compris entre B et C ; elle est égale à la dilatation apparente augmentée de la dilatation de l'enveloppe.

En résumé, les liquides se dilatent plus que les solides.

177. Dilatation des gaz.

Première expérience. — Dans un ballon dont le bouchon est muni d'un long tube coudé (*fig. 100*) on limite une certaine quantité d'air au moyen d'une goutte de liquide coloré placée dans la partie horizontale du tube. Il suffit de chauffer le ballon avec la main pour que l'index de liquide s'éloigne rapidement vers l'extérieur. Donc l'air

Fig. 100. — Dilatation d'un gaz. Le faible échauffement produit par les mains suffit à produire la dilatation du gaz rendue sensible par le déplacement de l'index.

intérieur s'est dilaté. Remarquons que sa force élastique n'a pas varié : après l'expérience comme avant, elle est égale à la pression atmosphérique.

Deuxième expérience. — Prenons un ballon muni d'un tube recourbé contenant de l'eau colorée au même niveau dans les deux branches (*fig.* 101). Le tube constitue un manomètre à air libre; il indique que la pression du gaz au début de l'expérience est égale à la pression atmosphérique. Chauffons le ballon dans de l'eau tiède; aussitôt l'eau colorée descend dans la petite branche et monte dans la grande, donc le gaz se dilate; mais, de plus, sa pression augmente, car elle est maintenant égale à la pression atmosphérique augmentée de la pression de la colonne *h* de liquide. Ainsi la chaleur a, tout à la fois, dilaté le gaz et augmenté sa force élastique.

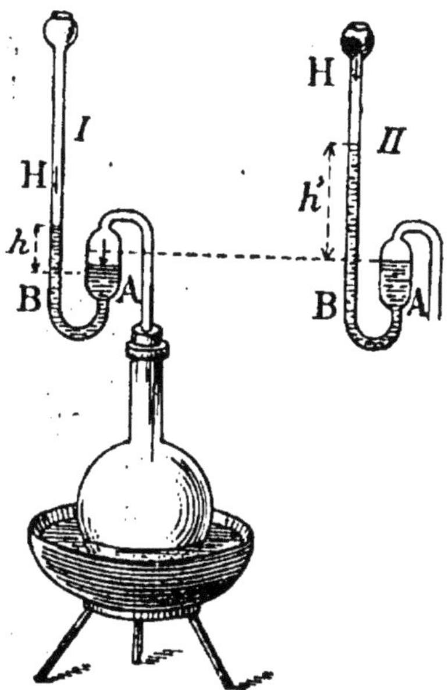

Fig. 101. — La force élastique d'un gaz augmente sous l'action de la chaleur.

Troisième expérience. — Dans l'expérience précédente, ajoutons de l'eau colorée dans la grande branche pour ramener le gaz à son volume primitif. Nous constatons qu'il faut verser une assez grande quantité de liquide : le gaz n'a pas changé de volume, mais sa pression s'est accrue; elle est maintenant égale à la pression atmosphérique augmentée de la pression exercée par la colonne *h'* d'eau. Ainsi, sous volume constant, *la chaleur a augmenté la force élastique du gaz.*

178. Conclusion.

Il résulte de l'expérience précédente qu'on peut facilement s'opposer à la dilatation d'un gaz ; mais alors sa force élastique augmente. Au contraire, il est extrêmement difficile de s'opposer à la dilatation des solides et des liquides, qui sont à peu près incompressibles : un vase rempli d'eau et hermétiquement clos éclaterait, fût-il en métal très résistant, sous l'influence de la chaleur.

170. Notion de température.

1° *Indications fournies par le toucher.* — Première expérience. — Nous avons vu que si l'on fournit de la chaleur à un corps, il se dilate. Une autre propriété du corps a varié en même temps ; touchons une cuiller, par exemple ; elle produit sur notre main une certaine impression calorifique. Introduisons-la dans la flamme d'une lampe à alcool, nous *lui fournissons de la chaleur*, et au bout de peu de temps, elle produit sur notre main une impression calorifique différente de la première. Nous disons que *sa température s'est élevée*, expression que tout le monde comprend, puisqu'elle exprime la sensation que nous éprouvons.

Quand on fournit de la chaleur à un corps, il se dilate et en même temps sa température s'élève.

Plongeons la cuiller ainsi échauffée dans l'eau froide, l'eau lui enlève la chaleur ; en touchant cette cuiller, nous éprouvons une nouvelle sensation, nous disons que sa température s'est abaissée. *Quand on enlève de la chaleur à un corps*, il se contracte et en même temps *sa température s'abaisse.*

Deuxième expérience. — Pour refroidir rapidement un vase contenant un liquide chaud, on peut lui enlever de la chaleur en le plongeant dans de l'eau froide. On constate *au toucher* que la température du liquide chaud s'abaisse, tandis que celle de l'eau froide s'élève. A un moment, les deux liquides produisent sur la main la même impression calorifique : on dit qu'ils sont à *la même température.* A partir de ce moment, l'échange de chaleur entre les deux corps cesse, leur température et leur volume restent invariables.

Le phénomène est général : *toutes les fois qu'un corps* A *est à une température plus élevée qu'un corps* B *placé à son contact, le corps* A *cède de la chaleur à l'autre en même temps qu'il se contracte; le corps* B *reçoit de la chaleur en même temps qu'il se dilate.*

Quand la température des deux corps est la même, ils n'échangent plus de chaleur et leur volume reste invariable.

Dans les expériences précédentes, nous avons *défini, uniquement par le* toucher, *des températures plus élevées ou plus basses que d'autres, et des températures égales,* et nous n'avons défini d'aucune façon la température proprement dite. C'est dire que la notion de température implique une idée de comparaison. Mais si nous nous bornions aux indications du toucher pour définir des températures égales ou différentes, nous pourrions commettre beaucoup d'erreurs. Pour n'en citer qu'un exemple, trempons les deux mains, l'une dans un vase A d'eau chaude, l'autre dans un vase B d'eau froide, puis sortons-les et plongeons-les toutes deux dans un vase C contenant le mélange des deux eaux précédentes. La main sortant du vase A a l'impression d'une eau froide; celle qui sort du vase B a l'impression d'une eau chaude.

Il faut donc chercher un moyen plus exact de comparer les températures. Nous allons montrer qu'on peut utiliser, entre autres phénomènes, celui de la *dilatation* qui a l'avantage d'être facile à observer et à mesurer.

2° *Définition au moyen des dilatations.* — L'expérience 1 du paragraphe 179 nous a montré que la variation de volume et la variation de température d'un corps sont deux phénomènes qui se produisent en même temps et dans le même sens [1]. On peut donc dire que la température *d'un*

[1] Nous verrons (§ 201) que l'eau fait exception à cette règle entre 0 et 4°.

corps s'élève quand il se dilate, que sa température s'abaisse quand il se contracte, que sa température reste invariable quand son volume reste invariable. D'autre part on sait (expérience 2 du paragraphe 179) que, si un corps est à une température plus élevée qu'un autre, sa température s'abaisse et il se contracte au contact de cet autre.

Par conséquent *on dira que deux corps sont à la même température quand, mis au contact l'un de l'autre, ils ne changent pas de volume; et qu'un corps A est à une température plus élevée qu'un autre B quand, mis au contact du corps B, il se contracte tandis que B se dilate.*

180. Thermoscope.

Pour comparer les températures de deux corps, il suffirait donc de les mettre en contact et d'observer leurs variations de volume, mais il est souvent difficile d'apprécier ces variations et, d'autre part, on ne peut pas toujours mettre en contact les deux corps (exemple : deux chambres). C'est pour cela qu'on emploie un troisième corps pris comme intermédiaire.

Soit par exemple un ballon, analogue à celui de la figure 99, et plein d'alcool coloré. Portons-le dans une chambre A, puis dans une chambre B. Si le niveau de l'alcool est plus élevé dans la première que dans la seconde, nous en concluons que la chambre A est à une température plus élevée que la chambre B. Si l'alcool atteint le même niveau quand on porte le ballon dans les deux chambres, c'est qu'elles sont à la même température.

Laissons le ballon à demeure dans l'une des chambres; les variations de niveau de l'alcool nous indiqueront les variations de température de la chambre.

Nous avons ainsi établi un instrument, dit *thermoscope*, permettant de *comparer les températures de deux corps quelconques* à tout moment; il suffira de repérer chaque fois la position du niveau de l'alcool.

181. Thermoscope à mercure.

Nous avons, au hasard, choisi comme thermoscope un vase contenant de l'alcool coloré. Dans la pratique, on choisit le plus souvent un vase contenant du mercure; nous verrons plus loin les raisons de ce choix (§ 191).

182. Sa construction.

Au lieu du ballon précédent, on emploie un tube terminé à une extrémité par un réservoir, à l'autre par une ampoule ouverte (*fig.* 102). On prend de préférence le tube très fin, pour que la dilatation soit plus visible, car le mercure se dilate peu. Le réservoir est de petite dimension afin que l'appareil prenne peu de chaleur aux corps pour s'échauffer, et n'abaisse pas sensiblement leur température. Pour remplir le tube, on commence par introduire dans l'ampoule une certaine quantité de mercure pur et sec; à cet effet on chauffe légèrement le réservoir, l'air qu'il contient se dilate et une partie s'échappe. On plonge alors l'extrémité ouverte dans du mercure; l'air intérieur, en se refroidissant, se contracte, un vide partiel se produit, et le liquide monte dans l'ampoule. On retourne le tube; le mercure ne descend pas, car le tube est trop fin pour laisser à la fois sortir l'air et entrer le liquide. On chauffe alors le réservoir et la tige; l'air se dilate à nouveau, et sort en partie au travers du mercure de l'ampoule. On laisse refroidir; la force élastique de l'air intérieur diminue, et la pression atmosphérique fait descendre le mercure dans la tige et dans le réservoir.

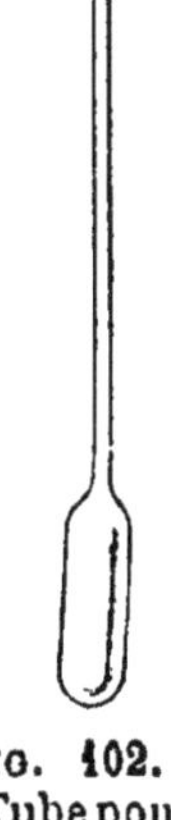

Fig. 102. — Tube pour la construction d'un thermomètre à mercure.

On répète l'opération jusqu'à ce que le réservoir soit plein de liquide; on porte le tube à la plus haute température à laquelle il devra être soumis, on détache alors l'ampoule d'un trait de lime et l'on ferme le tube à la lampe pendant qu'il est encore plein de mercure. Le thermoscope est construit.

183. La température n'est pas une grandeur mesurable.

Nous avons défini, par les variations de volume des corps sous l'action de la chaleur, ce qu'on entend par températures égales, et par température plus élevée ou plus basse qu'une autre, mais *aucun fait* ne nous permet de définir ce qu'on entend par température égale à 2, 3, 4, fois une autre, par conséquent *la température n'est pas une grandeur mesurable* (§ 8). Nous allons préciser cette notion importante à l'aide de quelques comparaisons, et montrer que l'on ne peut évaluer **numériquement que les différences de température.**

184. La température est comparable au niveau d'un liquide.

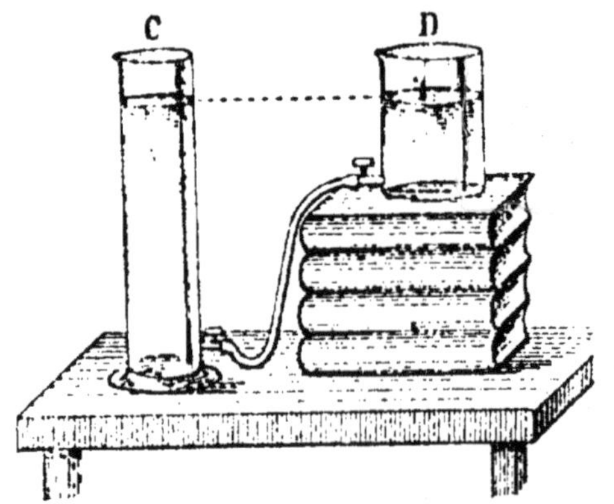

Fig. 103. — En réunissant deux vases contenant de l'eau au même niveau, les niveaux ne changent pas.

Considérons deux vases A et B contenant des volumes d'eau qui, suivant les indications de notre thermoscope, sont à la même température. Vidons l'eau du vase B dans le vase A, les températures des deux liquides sont réunies et cependant notre thermoscope nous indique que la température unique est *la même* que précédemment. Il y a là quelque chose d'analogue à ce qui se passe lorsqu'on réunit deux vases C et D (*fig.* 103) contenant un liquide identique dont la surface libre est au même niveau dans les deux vases. Le niveau reste le même.

185. Les différences de température, comme les différences de niveaux, sont mesurables.

Voici maintenant plusieurs tubes A, B, C, D, E (*fig.* 104) passant à travers des trous percés dans une planche inclinée et contenant un liquide, de l'eau par exemple. Ils sont fermés hermétiquement par des bouchons et leur base est inaccessible.

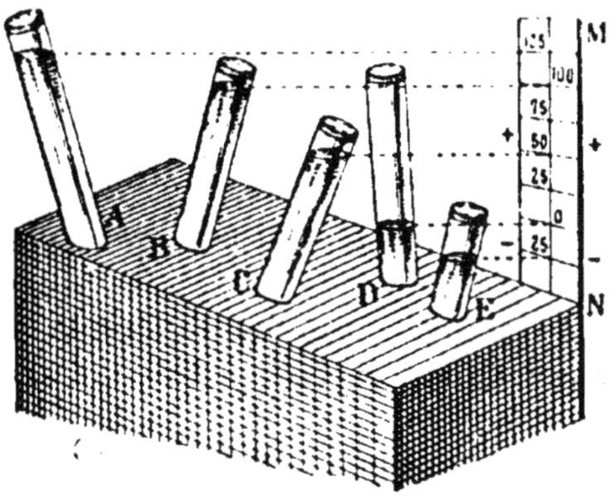

Fig. 104. — Comment on peut comparer les niveaux des vases A, B, C, D, E.

On nous demande de comparer les différents niveaux. Le moyen le plus simple est de choisir *arbitrairement* **un** niveau comme terme de comparaison, celui du tube D, par exemple, et d'exprimer les autres niveaux d'après leur distance à celui-ci, autrement dit, d'exprimer les différences de niveaux. Nous pouvons évaluer cette distance en centimètres; mais, à défaut d'une unité de longueur, nous pouvons procéder de la façon suivante: choisir arbitrairement un second niveau, par exemple celui du tube B, et sur une bande de carton verticale MN, marquer 0 (zéro) au niveau de D, puis un nombre arbitrairement choisi, 80 (ou 100) par exemple, au niveau de B; diviser en 80 (ou 100) parties égales, la distance des niveaux BD, enfin prolonger ces divisions au-dessous de zéro et au-dessus de 80 (ou de 100).

Comme la graduation peut être comptée dans deux sens opposés à partir du zéro, on fera précéder les nombres de la graduation supérieure du signe +, et ceux de la graduation inférieure du signe —. Supposons que la distance verticale des niveaux B et D ait été divisée en 100 parties égales, les niveaux des tubes A, B, C, D, E, seront respectivement indiqués comme suit :

Niveaux	A	B	C	D	E
Indications numériques.	+ 125	+ 100	+ 50	0	— 25

En résumé, le procédé que nous avons employé nous a permis :

1° De comparer les différents niveaux des liquides et aussi de les repérer à l'aide d'une échelle arbitrairement *établie;*

2° De mesurer, à l'aide de cette échelle conventionnelle, non pas les niveaux eux-mêmes qui ne sont pas mesurables, mais les différences de *ces niveaux qui, elles, peuvent être mesurées.*

Tel est aussi le *principe des mesures thermométriques :* les différences de températures correspondent aux différences de niveaux. Grâce à des *conventions arbitraires*, on transforme, comme nous allons le montrer, un thermoscope en *thermomètre*, gradué à la façon de notre échelle MN (*fig.* 104) ; il fait connaître ainsi *numériquement* les différents niveaux calorifiques des corps avec lesquels il est mis en contact.

Supposons que le thermomètre, après s'être mis en équilibre de température avec un corps P, nous ait indiqué que son niveau calorifique était + 24 ; supposons ensuite que, de la même manière, il nous ait indiqué que le niveau calorifique d'un autre corps P' était + 8 ; nous en conclurons que le niveau calorifique du corps P au-dessus du niveau zéro est trois fois plus grand que celui du corps P', mais non pas que la température du corps P est 3 fois plus grande que celle de P'. En un mot *les variations de volume du thermomètre sont seulement proportionnelles aux* diffé-rences *de températures, et non aux températures elles-mêmes.* Comme nous l'avons dit, celles-ci ne sont pas mesurables puisque, encore une fois, nous ne savons pas dire quand une température est double, triple, quadruple, etc., d'une autre.

Nous venons de voir que la graduation d'un thermomètre est tout arbitraire, et chacun pourrait se construire un thermomètre en adoptant telle graduation qui lui plairait; la graduation employée en Angleterre n'est, du reste, pas la même qu'en France. Mais pour que deux thermomètres donnent les *mêmes indications* dans les *mêmes conditions*, il faut qu'ils soient gradués tous deux de la même façon, d'où la nécessité d'établir des conventions.

180. Graduation centigrade.

Première convention. — On décide d'établir *deux points de repère* correspondant à deux *températures fixes.*

Ainsi, on constate que le mercure d'un thermoscope plongé dans de la *glace* fondante reste toujours au *même niveau;* donc la glace fond à une température fixe, et l'on prend cette température, facile à retrouver, comme premier point de repère : dans la graduation centigrade, employée en France, on marque 0 (zéro) à ce point.

La capacité du réservoir est choisie de manière que le point 0 se trouve toujours sur la tige et non sur le réservoir.

On plonge ensuite le thermomètre dans la vapeur d'eau bouillante, la pression supportée par l'eau étant 76 centimètres. Le mercure se dilate d'une certaine quantité, puis son niveau reste invariable. Donc la *température de la* vapeur d'eau bouillante sous la pression de 76 centimètres de mercure est *fixe* et l'on convient de la prendre comme second point de repère, que l'on marque 100 dans la graduation centigrade.

Deuxième convention. — On convient de diviser l'espace 0-100 en 100 parties d'égale capacité (c'est-à-dire d'égale longueur si le tube est bien cylindrique) et d'appeler chacune de ces parties **un degré**. On prolonge la graduation au-dessous du 0 et, si le tube est assez long, on peut la prolonger au-dessus de 100.

Un degré de température est donc l'élévation de température qui fait dilater le mercure de la centième partie du volume dont il se dilate en passant de la température de la glace fondante à celle de la vapeur d'eau bouillante sous la pression de 76 centimètres.

Par conséquent, si, au contact d'un corps, le mercure s'arrête à la division 25, on dit que sa température est de 25 degrés (+ 25°). Si le mercure s'arrête à la division 5 au-dessous de zéro, on dit que sa température est 5 degrés au-dessous de zéro (— 5°).

187. Graduations Réaumur et Fahrenheit.

La graduation centigrade n'est pas la seule employée. Dans la graduation Réaumur, usitée en Allemagne, on marque 0 à la température de la glace fondante, et 80 à la température de la vapeur d'eau bouillante.

En Angleterre, on se sert d'une graduation due à Fahrenheit, dans laquelle on marque 32 au point fixe inférieur (glace fondante) et 212 au point fixe supérieur (vapeur d'eau bouillante).

188. Problème.

Un journal anglais indique que la température à Londres a été de 80° Fahrenheit. Évaluer cette température en degrés centigrades.

Le degré 80 dans le thermomètre Fahrenheit est situé à $80 - 32 = 48$ divisions au-dessus de la division correspondant à la glace fondante. Il faut chercher combien ces 48 divisions valent de divisions centigrades

Or, 212 — 32 = 180 divisions Fahr. valent 100 divisions centigrades. Donc 48 divisions Fahr. valent :

$$\frac{100^{\circ} \times 48}{180} = 26^{\circ}\frac{2}{3}.$$

Le thermomètre centigrade indiquerait $26^{\circ}\frac{2}{3}$. En tenant compte des relations précédentes, on résoudrait facilement le problème inverse.

180. Comment se fait la graduation centigrade ?

Pratiquement, pour déterminer le point 0, on plonge le thermomètre dans de la glace concassée et *fondante*. On marque par un trait le niveau du mercure.

Pour déterminer le point 100, on place de l'eau dans un vase surmonté d'un manchon cylindrique A (*fig.* 105), on suspend le thermomètre dans l'intérieur de ce cylindre, puis on porte l'eau à l'ébullition. La vapeur d'eau entoure le thermomètre et fait monter le mercure. Quand le niveau de celui-ci ne varie plus on marque un autre trait.

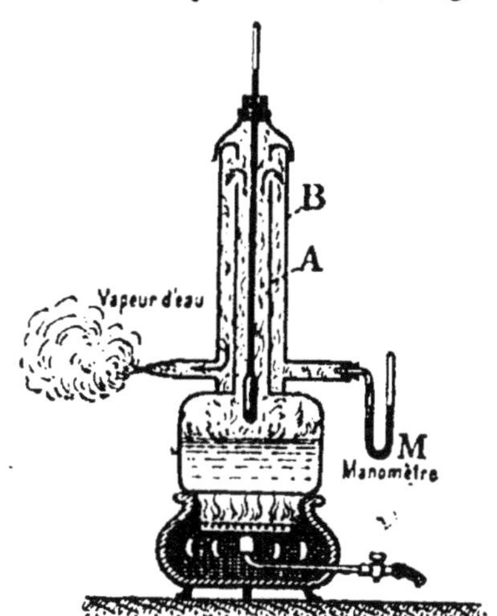

Fig. 105. — Détermination du point 100 dans la graduation centigrade.

Remarques. — Pour que la vapeur ne se refroidisse pas dans le cylindre A, celui-ci est entouré d'un second manchon B, où passe la vapeur avant de s'échapper dans l'atmosphère ; le cylindre est ainsi isolé de l'air extérieur par une couche de vapeur d'eau.

On s'assure que la pression est égale dans l'appareil à la pression atmosphérique, en consultant un manomètre à air libre placé en M.

Beaucoup de thermomètres à mercure ne portent pas à la fois les divisions 0 et 100 ; dans ce cas, on les gradue par comparaison avec un thermomètre déjà gradué.

190. Déplacement du zéro.

Lorsqu'on plonge dans la glace fondante un thermomètre gradué depuis quelque temps, on constate souvent que le mercure s'arrête un peu au-dessus du zéro. Ce phénomène s'explique ainsi : le verre de l'enveloppe, porté à une haute température au moment du remplissage, n'a pas repris tout à fait son volume primitif après le refroidissement ; aussi continue-t-il, très lentement, à se contracter, ce qui diminue la capacité du réservoir. On dit qu'il possède un *résidu de dilatation*. Pour remédier à cet inconvénient, il suffit de vérifier de temps en temps la position du zéro : si, dans la glace fondante, le mercure du thermomètre s'élève à 1° par exemple, il suffit de diminuer de 1° toutes les indications qu'il donne.

D'ailleurs le verre employé actuellement pour les thermomètres est un verre dur, recuit pendant très longtemps, et n'ayant plus de résidu sensible de dilatation.

191. Thermomètres à alcool, à toluène ; thermomètres à gaz.

Nous avons choisi le mercure dans la construction du thermomètre pour plusieurs raisons :

1° Le mercure a l'avantage de ne bouillir qu'à 360°, ce qui permet de l'employer pour mesurer des températures assez élevées ;

2° Il se met rapidement en équilibre de température avec les corps, et fait ainsi connaître la température de ceux-ci avant qu'elle ait eu le temps de changer.

Il peut toujours être obtenu identique à lui-même.

Il existe d'autres thermomètres, en particulier le thermomètre à alcool souvent employé pour mesurer les températures ordinaires, et les températures très basses, car il ne se congèle qu'à — 130°. On emploie aussi comme liquide thermométrique la benzine, le toluène qui perdent leur fluidité à des températures encore plus basses que l'alcool.

Tous les thermomètres liquides ont un inconvénient : la dilatation des liquides étant plutôt faible, celle de l'enveloppe qui les contient n'est pas négligeable ; or, les solides ne reprennent pas exactement le même volume dans les mêmes conditions, de sorte qu'un thermomètre ainsi construit n'est pas d'une précision parfaite.

Il n'en est pas de même si l'on emploie un gaz au lieu d'un liquide ; les gaz étant très dilatables, la dilatation de l'enveloppe est tout à fait négligeable par rapport à la leur ; aussi les thermomètres à gaz sont-ils employés toutes les fois qu'on veut une extrême précision ; on y mesure les élévations de température par les *augmentations de pression de la masse gazeuse sous volume constant* ; le liquide employé est du mercure au lieu d'eau.

Avec le thermomètre à gaz on définit le degré centigrade : *l'accroissement de température qui, sous volume constant, fait accroître la pression d'une masse d'hydrogène ou d'air de la centième partie de l'accroissement de pression qu'elle éprouve en passant de la température de la glace fondante à celle de la vapeur d'eau bouillante sous la pression de 76 centimètres.*

Les thermomètres à mercure et les thermomètres à gaz donnent donc les mêmes indications à 0° et à 100°. Mais il y a divergence pour les températures intermédiaires. Cependant, on peut obtenir avec les thermomètres à liquide, les mêmes indications qu'avec un thermomètre à gaz si l'on prend soin de les *comparer* à celui-ci. A cet effet on note, pour chaque température t donnée par le thermomètre à gaz, la température t' donnée par le thermomètre à mercure; on établit ainsi une table de comparaisons qui sert ensuite à corriger toutes les températures indiquées par ce dernier. Le tableau suivant résume l'emploi des divers thermomètres indiqués :

Températures ordinaires...	Thermomètre à mercure.
	— à alcool.
Températures très basses ..	— à alcool.
	— à toluène.
Températures quelconques.	— à gaz.

102. Thermomètres à maxima et à minima.

Il est nécessaire, dans les observations météorologiques, de connaître la plus haute ou la plus basse température d'un lieu, pendant un temps déterminé; par exemple, la plus haute température du jour, la plus basse température de la nuit.

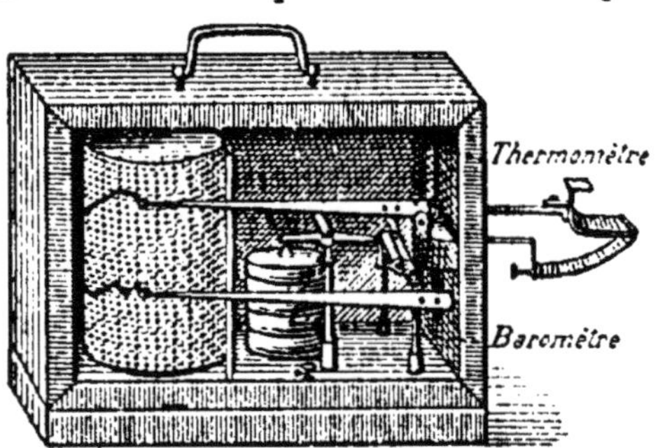

Fig. 106. — Thermomètre enregistreur : les déformations du réservoir thermométrique sont amplifiées et transmises par un long style. On l'adjoint souvent à un baromètre enregistreur.

On emploie souvent, dans ce cas, des appareils enregistreurs, fondés sur l'élasticité d'un métal, qui indiquent la température à tous les moments de la journée. Imaginons un réservoir très aplati et légèrement courbe, en métal élastique, et rempli d'un liquide quelconque (*fig.* 106). Si la température s'élève, le liquide se dilate, ce qu'il ne peut faire qu'en déformant le réservoir ; si la température s'abaisse, le liquide se contracte, mais c'est alors la pression atmosphérique qui déforme l'appareil et le ramène au même volume que le liquide. Ces déformations du métal sont amplifiées par une série de leviers, et finalement elles mettent en mouvement une plume pleine d'encre grasse, qui se déplace devant un cylindre mû par un mouvement d'horlogerie, comme pour le baromètre. Sur la feuille de papier qui recouvre le cylindre, s'inscrivent ainsi les températures aux divers moments de la journée.

Il existe aussi des thermomètres à maxima ou à minima.

Le thermomètre à maxima le plus employé est celui de *Négretti*. C'est un thermomètre à mercure dont la tige est courbée et rétrécie près du réservoir (*fig.* 107) et que l'on

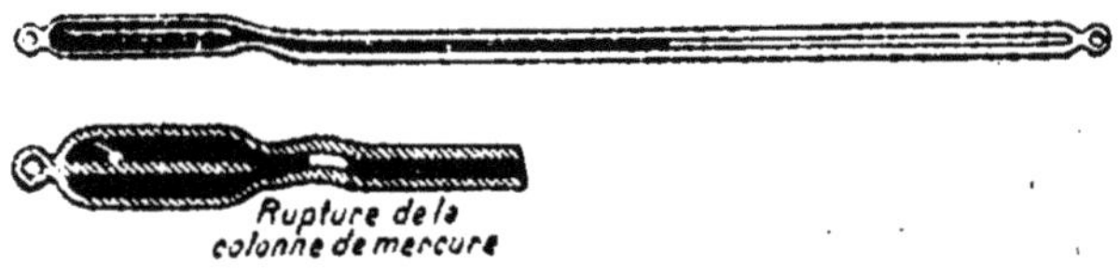

FIG. 107. — Thermomètre à maxima de Négretti. La pointe intérieure empêche le mercure de rentrer facilement dans le réservoir et la colonne de mercure se rompt.

suspend horizontalement. Quand la température s'élève le mercure se dilate, et, n'étant pas compressible, passe dans le tube malgré l'étranglement. Mais, si la température s'abaisse, aucune force ne pousse la colonne de liquide dans le réservoir ; elle se divise donc en deux dans la partie coudée du tube, le mercure du réservoir se contracte, tandis que celui de la tige reste en place. L'extrémité la plus éloignée de cette colonne indique donc la température maxima. On emploie, en médecine, des thermomètres maxima spéciaux.

Le *thermomètre à minima* le plus employé est celui de

Rutherford (*fig.* 107 *bis*); c'est un thermomètre à alcool dont la tige renferme un index d'émail, corps mouillé par l'alcool. L'appareil se place horizontalement, et l'index, noyé dans l'alcool, est amené par quelques secousses au contact de l'extrémité de la colonne. Si la température s'élève, l'alcool se dilate et passe librement entre les parois du tube et l'index, parce que l'index de verre est mouillé par l'alcool.

Fig. 107 *bis*. — Thermomètre à minima de Rutherford. L'index d'émail, entraîné quand l'alcool se contracte, indique la température minima atteinte par le thermomètre.

Si la température s'abaisse, l'alcool se contracte; mais, dès que l'extrémité de la colonne rencontre l'index, comme celui-ci adhère au liquide par suite d'un phénomène capillaire, elle le fait rétrograder en même temps qu'elle. Donc l'extrémité de l'index la plus éloignée du réservoir indique la température minima.

193. Expériences. — Expériences indiquées dans la leçon pour montrer les dilatations.

Construire un thermoscope à mercure de la manière indiquée au paragraphe 182.

Apprendre à vérifier le point 0 d'un thermomètre, à lire la température indiquée par un thermomètre ordinaire, un thermomètre maxima et un thermomètre minima.

Exercice d'observation. — Si l'école possède un thermomètre Six et Bellani (donnant à la fois la température maxima et la température minima), le faire observer. Examiner un thermomètre médical.

CHAPITRE XII

DILATATIONS

PLAN

I Coefficients de dilatation		Observation : Pour un même échauffement, tous les corps ne se dilatent pas de la même quantité. L'augmentation de volume de l'unité de volume d'un corps pour un échauffement de 1 degré s'appelle coefficient de dilatation. La dilatation est sensiblement proportionnelle à l'élévation de température et elle est proportionnelle au volume d'un corps.
	Application	1° Trouver le volume à $t°$ d'un corps dont on connait le volume à 0°. 2° Trouver le volume à $t°$ d'un corps dont on connait le volume à $t'°$.
	Variation de la masse spécifique avec la température	La masse spécifique diminue avec la température. Problème : Trouver la masse spécifique à $t°$ d'un corps dont on connait la masse spécifique à 0°.
	Densité d'un gaz	Elle est prise par rapport à l'air et non par rapport à l'eau.
	Coefficients de dilatation linéaire	Allongement que subit l'unité de volume d'un corps lorsqu'on élève sa température de 1°. On peut répéter pour la dilatation linéaire ce qui a été dit pour la dilatation cubique.
II Applications des dilatations	A. Solides	Toutes les fois que des pièces métalliques sont en contact, elles ne doivent pas être soudées entre elles sur toute leur surface (tuyaux des poêles, rails de chemins de fer, barreaux des grilles, etc.). Moyen de cercler une roue de voiture, de déboucher un flacon bouché à l'émeri, etc. Correction des hauteurs barométriques.
	B. Liquides	Thermomètres à mercure et à alcool. Calorifères à eau chaude. Existence d'un maximum de densité pour l'eau.
	C. Gaz	Thermomètres à gaz. Calorifères à vapeur d'eau et à air chaud. Explication du tirage des cheminées et de la formation des vents.

194. Coefficient de dilatation cubique.

Nous avons montré expérimentalement que les corps se dilatent par la chaleur. En variant les expériences, on constate que, pour un même échauffement, tous ne se dilatent pas de la même quantité : 1 centimètre cube de mercure se dilate plus que 1 centimètre de cuivre, et celui-ci plus que 1 centimètre cube de fer. On dit que ces corps n'ont pas le même **coefficient de dilatation**; et l'on appelle *coefficient de dilatation l'augmentation de volume que subit l'unité de volume d'un corps quand on élève sa température de 1°*. S'il s'agit d'un gaz, on ajoute que la *pression reste constante.*

Ainsi, dire que le coefficient de dilatation du fer est 0,0000354, c'est dire que 1 décimètre cube de fer se dilate de 0^{dm^3},0000354 quand on élève sa température de 1°, ou que 1 mètre cube de fer se dilate de 0^{m^3},000354 quand on élève sa température de 1°. De même, dire que le coefficient de dilatation de l'hydrogène est 0,00367, c'est dire que 1 décimètre cube d'hydrogène se dilate de 0^{dm^3},00367 sous pression constante, quand on élève sa température de 1°.

Les coefficients de dilatation des gaz sont plus grands que ceux des liquides, et ceux-ci plus grands que ceux des solides : Exemples :

Coefficient de dilatation du fer, 0,0000354 (4 zéros avant les chiffres significatifs)
Coefficient de dilatation du mercure, 0,00018 (3 zéros avant les chiffres significatifs)
Coefficient de dilatation de l'air, 0,00367 ou $\frac{1}{273}$ (2 zéros avant les chiffres significatifs)

Le coefficient de dilatation de tous les gaz est voisin de celui de l'air.

On a montré que *la dilatation d'un corps est sensiblement proportionnelle à l'élévation de température et au volume de ce corps.*

Ainsi, quand on élève sa température de 20°, 1 décimètre cube de fer se dilate de 20 fois 0^{dm^3},0000354, et 2 décimètres cubes de fer se dilatent 2 fois plus que 1 décimètre cube, pour une même élévation de température.

Nous pouvons, d'après ce qui précède, résoudre les problèmes suivants :

PREMIER PROBLÈME. — *Quel est à* 120° *le volume d'un bloc de cuivre dont le volume à* 0° *est* 3 *décimètres cubes? Le coefficient de dilatation du cuivre est* 0,0000516.

1 décimètre cube de cuivre, chauffé de 0° à 1°, se dilate de

$$0^{dm^3},0000516.$$

1 décimètre cube de cuivre, chauffé de 0° à 120°, se dilate de

$$0^{dm^3},0000516 \times 120.$$

3 décimètres cubes de cuivre, chauffés de 0° à 120°, se dilatent de :

$$0^{dm^3},0000516 \times 120 \times 3 = 0^{dm^3},018576.$$

La dilatation étant $0^{dm^3},018576$, le volume total à 120° est :

$$3^{dm^3} + 0^{dm^3},018576 = 3^{dm^3},018576.$$

DEUXIÈME PROBLÈME. — *On a du mercure dont le volume est* 230 *centimètres cubes a* 50°. *Quel est son volume à* 0°? *Le coefficient de dilatation du mercure est* 0,00018.

1° 1 centimètre cube de mercure, chauffé de 0° à 1°, se dilate de

$$0^{cm^3},00018.$$

1 centimètre cube de mercure, chauffé de 0° à 50°, se dilate de

$$0^{cm^3},00018 \times 50 = 0^{cm^3},009.$$

Son volume devient donc :

$$1^{cm^3} + 0^{cm^3},009 = 1^{cm^3},009.$$

Donc :

Quand le volume à 50° est $1^{cm^3},009$, le volume à 0° est 1 centimètre cube.

Quand le volume à 50° est 230 centimètres cubes, le volume x à 0° est :

$$x = \frac{1^{cm^3} \times 230}{1,009} = 227^{cm^3},948.$$

TROISIÈME PROBLÈME. — *Une masse d'air occupe un volume de* $3^{dm^3},200$ *à* 12° *sous la pression* 760 *millimètres. Quel est son volume à* 340° *sous la même pression?*

La température du gaz s'élève de :

$$340° - 12° = 328°.$$

Or 1 décimètre cube de gaz, quand il s'échauffe de 1°, se dilate de $0^{dm^3},00367$.

$3^{dm^3},200$ de gaz, quand ils s'échauffent de 328°, se dilatent de :

$$0^{dm^3},00367 \times 328 \times 3,200 = 3^{dm^3},852032.$$

Le volume du gaz à 340° est donc :

$$3^{dm^3},200 + 3^{dm^3},852032 = 7^{dm^3},052032.$$

105. Variation de la masse spécifique d'un corps avec la température.

La masse d'un corps étant invariable, si son volume augmente, sa masse spécifique diminue. Ainsi 1 centimètre cube de mercure à 0° pèse $13^{gr},6$. Si on le chauffe à 125°, il subit une augmentation de volume de :

$$0^{cm^3},00018 \times 125 = 0^{cm^3},0225.$$

et son volume devient $1^{cm^3},0225$.

Or il pèse toujours $13^{gr},6$.

Donc $1^{cm^3},0225$ pesant $13^{gr},6$, 1 centimètre cube pèse:

$$\frac{13^{gr},6}{1,0225} = 13^{gr},30.$$

La masse spécifique du mercure à 125° est 13,30.

PREMIER PROBLÈME. — *Quelle est la masse de* 52 *centimètres cubes de cuivre à* 120°, *si la masse spécifique du cuivre à* 0° *est* 8,8 *et son coefficient de dilatation* 0,0000516?

Si nous connaissions la masse spécifique du cuivre à 120°, il serait facile d'avoir la masse de 52 centimètres cubes.

Or, 1 centimètre cube de cuivre à 0° pèse $8^{gr},8$.

Chauffé à 120°, il occupe un volume de :

$$1^{cm^3} + (0{,}0000516 \times 120) = 1^{cm^3}{,}006192.$$

Donc $1^{cm^3},006192$ de cuivre pèse $8^{gr},8$ à 120° et, par suite, 1 centimètre cube pèse :

$$\frac{8^{gr},8}{1{,}006192} = 8^{gr},745.$$

Si 1 centimètre cube de cuivre à 120° pèse $8^{gr},745$, 52 centimètres pèsent :

$$8^{gr},745 \times 52 = 454^{gr},74.$$

Deuxième problème. — S'il s'agit de trouver la masse d'un certain volume d'air pris à $t°$, le raisonnement est le même. Mais on peut aussi poser la problème suivant : *Sachant que* 1 *décimètre cube d'air à* 0° *et à la pression* 760 *millimètres pèse* $1^{gr},293$, *combien pèsent* 3 *décimètres cubes d'air à* 18° *et à la pression* 235 *millimètres? Coefficient de dilatation de l'air* : 0,00367.

Si nous connaissions la masse de 1 décimètre cube d'air à 18° et à la pression de 235 millimètres, nous aurions facilement la masse de 3 décimètres cubes.

Or nous savons que 1 décimètre cube d'air à 0° et à la pression 760 millimètres pèse $1^{gr},293$.

Si la pression restait constante, 1 décimètre cube d'air à 18° pèserait (en raisonnant comme dans le problème précédent) :

$$\frac{1^{gr},293}{1 + (0{,}00367 \times 18)}.$$

Mais quand la pression, au lieu d'être 760 millimètres, devient 235 millimètres, comme les *masses spécifiques sont proportionnelles aux pressions* (§ 119), la masse spécifique de l'air est :

$$\frac{1^{gr},293}{1+(0{,}00367\times 18)}\times\frac{235}{760}.$$

et, par suite, 3 décimètres cubes d'air pèsent :

$$\frac{1^{gr},293}{1+(0{,}00367\times 18)}\times\frac{235}{760}\times 3=1^{gr},125.$$

On raisonnerait de la même façon pour un gaz quelconque dont on connaîtrait *la masse spécifique*.

106. Densité d'un gaz.

Ce qu'on trouve en général dans les livres de physique, ce n'est pas la masse spécifique des gaz, mais leur densité relative, et nous avons vu (§ 64) que cette densité est prise par rapport à l'air.

On appelle densité relative d'un gaz, le rapport entre la masse d'un certain volume de ce gaz et la masse d'un égal volume d'air, ces gaz étant pris à 0° *et à la pression de* 760 *millimètres.*

Dire que la densité d'un gaz est 2, par exemple, c'est dire que 1 décimètre cube de gaz à 0° et à la pression 760 millimètres pèse 2 fois plus que 1 décimètre cube d'air à la même température et à la même pression; et, comme 1 décimètre cube d'air pèse $1^{gr},293$, 1 décimètre cube de gaz pèse $1^{gr},293 \times 2$.

Par convention, la densité de l'air est donc 1.

107. Conclusion.

Pour trouver la masse d'un volume V *de gaz à* t° *et à la pression* H, *sachant que sa densité est* d, *on cherche la masse spécifique du gaz à* 0° *et à la pression* 760 *millimètres, puis sa masse spécifique à* t° *et à la pression* H, *enfin la masse totale du gaz à la même température et à la même pression.*

Problème. — *Quelle est la masse de 2 litres de gaz carbonique pris à la température de 90° et à la pression de 532 millimètres, sachant que la densité du gaz carbonique est 1,527, et le coefficient de dilatation 0,0371 ?*

1° Masse de 1 décimètre cube de gaz carbonique à 0° et à la pression de 760 millimètres :

$$1^{gr},293 \times 1,527 = 1^{gr},9744.$$

2° Masse de 1 décimètre cube de gaz carbonique pris à 90° et à la pression de 532 millimètres :

$$\frac{1^{gr},9744}{1 + (0,00371 \times 90)} \times \frac{532}{760}.$$

3° Masse de 2 décimètres cube de gaz carbonique à 90° et à la pression de 532 millimètres :

$$\frac{1^{gr},9744}{1 + (0,00371 \times 90)} \times \frac{532}{760} \times 2 = 2^{gr},072.$$

108. Coefficient de dilatation linéaire.

Jusqu'ici nous n'avons considéré que la dilatation cubique. Mais on peut aussi définir ce qu'on entend par *coefficient de dilatation linéaire.*

L'expérience montre que tous les solides ne s'allongent pas d'une même quantité pour un même échauffement. On appelle *coefficient de dilatation linéaire l'allongement que subit l'unité de longueur d'un corps lorsqu'on élève sa température de 1°.*

On peut démontrer facilement que le coefficient de dilatation cubique d'un corps est le triple de son coefficient de dilatation linéaire, et l'on admet que l'allongement est, comme l'augmentation de volume, proportionnel à l'élévation de température. Les problèmes relatifs à la dilatation linéaire sont analogues aux problèmes sur la dilatation en volume que nous avons traités plus haut.

Exemple. — *Quelle est, à 520°, la longueur d'une barre de fer qui a 1m,25 à 10°? Le coefficient de dilatation linéaire du fer est* 0,0000118.

Réponse. — La dilatation subie par le fer est :

$$0^{m},0000118 \times 1,25 \times (520 - 10) = 0^{m},0075225.$$

La longueur de la barre à 520° est donc :

$$1^{m},25 + 0^{m},0075 = 1^{m},2575.$$

199. Applications des dilatations.

Solides. — Les solides (particulièrement les métaux), et les liquides exercent, en se dilatant, une force considérable capable de rompre les corps qui s'opposeraient à leur dilatation.

On doit tenir compte de ce fait dans un grand nombre de circonstances : les tuyaux des poêles ne doivent pas être soudés entre eux par leurs extrémités, mais simplement emboîtés l'un dans l'autre, ils peuvent ainsi se dilater sans se déformer ni se rompre.

Dans la pose des rails de chemin de fer ou de tramway, les extrémités de deux rails consécutifs sont séparées par un petit intervalle qui permet au métal de se dilater.

Les lames de zinc employées pour recouvrir les toits, ne sont pas clouées sur toute leur surface; les barreaux des grilles ne sont scellés qu'à une de leurs extrémités; les pièces métalliques employées dans les constructions sont disposées de telle sorte qu'elles puissent se dilater librement sous l'action des variations de température.

Lorsqu'on verse une boisson chaude dans un verre, les parties du verre au contact du liquide se dilatent rapidement, tandis que les parties plus éloignées s'échauffent lentement ; il en résulte des tiraillements qui amènent souvent la rupture du verre.

Lorsqu'on ne peut déboucher un flacon fermé par un

bouchon de verre, on chauffe le goulot avec la flamme d'une allumette ou d'une lampe à alcool ; il se dilate et l'on retire le bouchon avant qu'il ait eu le temps de s'échauffer à son tour.

200. *Liquides et gaz.* — La dilatation des liquides est utilisée dans les thermomètres à liquides et dans les calorifères à eau chaude. On tient compte de la dilatation des solides et des liquides dans la mesure des hauteurs barométriques, car le mercure se dilate, ainsi que la règle qui sert à mesurer la hauteur de la colonne. Pour que les indications soient comparables entre elles, on ramène chaque fois les mesures à ce qu'elles seraient à 0°.

La dilatation des gaz est utilisée dans les thermomètres à gaz, dans les calorifères à air chaud (§ 285). On a établi les premiers aérostats en utilisant la propriété que possède l'air chaud d'être moins dense que l'air froid.

Enfin, le phénomène de la dilatation des gaz explique le tirage des cheminées (§ 278) et la formation des vents (§ 297).

201. Maximum de densité de l'eau.

Nous avons admis que les corps se dilatent de façon continue pour une élévation continue de température. L'eau présente une exception à cette loi. Si l'on chauffe progressivement de l'eau prise à 0°, elle *se contracte jusqu'à la température de* 4°, puis se dilate régulièrement. Elle présente donc un *minimum de volume et par suite un maximum de densité à* 4°.

C'est ce que montre l'expérience suivante de Hope : une éprouvette pleine d'eau est entourée dans sa partie moyenne d'un manchon contenant de la glace (*fig.* 108). Des thermomètres *t*, *t'* indiquent la température de l'eau à la partie supérieure et à la partie inférieure de l'éprouvette. L'eau étant d'abord à 12° par exemple, on constate que le thermomètre supérieur reste presque stationnaire, tandis que le thermomètre inférieur baisse rapidement ;

donc, l'eau de la région moyenne descend au fond du vase à mesure qu'elle se refroidit, ce qui prouve qu'elle augmente de densité. Bientôt le thermomètre inférieur marque 4° ; il reste alors stationnaire, tandis que le thermomètre supérieur baisse rapidement, et descend jusqu'à 0°. Donc, entre 4 et 0°, l'eau monte à la partie supérieure de l'éprouvette, ce qui prouve qu'elle diminue de densité (§ 81). C'est donc à 4° que l'eau présente son maximum de densité.

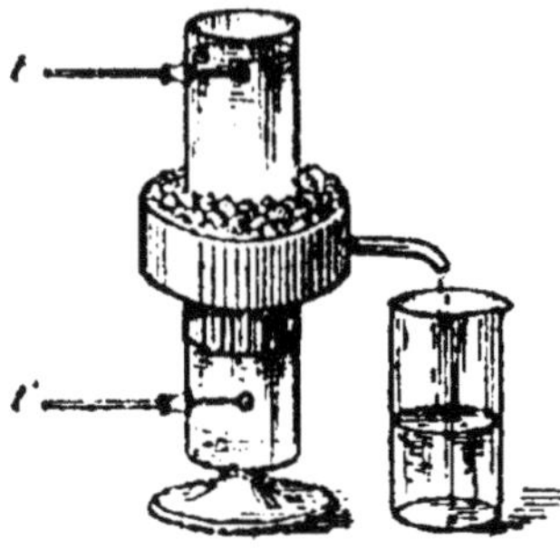

FIG. 108. — Appareil de Hope.

On doit tenir compte de ce fait pour établir la densité relative des solides et des liquides : la masse d'eau à laquelle on compare la masse du corps est considérée à 4°, parce qu'au voisinage de cette température, la densité de l'eau ne varie pas sensiblement. Le corps solide ou liquide est lui-même pris à 0°.

Comme ces conditions de température ne sont ordinairement pas réalisées, on fait subir, aux valeurs numériques obtenues, des corrections qui les ramènent à ce qu'elles seraient si la température de l'eau et du corps étaient respectivement + 4° et 0°.

L'existence d'un maximum de densité de l'eau à 4° explique divers phénomènes : en hiver, l'eau superficielle des lacs descend à la partie inférieure à mesure qu'elle se refroidit ; mais, au-dessous de 4°, elle devient moins dense et reste à la surface. Si la température est inférieure à 0°, l'eau de la surface gèle et protège celle du fond qui reste à 4° ; les animaux peuvent donc y vivre.

Inversement, quand l'eau superficielle s'échauffe au-dessus de 4°, elle devient moins dense et reste à la surface. Ainsi l'eau profonde des lacs est à une température constante de 4°.

CHAPITRE XIII

MESURE DES QUANTITÉS DE CHALEUR

PLAN

I
Distinction des notions de quantité de chaleur et température

Pour élever 1 *kilogramme* et 3 *kilogrammes* d'eau à la même température, il faut des quantités de chaleur différentes, de même que pour élever de l'eau au même niveau dans deux vases reposant sur une table, tels qu'un verre et un cristallisoir, il faut des *quantités d'eau différentes.*

II
La chaleur est une grandeur mesurable

- **1re Expérience** — Chauffer des masses égales d'eau avec des brûleurs identiques. Leur température s'élève du même nombre de degrés.
- **Définition** — Deux quantités de chaleur sont égales quand elles produisent sur le même corps la même élévation de température.
- **2e Expérience** — Chauffer des masses égales d'eau, l'une avec un brûleur, l'autre avec deux brûleurs. L'élévation de température de celle-ci est deux fois plus grande.
- **Définition** — Une quantité de chaleur est 2, 3, 4 fois plus grande qu'une autre, lorsqu'elle produit sur le même corps une élévation de température 2, 3, 4 fois plus grande.

III
Mesure des quantités de chaleur

1° Les quantités de chaleur sont proportionnelles aux élévations de température et aux masses du corps.

2° L'unité de quantité de chaleur ou calorie est la quantité de chaleur absorbée par 1 gramme d'eau dont la température s'élève de 1° : M grammes d'eau dont la température s'élève de $t°$, absorbent donc : $1^{cal} \times M \times t$.

3° La chaleur spécifique d'un corps est la quantité de chaleur nécessaire pour élever de 1° la température de 1 gramme de ce corps.

4° Détermination des chaleurs spécifiques par la *méthode des mélanges* : on mélange une masse connue d'un corps, prise à une température t, avec une masse connue d'eau, dont la température est t'. On note la température finale du mélange, et l'on résout le problème en s'appuyant sur ce fait que la chaleur perdue par le corps est égale à la chaleur prise par l'eau.

202. Différence entre la notion de température et celle de quantité de chaleur.

Avant d'étudier la notion de quantité de chaleur, il est utile de la distinguer de celle de température. Pour faire comprendre cette distinction, nous comparerons les quantités de chaleur à des quantités d'eau contenues dans des vases, et la température au niveau des liquides.

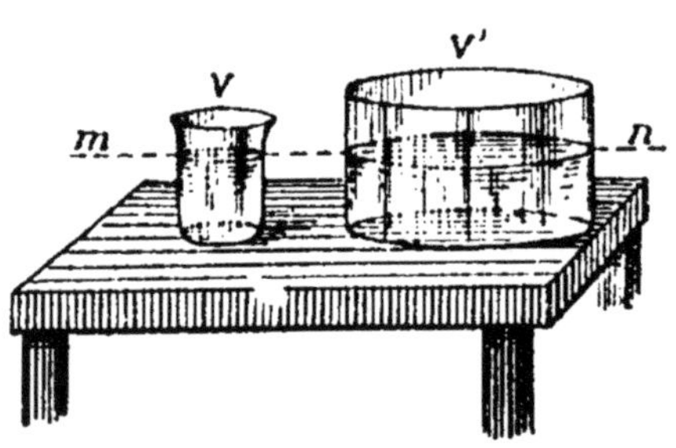

Fig. 109. — De même que deux quantités *différentes* de liquide peuvent atteindre au *même* niveau lorsqu'on les verse dans deux vases différents, des quantités différentes de chaleur peuvent élever à la même température deux corps de même nature mais de masses différentes.

Considérons deux vases, tels qu'un verre V et un cristallisoir V' posés sur une même table (*fig.* 109). Versons de l'eau dans chacun d'eux, jusqu'au même niveau mn, nous constatons qu'il faut en verser une **quantité** bien plus grande dans le vase V' que dans le vase V.

Chauffons, à l'aide de **brûleurs Bunsen identiques**, deux casseroles contenant, la première 1 litre et la seconde 3 litres d'eau, par exemple. Pour amener l'eau à la **même température** dans les deux vases, il faut chauffer la seconde casserole pendant 3 fois plus de temps que la première. De même que pour élever l'eau au **même niveau** dans les deux vases V et V', il a fallu des **quantités** d'eau **différentes**, de même, nous disons que pour amener deux masses d'eau **inégales à la même température**, il faut leur communiquer des **quantités de chaleur différentes**.

La chaleur apparaît donc comme une grandeur variable. Nous allons montrer de plus qu'elle est **mesurable**.

203. La chaleur est une grandeur mesurable.

Nous emploierons, dans les expériences qui suivent, des brûleurs Bunsen identiques et brûlant la même quantité de gaz par heure; il est évident qu'ils fourniront tous, pendant le même temps, la même quantité de chaleur.

Première expérience. — Plaçons sur deux brûleurs Bunsen deux casseroles, contenant chacune 1 kilogramme d'eau à la température de la salle, soit 12°. Plongeons un thermomètre dans chacun des vases : nous voyons les colonnes de mercure s'élever également vite, *et marquer sans cesse la même température au même moment.* Or nous fournissons à chaque kilogramme d'eau la même quantité de chaleur, d'où la définition suivante.

a) Définition de deux quantités de chaleur égales. — *On dit que deux quantités de chaleur sont égales lorsqu'elles communiquent à la* **même masse d'un même corps la même élévation de température.**

Deuxième expérience. — Prenons encore deux casseroles contenant chacune 1 kilogramme d'eau. Mais chauffons l'une d'elles à l'aide de deux brûleurs Bunsen, l'autre à l'aide d'un seul. La colonne thermométrique s'élève deux fois plus vite dans la première que dans la seconde : c'est-à-dire que *l'élévation de température est deux fois plus grande.*

Or, les deux brûleurs fournissent ensemble deux fois plus de chaleur qu'un seul.

Conclusion : définition *b*). — *On dit qu'une quantité de chaleur est* **2, 3, 4, ...** *fois plus grande qu'une autre lorsqu'elle communique à une* **même masse** *d'un* **même corps,** *une élévation de température* **2, 3, 4, ... fois plus grande.**

Cette définition indique que les quantités de chaleur fournies à une même masse d'un corps sont proportionnelles aux élévations de température qu'elles lui communiquent.

Les définitions *a* et *b* suffisent pour conclure que la chaleur est une grandeur mesurable (§ 8). Il nous reste à chercher un moyen de la mesurer.

Troisième expérience. — Chauffons 1 kilogramme d'eau dans une casserole, et 2, 3, 4, ... kilogrammes dans une série d'autres casseroles.

Pour échauffer ces diverses masses d'eau d'un même nombre de degrés dans le même temps, il faut, si l'on a placé sous la première un seul brûleur, placer respectivement sous les autres 2, 3, 4, ... brûleurs, autrement dit on doit leur fournir 2, 3, 4, ... fois plus de chaleur.

On arrive au même résultat en prenant un corps autre que l'eau.

Conclusion. — *c*) Pour une même élévation de température, *les quantités de chaleur sont* proportionnelles aux masses *du corps chauffé*. Nous avons vu que les quantités de chaleur sont aussi proportionnelles aux élévations de température. Il est maintenant facile de mesurer une quantité de chaleur.

204. Mesure d'une quantité de chaleur. Chaleurs spécifiques.

On a convenu de prendre pour unité la quantité de chaleur nécessaire pour élever de 1° la température de 1 gramme d'eau ; on l'appelle calorie.

1° *Eau.* — Nous pouvons connaître la quantité de chaleur nécessaire pour élever de 25° la température de 300 grammes d'eau.

Pour élever de 1° la température de 1 gramme d'eau, il faut :

1 calorie.

Pour élever de 25° la température de 1 gramme d'eau, il faut (§ 203, *b*) :

$$1^{cal} \times 25.$$

Pour élever de 25° la température de 300 grammes d'eau, il faut (§ 203, *c*) :

$$1^{cal} \times 25 \times 300.$$

La mesure d'une quantité de chaleur se ramène donc à celles d'une masse et d'une élévation de température.

2° *Corps autres que l'eau.* — Une certaine masse d'un corps, pour s'échauffer de 1°, ne prend pas la même quantité de chaleur que la même masse d'eau. Ainsi, sur des brûleurs identiques, chauffons 1 kilogramme d'eau et 1 kilogramme de mercure pris à la même température; il faut 33 fois plus de temps pour échauffer l'eau de 50° que pour échauffer le mercure du même nombre de degrés.

On appelle chaleur spécifique d'un corps la quantité de chaleur nécessaire pour élever de 1° la température de 1 gramme de ce corps, ou, ce qui est la même chose, la quantité de chaleur dégagée par 1 gramme de ce corps lorsque sa température s'abaisse de 1°.

Si l'on connaissait la chaleur spécifique d'un corps, il serait facile de connaître la chaleur prise par *M* grammes de ce corps pour s'échauffer de $t°$; or, on peut déterminer la chaleur spécifique par **la méthode dite des mélanges.**

205. Expérience.

Mélangeons 1.000 grammes d'eau à 10° et 1.000 grammes de mercure à 100°, la température finale du mélange est 12°,8.

Donc, 1.000 grammes d'eau, pour s'échauffer de 12°,8 — 10° = 2°,8, ont pris toute la quantité de chaleur dégagée par 1.000 grammes de mercure dont la température s'est abaissée de 100° — 12°,8 = 87°,2.

Or, 1.000 grammes d'eau, en s'échauffant de 2°,8 absorbent:

$$1^{cal} \times 2{,}8 \times 1.000 = 2.800 \text{ calories.}$$

Donc 1.000 grammes de mercure, en se refroidissant de 87°,2, ont dégagé 2.800 calories.

1 gramme de mercure, en se refroidissant de 87°,2, a dégagé :

$$\frac{2.800^{cal}}{1.000},$$

et 1 gramme de mercure, en se refroidissant de 1°, a dégagé :

$$\frac{2.800^{cal}}{1.000 \times 87,2} = 0^{cal},033.$$

La même méthode s'appliquerait pour un autre corps que le mercure. Il n'est d'ailleurs pas nécessaire que les masses de l'eau et du corps employé soient égales.

Problème. — *On plonge* 300 *grammes de plomb à* 90° *dans* 500 *grammes d'eau à* 12°. *La température finale du mélange est* 13°,42. *Qelle est la chaleur spécifique du plomb ?*

Solution. — La quantité de chaleur gagnée par l'eau en passant de 12° à 13°,42 est égale à la quantité de chaleur perdue par le plomb en passant de 90° à 13°,42.

1° *Chaleur gagnée par l'eau en passant de* 12° à 13°,42.

1 gramme d'eau, dont la température s'élève de 1° absorbe :

1 calorie ;

1 gramme d'eau, dont la température s'élève de 1°,42, absorbe :

$$1^{cal} \times 1,42 ;$$

500 grammes d'eau, dont la température s'élève de 1°,42, absorbent :

$$1^{cal} \times 1,42 \times 500 = 710 \text{ calories.}$$

La chaleur perdue par 300 grammes de *plomb* en passant de 90° à 13°,42 est donc 710 calories.

2° *Chaleur spécifique du plomb :*

300 grammes de plomb, dont la température s'abaisse de 90° — 13°,42 = 76°,78, perdent :

710 calories,

1 gramme de plomb, dont la température s'abaisse de 76°,58, perd :

$$\frac{710^c}{300};$$

1 gramme de plomb, dont la température s'abaisse de 1°, perdent :

$$\frac{710^c}{300 \times 76{,}58} = 0^{cal},031.$$

En réalité, la détermination de la chaleur spécifique d'un corps ne se fait pas aussi simplement, car la chaleur abandonnée par le corps ne sert pas entièrement à échauffer l'eau : une partie est prise par le métal du vase où se fait l'expérience (calorimètre), une autre par le thermomètre, une autre encore par l'air environnant qui s'échauffe au contact du vase. Aussi, dans la pratique, les mesures calorimétriques donnent lieu à des manipulations délicates que nous n'avons pas à décrire ici; l'essentiel est d'en comprendre le principe.

La mesure des quantités de chaleur porte le nom de calorimétrie.

L'unité choisie, la calorie, étant assez petite, on emploie souvent un multiple de cette unité, la grande calorie, qui est la quantité de chaleur nécessaire pour élever de 1° la température de 1 kilogramme d'eau. Elle est donc 1.000 fois plus grande que la *petite calorie*. Nous étudierons plus loin (§ 209 et 240), le principe de la mesure des chaleurs de fusion et de vaporisation.

206. Cause des échanges de chaleur.

Reprenons notre comparaison hydraulique utilisée précédemment (§ 202) et considérons deux vases A et B (*fig.* 110); le second B contient moins d'eau que le premier, mais cette eau est à un niveau supérieur à celui de l'eau du vase A. Réunissons ces vases par un tube de caoutchouc;

aussitôt un mouvement d'eau s'établit du vase **B** vers le vase **A**, jusqu'à ce que le niveau soit le même dans les deux vases.

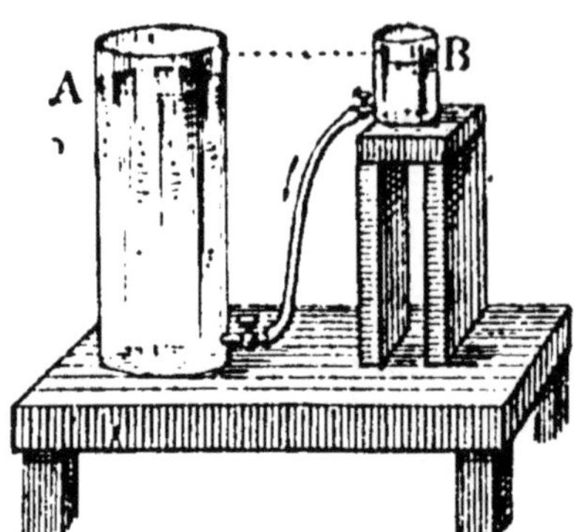

FIG. 110. — C'est la différence des niveaux et non les quantités d'eau qui détermine le sens de l'écoulement du liquide. C'est aussi la différence des températures qui est la cause des échanges de chaleur entre les corps.

De même mélangeons une certaine quantité de mercure, aussi petite qu'on veut, 80 grammes à 100° par exemple, avec une quantité d'eau aussi grande qu'on voudra (1.000 grammes, 2.000 grammes), à une température inférieure à 100°, par exemple 15° ; c'est toujours le corps dont la température est la plus élevée qui cédera de la chaleur à l'autre. *C'est donc la* **différence des températures** *qui, seule, règle les échanges de chaleur entre les corps.*

207. Expériences. — Réaliser les diverses expériences indiquées au cours de la leçon. Pour déterminer la chaleur spécifique d'un corps, on a moins de causes d'erreurs en plaçant le vase où se fait l'expérience dans une boite contenant de la sciure de bois, qui empêche les échanges de chaleur entre l'air et les corps du calorimètre.

CHAPITRE XIV

FUSION ET SOLIDIFICATION DISSOLUTION

PLAN

I Fusion

- **1° Expériences** avec la glace et d'autres corps.
- **2° Résultats**
  - Un corps commence toujours à fondre à une même température : point de fusion.
  - La température est la même pendant toute la durée de la fusion.
- **3° Chaleur de fusion** : Quantité de chaleur nécessaire pour fondre 1 gramme d'un corps sans élever sa température.

II Solidification

- **1° Expériences** avec de la glace.
- **2° Résultats :** mêmes lois que pour la fusion.
- **3° Chaleur de solidification** : Quantité de chaleur dégagée par 1 gramme d'un corps qui se solidifie, sans que sa température s'abaisse.
- **4° Cristallisation par voie sèche.**
- **5° Exceptions aux lois de la solidification et de la fusion**
  - *a*) Surfusion (expérience avec le phosphore).
  - *b*) Le point de fusion varie avec la pression supportée par le corps
    - Il s'élève avec la pression pour les corps qui augmentent de volume en fondant.
    - Il s'abaisse avec la pression pour les corps qui diminuent de volume en fondant.

III Dissolution

- **1° Expériences** avec le sel, le sucre, le sulfate de cuivre dissous dans l'eau.
- **2° Comparaison avec la fusion**
  - *a*) Ressemblances
    - Passage d'un solide à l'état liquide.
    - Absorption de chaleur.
  - *b*) Différences
    - La dissolution a lieu à toutes les températures.
    - La température n'est pas constante pendant toute la durée de la dissolution.
- **3° Lois spéciales à la dissolution**
  - 1° Une masse donnée d'un liquide ne peut dissoudre qu'une quantité limitée d'un corps à une température donnée.
  - 2° La masse d'un corps dissous est proportionnelle à la masse du dissolvant.
  - 3° La masse du corps dissous varie avec la température.
- **4° Solidification des corps dissous**
  - Par évaporation.
  - Par refroidissement.
- **5° Exception à la première loi de la dissolution**
  - Sursaturation
    - Expérience avec l'hyposulfite de soude.
    - Moyen de la faire cesser à l'aide d'un cristal du même sel.

208. La chaleur n'a pas seulement pour effet de dilater les corps ; elle fait passer beaucoup de corps solides à l'état liquide (*fusion*) et de corps liquides à l'état gazeux (*vaporisation*).

Inversement, un corps gazeux, refroidi progressivement, passe à l'état liquide (*liquéfaction*), et un corps liquide passe à l'état solide (*solidification*).

Nous avons donc à étudier les phénomènes inverses de fusion et de solidification, de vaporisation et de liquéfaction, désignés sous le nom général de **changements d'état.**

FUSION

209. Expériences.

Chauffons dans différents vases des morceaux de glace, de soufre, d'étain, etc. Nous voyons bientôt ces corps *se liquéfier;* on dit qu'ils subissent la fusion. Si nous plongeons le réservoir d'un thermomètre dans le vase contenant la glace par exemple, le mercure s'arrête à 0° au moment où la glace commence à fondre, et il reste stationnaire pendant toute la durée de la fusion. Puis, quand toute la glace est liquide, la température s'élève.

Recommençons la même expérience le lendemain, les jours suivants, aussi souvent que nous voudrons : toujours *la glace commence à fondre à* 0°, *et la température de la partie liquide reste constante pendant toute la durée de la fusion.*

Avec l'étain, le soufre, etc., les mêmes phénomènes se produisent, mais la température de fusion est variable avec la nature des corps : elle est 233° pour l'étain, 114° pour le soufre, etc.

De ces diverses expériences, nous pouvons tirer les lois suivantes :

PREMIÈRE LOI. — *Un corps* commence *toujours à fondre à une même température, sous une même pression* [1]. Cette

[1] La nécessité de considérer la pression sera expliquée plus loin (§ 216).

température, caractéristique du corps, est ce qu'on appelle son **point de fusion.**

L'expérience montre que chaque corps a un point de fusion déterminé. On peut donc utiliser cette remarque pour reconnaître la pureté d'un corps.

Le tableau suivant donne les points de fusion de quelques corps :

Glace.....	0°	Étain.......	233°
Beurre....	32°	Plomb......	325°
Suif......	33°	Argent	954°
Phosphore	44°,2	Or..........	1.045°
Soufre....	114°	Cuivre......	1.054°
		Platine	1.775°

Deuxième loi. — *La température* reste invariable *pendant toute la durée de la fusion.*

On s'appuie sur cette loi lorsqu'on prend la température de la glace fondante pour zéro de la graduation du thermomètre. (On pourrait prendre tout aussi bien la température de fusion d'un autre corps.)

Conclusion de la deuxième loi. — Habituellement, lorsque nous chauffons un corps, nous voyons sa température s'élever. Or, quand un corps fond, nous continuons à le chauffer, et cependant sa température reste invariable. Il faut donc admettre que la chaleur fournie au corps est tout entière employée à produire le changement d'état. Comme elle n'a pas d'influence sur le thermomètre, on la désigne sous le nom de ***chaleur* latente *de fusion***, ou simplement **chaleur de fusion.**

Chaleur de fusion. — A masse égale, et pour fondre sans élévation de température, tous les corps ne prennent pas la même quantité de chaleur.

On appelle **chaleur de fusion** *d'un corps la quantité de chaleur nécessaire pour fondre 1 gramme de ce corps sans changer sa température.* On l'exprime en calories.

La chaleur de fusion est une quantité mesurable. Soit à mesurer la chaleur de fusion de la glace. Plongeons, par exemple, 30 grammes de glace à 0° dans 535 grammes d'eau à 15° ; toute la glace fond, et la température finale du mélange est 10°.

On peut donc dire que la chaleur perdue par les 535 grammes d'eau, en abaissant leur température de (15° — 10°), est égale à la chaleur employée à fondre les 30 grammes de glace, puis à élever de 0 à 10° la température des 30 grammes d'eau produite.

Or :

Chaleur perdue par 535 grammes d'eau en passant de 15 à 10° :

$$1^{cal} \times 535 \times 5 = 2.675 \text{ calories.}$$

Chaleur prise par 30 grammes d'eau pour passer de 0 à 10° :

$$1^{cal} \times 30 \times 10 = 300 \text{ calories.}$$

Donc, chaleur prise par 30 grammes de glace pour fondre :

$$2.675^{cal} - 300^{cal} = 2.375 \text{ calories.}$$

Et, par suite, la chaleur prise par 1 gramme de glace pour fondre est :

$$\frac{2.375^{cal}}{30} = 79^{c},16.$$

La chaleur de fusion de la glace est donc $79^{c},16$ (exactement $79^{c},25$).

Des expériences analogues permettent de trouver la chaleur de fusion des autres corps. On constate que, de tous, c'est l'eau qui a la plus grande chaleur de fusion. Ainsi, celle du phosphore est 5 calories, celle de l'argent 21 calories, etc. C'est à cause de sa grande chaleur de fusion que la glace fond si lentement ; au voisinage des glaciers, la chaleur de l'été est moins grande qu'ailleurs, car la glace, en fondant, emprunte de la chaleur à l'air et en abaisse la température.

210. Problème.

Un bloc de glace de 2.000 *grammes pris à* — 10° *est transformé en eau à la température de* 25°. *Quelle quantité de chaleur a-t-il fallu lui fournir?*

Phénomènes successifs qui ont nécessité de la chaleur. — 1° La glace s'est échauffée de — 10 à 0° ; or sa chaleur spécifique est 0,5.

Quantité de chaleur fournie :

$$0^{cal},5 \times 2.000 \times 10 = 10.000 \text{ calories.}$$

2° La glace a fondu, sans élévation de température.

Quantité de chaleur fournie :

$$79^{cal},25 \times 2.000 = 158.500 \text{ calories.}$$

3° L'eau provenant de la fusion s'est échauffée de 25°.

Quantité de chaleur fournie :

$$1^{cal} \times 25 \times 2.000 = 50.000 \text{ calories.}$$

Quantité totale de chaleur :

$$10.000^{c} + 158.500^{c} + 50.000^{c} = 218.500^{cal} = 218^{g\cdot cal},5$$

211. Exceptions au phénomène général de la fusion.

Il y a des corps que l'on n'a jamais réussi à fondre.

1° Les uns se décomposent par la chaleur avant d'avoir pu subir la fusion. Ex. : le bois, la plupart des matières organiques.

2° Les autres se réduisent en vapeur quand on les chauffe

et sans passer par l'état liquide : on dit qu'ils se **subliment.** Il en est ainsi pour la naphtaline, le camphre.

Quant aux corps dits **réfractaires**, ainsi appelés parce qu'ils résistent aux températures de 2.000 à 2.500°, chaux vive, silice, et regardés longtemps comme infusibles, on a pu les fondre dans le four électrique dont la température dépasse 3.000°.

On suppose qu'il en est de même du charbon, qui fondrait dans le creuset avant de se combiner à la chaux dans la fabrication du carbure de calcium.

212. Exceptions aux lois de la fusion.

Les lois de la fusion ne sont vraies que pour les corps passant *brusquement* de l'état solide à l'état liquide (glace, soufre, étain).

Pour beaucoup d'autres, le passage à l'état liquide se fait graduellement : c'est ainsi que le verre, le fer se ramollissent et deviennent pâteux avant d'être tout à fait fluides.

On ne peut donc savoir à quel moment précis ils commencent à fondre, et, par suite, *ils n'ont pas de point de fusion bien déterminé.*

SOLIDIFICATION

213. Pour fondre un corps, il faut lui fournir de la chaleur. Inversement, un liquide, suffisamment refroidi, se solidifie, et les lois de la solidification sont analogues à celles de la fusion.

Première loi. — *Un liquide* commence *toujours à se solidifier à une même température, qui est la température de fusion.* Ex. : l'eau se solidifie à 0°.

Deuxième loi. — *La température reste* **invariable** *pendant toute la durée de la solidification.*

Cette loi donne lieu à une remarque analogue à celle que nous avons faite à propos de la fusion ; on refroidit le corps, et cependant sa température ne s'abaisse pas. Cela tient à ce qu'il dégage, en se solidifiant, une certaine quantité de chaleur qui maintient la température constante. La *chaleur de solidification* ou chaleur dégagée par 1 gramme d'un liquide en passant à l'état solide, est juste égale à la chaleur de fusion de ce corps. Ainsi, 1 gramme d'eau, en se solidifiant, dégage 79^{cal},25.

Les lois précédentes ne s'appliquent pas aux corps subissant la fusion pâteuse, car inversement, ils repassent à l'état pâteux avant de se solidifier.

Nous avons donc deux faits importants à retenir :

1° Un solide, en fondant, absorbe de la chaleur;

2° Un liquide, en se solidifiant, dégage de la chaleur.

214. Cristallisation.

Quand un corps se solidifie lentement, il affecte souvent, à l'état solide, des formes géométriques régulières qu'on appelle des cristaux.

L'eau, le soufre, la plupart des métaux fondus cristallisent en se solidifiant (voir dans nos *Leçons de chimie* l'expérience avec le soufre fondu).

Au contraire, les corps passant par l'état pâteux avant de se solidifier, ne cristallisent pas. Ex. : les résines, le verre.

215. Surfusion.

Nous avons dit qu'un liquide commence toujours à se solidifier à sa température de fusion.

Or, plaçons dans un tube à essai un morceau de phosphore recouvert d'un peu d'eau pour l'empêcher de s'oxyder, et faisons-le fondre en plaçant le tube dans de l'eau chaude, à 80° par exemple (*fig.* 111). Le phosphore fond complètement. Laissons refroidir l'eau ; elle arrive peu à peu à la température de 40, 30, 20° et le phosphore ne se solidifie pas, bien que sa température normale de solidification soit 44°.

On peut donc refroidir un liquide au-dessous de sa température de fusion *sans qu'il se solidifie*. Ce phénomène, qui est une exception à la première loi de la solidification, porte le nom de **surfusion.**

Fig. 111. — Surfusion du phosphore. Le phosphore reste fondu bien que la température soit au-dessous de sa température de solidification.

Pour faire cesser la surfusion, il suffit parfois d'agiter fortement le tube, mais le plus sûr moyen est d'introduire dans le liquide une particule solide, même très petite, emportée par une baguette qu'on a frottée sur du phosphore solide : la solidification se produit instantanément et la température remonte aussitôt à 44°.

L'eau, le soufre et un grand nombre d'autres substances peuvent entrer en surfusion. Il faut pour cela que le liquide ne contienne aucune parcelle solide du même corps. Cette condition étant satisfaite, la surfusion s'obtient en refroidissant le liquide à l'abri de l'air sans l'agiter. On la fait cesser en introduisant une parcelle de la même substance solidifiée (cette substance doit avoir la même forme cristalline que le solide qui se produit; ainsi le phosphore rouge ne fait pas cesser la surfusion du phosphore ordinaire).

Enfin, toutes les fois que la surfusion cesse, la température s'élève rapidement jusqu'au point de fusion. Cette élévation de température s'explique par le dégagement instantané de chaleur dû à la solidification du corps.

216. Influence de la pression sur le point de fusion. Jusqu'ici, nous avons supposé que la fusion se produisait à l'air libre. Mais si l'on exerce une forte pression sur le corps, le point de fusion est modifié. Pour savoir le sens de la variation, il suffit de connaître le changement de volume subi par le corps en fondant.

1° *Presque tous les corps* augmentent de volume en fondant. Ex. : soufre, cire, phosphore, etc. La pression élève donc leur point de fusion, car elle s'oppose à l'augmentation de volume qui accompagne la fusion.

Ainsi, la paraffine fond à 46°,3 sous la pression atmosphérique, et à 49°,9 sous une pression de 100 atmosphères.

2° Quelques corps diminuent de volume en fondant : glace, fonte, bismuth. La pression abaisse donc leur point de fusion, car elle facilite la diminution de volume qui accompagne la fusion.

Ainsi, la glace fond à 0° sous la pression atmosphérique, et à — 0°,13 sous la pression de 16 atmosphères. On a pu la faire fondre à — 18° sous une pression de plusieurs milliers d'atmosphères.

217. Cas particulier de l'eau.

Ce que nous venons de dire au sujet de l'eau explique un certain nombre de phénomènes naturels :

1° La glace diminue de volume en fondant ; la densité de l'eau à l'état liquide est donc plus grande qu'à l'état solide. C'est pour cette raison que la glace flotte sur l'eau.

La dilatation qu'éprouve l'eau en se congelant est capable de produire des effets considérables : un vase plein d'eau et fermé, fût-il en métal, éclate si le liquide intérieur se congèle.

Ainsi s'explique la rupture fréquente des tuyaux de conduite et des vases pleins d'eau, pendant les gelées d'hiver. Les pierres gélives sont des pierres poreuses qui se fendent par la congélation de l'eau qui les imprègne. De même, par des hivers rigoureux beaucoup de plantes périssent parce que la sève se congèle dans les vaisseaux et les fait éclater.

2° L'influence de la pression sur le point de fusion de la glace explique le phénomène du regel mis en évidence par l'expérience suivante :

Expérience. — Sur un bloc de glace, maintenu par des supports, on place un fil de fer tiré par un poids assez lourd (*fig.* 112). On voit le fil pénétrer peu à peu dans la glace, et celle-ci se reformer au-dessus de lui. Bientôt le fil a traversé toute la glace et tombe à terre, tandis que le bloc est d'un seul morceau, comme avant l'expérience.

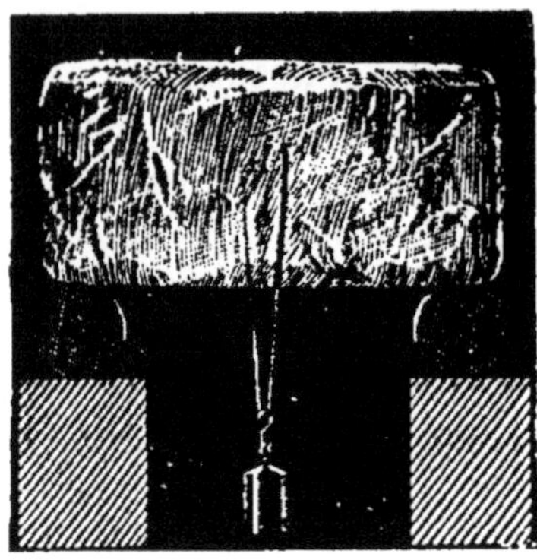

Fig. 112. — Expérience de regel. Sous la pression du fil de fer la glace fond, l'eau de fusion passe au-dessus du fil et gèle à nouveau.

Ce phénomène s'explique ainsi : la glace, placée sous le fil, fond *par suite de la pression* ; l'eau produite passe au-dessus du fil, mais, n'étant plus comprimée, elle se congèle à nouveau. Grâce au phénomène du regel, on peut mouler de la glace, bien que par elle-même elle ne soit pas plastique.

Le phénomène du regel explique la formation des glaciers ou mieux la transformation de la neige en névé, et du névé en glace.

La partie superficielle de la neige fond sous l'action du soleil, l'eau de fusion s'infiltre dans la neige et s'y congèle, soudant entre eux les flocons. D'autre part, la pression des couches superficielles sur les couches profondes amène leur fusion partielle. L'eau de fusion remplit les espaces vides, se congèle à nouveau et transforme le névé en glace compacte. C'est aussi par suite du regel que le glacier se moule sur le fond et les parois de son lit.

DISSOLUTION

218. *1° Expérience.* — Mettons un morceau de sucre dans un verre d'eau et agitons le liquide; de petites parcelles de sucre se détachent sans cesse du morceau et disparaissent dans l'eau. Bientôt tout le sucre a disparu et l'eau a pris une saveur sucrée. On dit que le sucre s'est dissous, c'est-à-dire qu'il a passé de l'état solide à l'état liquide sous l'action d'un liquide appelé dissolvant. De même, le soufre peut se dissoudre dans le sulfure de carbone, la graisse dans l'essence minérale, l'iode dans l'alcool, etc.

2° Comparaison avec la fusion. — La dissolution se rapproche du phénomène de la fusion, puisqu'elle est aussi la transformation d'un solide en liquide. Mais elle s'en distingue en ce qu'elle nécessite l'action d'un dissolvant.

De plus, les lois de la dissolution ne sont pas les mêmes que celles de la fusion :

a) Un corps peut se dissoudre à n'importe quelle température, et l'observation d'un thermomètre, plongé dans le mélange, montre que la température peut varier pendant le phénomène.

b) Si, dans une eau sucrée, nous continuons à ajouter du sucre, il arrive un moment où celui-ci ne se dissout plus ; on dit que la dissolution est saturée, c'est-à-dire qu'elle renferme toute la quantité de sucre qu'elle est capable de dissoudre à la température de l'expérience.

Ex. : 1 kilogramme d'eau à 0° peut dissoudre 130 grammes de salpêtre, 360 grammes de sel marin, etc.

Une masse donnée d'un liquide ne peut dissoudre qu'une quantité limitée d'un corps à une température donnée.

c) *La masse du corps dissous est proportionnelle à la masse du dissolvant:* 2, 3,... kilogrammes d'eau dissolvent 2, 3,... fois plus de sel ou de sucre que 1 kilogramme. On appelle coefficient de solubilité d'un solide dans un liquide donné la *plus grande masse de ce corps qui se dissout à 0° dans 1 kilogramme du dissolvant.* Ainsi, le coefficient de solubilité du sucre est 0^{kg},130, celui du sel 0^{kg},360, etc.

d) Le coefficient de solubilité des corps varie avec la température. Il augmente en général à mesure que la température s'élève : ainsi 1 kilogramme d'eau dissout 40 grammes d'alun de potasse à 0°, 150 grammes à 20°, 900 grammes à 70° et 3.570 grammes à 100°.

Pour le sel marin, l'augmentation est beaucoup plus faible : 1 kilogramme d'eau en dissout 360 grammes à 0° et 400 grammes à 100°. Pour le sulfate de sodium, la solubilité croît rapidement de 0 à 33°, puis décroît à partir de 33° ; ainsi 1 kilogramme d'eau dissout 120 grammes à 0°, 3^{kg},220 à 33°, 3.000 grammes à 36°, etc.

219. Froid produit par la dissolution.

La dissolution, comme la fusion, absorbe de la chaleur. 1 kilogramme d'un corps absorbe, pour se dissoudre, une quantité de chaleur précisément égale à celle qu'il prendrait pour fondre. Seulement comme la dissolution se fait rarement sur un foyer, le corps emprunte la chaleur dont il a besoin lui-même, aux corps environnants, et, en particulier, au dissolvant. Il en résulte que la température du mélange s'abaisse en général pendant la dissolution. Faisons dissoudre par exemple 100 grammes d'azotate d'ammonium dans 100 grammes d'eau, la température peut s'abaisser jusqu'à — 15°.

L'absorption de chaleur n'est pas toujours aussi manifeste que pendant cette expérience ; il arrive même parfois qu'au lieu d'un refroidissement on observe une élévation de température. C'est qu'alors la dissolution s'accompagne d'un autre phénomène, la combinaison, qui dégage de la chaleur. Suivant que la quantité de chaleur dégagée est plus grande ou plus faible que la quantité de chaleur absorbée, il y a élévation ou abaissement de température.

Exemple : dissolvons 400 grammes de glace dans 100 grammes d'acide sulfurique, la température s'abaisse à — 20°. Mais employons 100 grammes de glace et 400 grammes d'acide, la température s'élève à 100°. Dans le premier cas, la quantité de chaleur absorbée par la glace pour se liquéfier est bien supérieure à celle que dégage la combinaison de l'acide avec l'eau formée, d'où abaissement de température. Dans le second cas, c'est l'inverse.

220. Solidification des corps dissous.

Exposons au soleil une assiette contenant une dissolution saturée de sel : la quantité de liquide diminue peu à peu, par évaporation ; et, en même temps, le sel que le dissolvant ne peut plus contenir se dépose lentement, en cristallisant sur les parois de l'assiette.

Lorsque le corps est plus soluble à chaud qu'à froid, la solidification peut se produire par un autre moyen. Préparons une solution saturée d'alun à 100° ; si nous prenons 1 litre d'eau, il faut 3kg,570 d'alun. Laissons refroidir lentement jusqu'à 0°. Comme à cette température 1 litre d'eau ne dissout que 40 grammes d'alun, il se fait un dépôt de :

$$3.570^{gr} - 40^{gr} = 3.530 \text{ grammes d'alun.}$$

La cristallisation d'un corps disssous porte le nom de **cristallisation par voie humide**, celle d'un corps fondu est appelée **cristallisation par voie sèche**.

La première est souvent employée pour préparer ou purifier les sels du commerce [préparation du chlorure de potassium [1], des bromures, etc.].

La solidification d'un corps dissous dégage de la chaleur, comme celle d'un corps fondu. Seulement, cette solidification se produit à toute température ; si elle est rapide, le dégagement de chaleur se fait brusquement et élève

[1] Voir *Leçons de chimie*, 1re année, § 94.

notablement la température (différence avec la fusion); si elle est lente, la chaleur dégagée rayonne (§ 265) à mesure qu'elle se libère, et la température du mélange reste invariable, comme dans la fusion.

221. Sursaturation.

Il existe, pour les dissolutions saturées, un phénomène analogue à celui de la surfusion. Préparons une solution saturée à chaud d'hyposulfite de sodium, corps plus soluble à chaud qu'à froid, filtrons-la et laissons-la refroidir lentement : sa température s'abaisse jusqu'à 30°, 20°, sans que le corps dissous se dépose, et cependant la dissolution renferme beaucoup plus de sel qu'elle n'en peut contenir normalement à cette température. On dit qu'elle est **sursaturée.**

La sursaturation cesse quelquefois d'elle-même quand la température s'abaisse beaucoup. On peut aussi la faire cesser en agitant le liquide, ou plus sûrement en y introduisant un cristal du même sel. La cristallisation de tout le sel en excès se produit immédiatement, et l'on constate au thermomètre, ou même à la main, une notable élévation de température. Celle-ci est due au brusque dégagement de la chaleur qui a été absorbée pendant la dissolution.

FIG. 113. — Sursaturation du sulfate de sodium.

L'expérience précédente peut être faite avec l'alun, le sulfate ou l'acétate de calcium, etc.

Tout ce que nous venons de dire montre qu'il existe une grande analogie entre la surfusion et la sursaturation. Une condition nécessaire à la sursaturation, c'est qu'il n'y ait aucune parcelle solide du corps dissous au contact de la dissolution; ainsi certaines dissolutions (de sulfate de soude, par exemple), ne peuvent entrer en sursaturation si elles sont à l'air, parce que l'atmosphère contient des particules solides du sel dissous, qui tombent dans le liquide. Mais si l'on a soin de recouvrir le vase d'un papier (*fig.* 113) la sursaturation peut avoir lieu.

222. Mélanges réfrigérants.

L'absorption de chaleur qui se produit lorsqu'un corps fond ou se dissout est employée pour produire des basses températures : de là, l'emploi des **mélanges réfrigérants.** Exemples : la dissolution d'*azotate d'ammonium* dans l'eau peut abaisser la température de 26°; la fusion de la *glace*, jointe à la dissolution de *sel marin* dans l'eau provenant de la fusion, abaisse la température jusqu'à — 21°, lorsque le mélange est fait de 2 parties de glace pilée pour 1 de sel marin.

223. Expériences. — Effectuer la fusion de la glace, ou, à son défaut, du beurre et observer la température au thermomètre. Faire constater que la glace flotte à la surface de l'eau; donc elle est moins dense que l'eau. Inversement, lorsqu'on fond du soufre dans une coupelle, les parties solides gagnent le fond.

Chaleur de fusion de la glace. — On peut la déterminer facilement de la manière suivante : on jette 100 grammes de glace fondante dans 100 grammes d'eau à 80°. Toute la glace fond et la température finale du mélange est 0°. Donc 100 grammes de glace, en fondant, prennent toute la chaleur perdue par 100 grammes d'eau en passant de 80 à 0°; soit 8.000 calories; et 1 gramme de glace aurait pris 100 fois moins de chaleur ou 80 calories. Ainsi la chaleur de fusion de la glace est 80 calories environ.

Expérience de la surfusion du phosphore. — *Sublimation:* — Chauffer quelques parcelles d'iode dans un ballon; il s'emplit de vapeurs violettes.

Dissoudre dans l'eau divers cristaux (sulfate de cuivre, sucre, etc.) et observer le phénomène.

Abandonner à l'évaporation les solutions obtenues pour observer la cristallisation.

Effectuer la sursaturation de l'hyposulfite de sodium (dans un demi-verre d'eau environ, car ce sel est très soluble).

Faire observer le froid produit par la dissolution du sulfate de sodium ou de l'azotate d'ammonium.

Phénomène du regel. — Expérience du bloc de glace traversé par un fil de fer tiré par des poids de fonte; souder des morceaux de glace par pression entre les mains.

CHAPITRE XV

VAPORISATION

PLAN

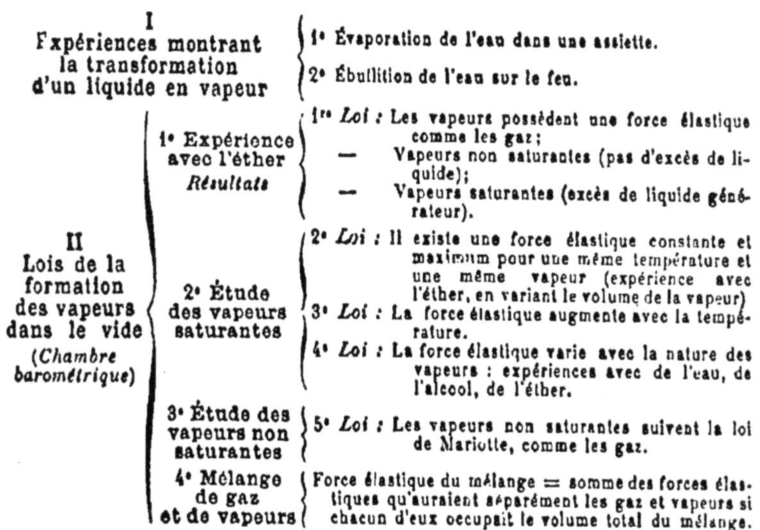

I
Expériences montrant la transformation d'un liquide en vapeur

- 1° Évaporation de l'eau dans une assiette.
- 2° Ébullition de l'eau sur le feu.

II
Lois de la formation des vapeurs dans le vide (*Chambre barométrique*)

- **1° Expérience avec l'éther** — *Résultats*
  - 1re *Loi :* Les vapeurs possèdent une force élastique comme les gaz ;
  - — Vapeurs non saturantes (pas d'excès de liquide) ;
  - — Vapeurs saturantes (excès de liquide générateur).
- **2° Étude des vapeurs saturantes**
  - 2° *Loi :* Il existe une force élastique constante et maximum pour une même température et une même vapeur (expérience avec l'éther, en variant le volume de la vapeur)
  - 3° *Loi :* La force élastique augmente avec la température.
  - 4° *Loi :* La force élastique varie avec la nature des vapeurs : expériences avec de l'eau, de l'alcool, de l'éther.
- **3° Étude des vapeurs non saturantes**
  - 5° *Loi :* Les vapeurs non saturantes suivent la loi de Mariotte, comme les gaz.
- **4° Mélange de gaz et de vapeurs**
  - Force élastique du mélange = somme des forces élastiques qu'auraient séparément les gaz et vapeurs si chacun d'eux occupait le volume total du mélange.

224. Expérience.

Plaçons une casserole d'eau sur un foyer. Si nous l'observons une demi-heure après, nous constatons que la quantité d'eau a beaucoup diminué. Le même fait se produit, mais bien plus lentement, lorsqu'on laisse de l'eau dans un large vase à la température ordinaire.

Dans les deux cas, l'eau s'est transformée en un fluide incolore, rappelant les gaz, et désigné sous le nom de **vapeur.**

Presque tous les liquides se transforment en vapeur lorsqu'on les chauffe ; seuls, quelques liquides ne se vaporisent pas, mais se décomposent par la chaleur : ex. : l'huile. Les vapeurs ne sont pas nécessairement produites par des corps liquides; nous avons vu que certains solides, l'iode, la naphtaline, se vaporisent. On appelle **corps volatils ceux qui émettent des vapeurs à la température ordinaire.**

La vaporisation se fait à toutes les températures et plus rapidement lorsqu'on chauffe. Mais dans l'air elle n'est jamais instantanée, même quand la quantité de liquide est extrêmement petite. On peut se demander si l'air n'oppose pas une résistance à la vaporisation, d'où l'idée d'étudier la formation des vapeurs dans le vide.

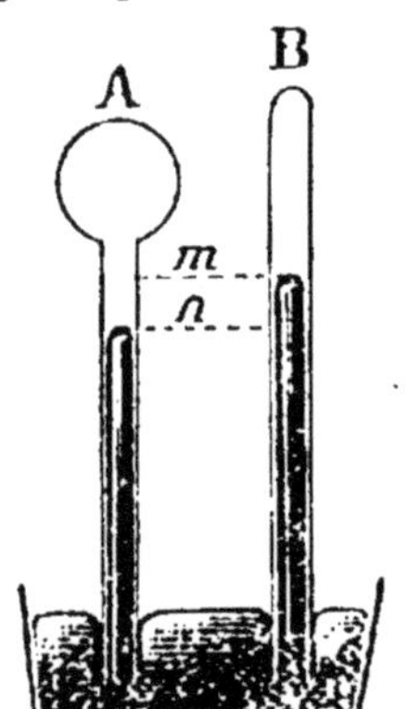

FIG. 114. — Expérience permettant d'étudier la formation des vapeurs dans le vide; en B, tube témoin. La force élastique de la vapeur d'éther produite en A a refoulé le mercure de **m** en **n**.

225. Formation des vapeurs dans le vide.

L'espace vide que nous utiliserons est celui de la chambre barométrique. Prenons donc un tube de Torricelli **A** (*fig.* **114**) auquel est soudé un ballon dont nous comprendrons plus loin l'utilité (v. *remarque*); retournons ce tube sur une cuve à mercure, comme nous l'avons fait pour le baromètre (un second tube **B** servira de tube témoin).

Au moyen d'une pipette recourbée, introduisons quelques gouttes d'éther dans le tube **A**. Sitôt arrivé à la partie supérieure du mercure, l'éther disparaît, **il se vaporise instantanément**; on voit de plus le mercure descendre dans le tube. Donc la vapeur d'éther possède une force élastique, et cette force est mesurée par la différence **mn** des niveaux du mercure dans les deux tubes. Ajoutons encore quelques gouttes d'éther; elles se vaporisent instantanément et font baisser un peu plus le mercure : donc la force élastique dans l'intérieur du tube va en augmentant. Mais il arrive un moment où l'éther ajouté reste liquide, alors le niveau du mercure ne baisse plus. On en conclut que la chambre barométrique renferme toute la quantité de vapeur qu'elle peut contenir, et que la force élastique de cette vapeur ne peut plus augmenter, on dit alors que la vapeur est saturante, ou que l'espace qu'elle occupe est saturé. Lorsqu'une vapeur se produit dans le vide, il y a donc deux cas à considérer :

1° *La vapeur est saturante*, et alors elle est en contact avec une partie du liquide générateur qui ne s'est pas évaporée ;

2° *Elle est non saturante*, alors elle n'est pas en contact avec un excès du liquide. Dans ce cas, la force élastique de la vapeur est encore susceptible d'augmenter.

Remarque. — La chambre barométrique d'un tube de Torricelli ordinaire a un volume trop réduit pour qu'il soit facile d'obtenir une vapeur non saturante. Une ou deux gouttes de liquide suffisent pour saturer tout l'espace enfermé au-dessus du mercure. Nous prendrons donc un tube muni d'un ballon pour étudier les vapeurs non saturantes et un tube ordinaire pour les vapeurs saturantes.

220. Etude des vapeurs saturantes.

Cherchons à déterminer les conditions capables de faire varier la force élastique d'une vapeur.

1° ***Influence du volume.*** — Nous avons vu que la force élastique des gaz varie en raison inverse de leur volume. En est-il de même pour les vapeurs saturantes? Pour le savoir, faisons varier le volume de la vapeur, et mesurons chaque fois la force élastique.

A cet effet, introduisons quelques gouttes d'éther dans un tube barométrique ordinaire. Nous pouvons opérer simplement de la manière suivante. Après avoir empli le tube presque complètement de mercure, versons de l'éther jusqu'à l'orifice, puis bouchons avec le pouce et retournons le tube sur une cuvette profonde (*fig.* 115) ; l'éther monte au-dessus du mercure et s'y vaporise incomplètement. Enfonçons le tube dans la cuvette ; le volume de la vapeur diminue, mais sa force élastique reste invariable, comme le montre la comparaison avec le tube témoin. Seule, la quantité d'éther augmente un peu. Inversement, soulevons le tube pour augmenter le volume de la vapeur ; sa force élastique reste encore invariable. Seule la quantité d'éther liquide diminue un peu.

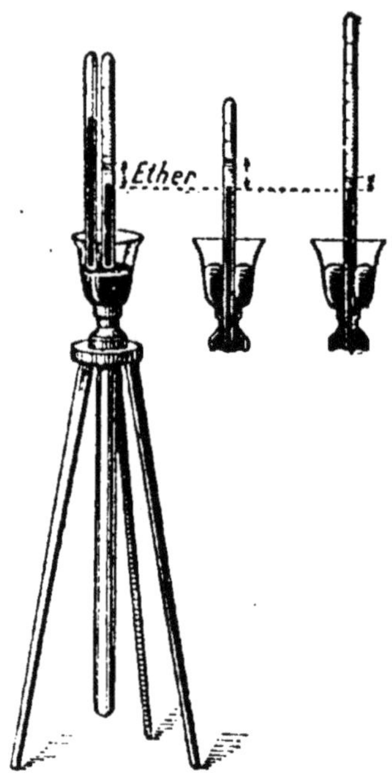

FIG. 115. — Dans le cas d'une vapeur saturante, la hauteur de mercure soulevé au-dessus du mercure de la cuvette est invariable.

CONCLUSION. — *La force élastique ou tension d'une vapeur saturante est* constante *à la température de l'expérience. Elle est, de plus,* maxima, *puisqu'elle est supérieure à ce qu'elle serait si la vapeur n'était pas saturante* (§ 225).

2° ***Influence de la température.*** — Chauffons la vapeur d'éther en promenant la flamme d'une lampe à alcool le long du tube. Nous voyons le mercure descendre rapidement, en même temps que l'éther diminue ; une nouvelle quantité de liquide passe donc à l'état de vapeur et la force élastique de la vapeur augmente d'autant plus qu'on chauffe davantage.

CONCLUSION. — *La force élastique de la vapeur augmente avec la température.* Des expériences ont montré qu'à chaque température correspond une tension maxima particulière.

3° *Influence de la nature du liquide.* — Répétons la première expérience avec divers liquides à la température ordinaire, : eau, alcool, par exemple, ces liquides se vaporisent aussi instantanément, et tout ce que nous avons dit pour l'éther s'applique à leurs vapeurs. Mais le mercure baisse inégalement dans les tubes, ce qui prouve qu'à une même température, les diverses vapeurs n'ont pas la même tension maxima. Ainsi, celle de l'éther est plus grande que celle de l'alcool, et celle de l'alcool plus grande que celle de l'eau.

227. Tension maxima de la vapeur d'eau à diverses températures.

La connaissance des tensions maxima de la vapeur d'eau à diverses températures est d'une importance capitale, étant donné son emploi comme force motrice, et son rôle dans les phénomènes météorologiques; aussi la mesure de ces forces élastiques a-t-elle été faite avec soin. Le tableau suivant donne quelques-uns des résultats obtenus (tables de Regnault)[1]:

TEMPÉRATURES	TENSION DE LA VAPEUR D'EAU EN MILLIMÈTRES DE MERCURE
0°	4mm,6
10°	9mm,16
20°	17mm,39
50°	91mm,98
100°	760mm ou 1atm

[1] Pour les forces élastiques aux températures comprises entre − 2° et + 22°, voir paragraphe 289.

TEMPÉRATURES	TENSION DE LA VAPEUR D'EAU EN ATMOSPHÈRES
120°	Presque 2^{atm}
140°	$3^{atm},57$
160°	$6^{atm},12$
180°	$9^{atm},93$
200°	$15^{atm},37$

On peut constater que la force élastique croît beaucoup plus rapidement que la température.

228. Mesure de la force élastique des vapeurs.

La force élastique des vapeurs se mesure, comme celle des gaz, à l'aide d'un manomètre.

229. Principe de la paroi froide.

Si l'on chauffait, jusqu'à 35°, toute la vapeur d'éther contenue dans la chambre barométrique, sa force élastique deviendrait égale à la pression atmosphérique. Mais il n'en serait pas de même si *une région* de la chambre barométrique se trouvait à une température inférieure à 35°; dans ce cas, toute la vapeur prendrait la tension maxima correspondant à la plus basse température.

Ce fait est général, il est exprimé par l'énoncé suivant dit principe de Watt ou de la paroi froide; *si les différentes parties de l'espace occupé par une vapeur ne sont pas à la même température, la vapeur prend, dans tout cet espace, la force élastique maxima correspondant à la plus basse température, et toute la condensation du liquide en excès se fait dans la partie la plus froide.* Ainsi, un moyen de condenser une vapeur est de la faire communiquer avec un espace refroidi : c'est là le principe de la distillation (§ 240).

230. Vapeurs non saturantes.

Pour expérimenter facilement sur des vapeurs non saturantes, reprenons le tube A précédemment employé, mais en nous servant cette fois d'une cuvette profonde (*fig.* 116). A l'aide d'une pipette recourbée, faisons passer un peu d'éther dans la chambre barométrique, repérons le niveau du mercure dans le tube, puis enfonçons l'appareil dans la cuvette. Le volume occupé par la vapeur d'éther est plus réduit, en même temps nous voyons la hauteur de la colonne de mercure diminuer (*fig.* 116, II). Donc la force élastique de la vapeur a pris une valeur plus grande; l'inverse a lieu lorsqu'on soulève le tube.

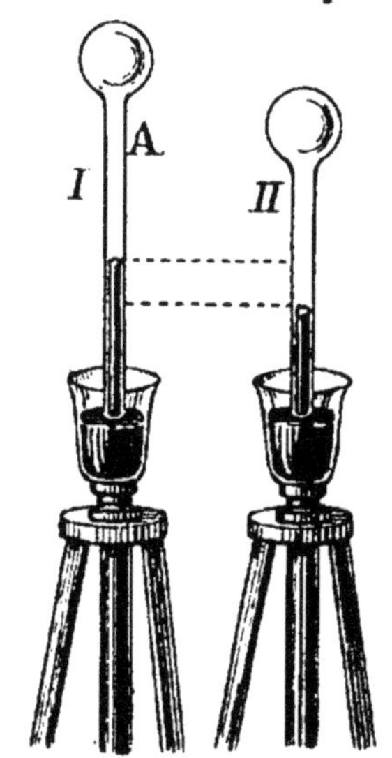

Fig. 116. — Étude des vapeurs non saturantes. En II le volume occupé par la vapeur est plus réduit qu'en I, mais la hauteur de mercure soulevée est plus faible, car la force élastique de la vapeur a augmenté.

En variant ces expériences, on vérifie que si le volume occupé par la vapeur non saturante devient 2, 3, 4, ... fois *plus petit* ou *plus grand*, la force élastique de cette vapeur devient 2, 3, 4, ... fois plus *grande* ou plus *petite*, autrement dit, les *vapeurs non saturantes suivent la loi de Mariotte.*

Si nous enfonçons suffisamment le tube dans la cuvette, la force élastique de la vapeur augmente toujours et finit par atteindre la tension maxima. A partir de ce moment, la vapeur est saturante et sa force élastique est indépendante du volume qu'elle occupe (§ 226).

Des expériences ont montré que les vapeurs non saturantes suivent aussi les mêmes lois de dilatation que les gaz (§ 197) et qu'en particulier, si leur coefficient de dilatation est k, l'élévation de leur température t, leur densité à 0° d_0, leur densité d_t à t° est :

$$d_t = \frac{d_0}{1 + kt}.$$

Conclusion.

Les vapeurs non saturantes se comportent comme les gaz, et leur force élastique est toujours inférieure à celle de la vapeur saturante correspondant à la même température. Pour les rendre saturantes, on peut diminuer leur volume, ou bien les refroidir.

231. Vaporisation dans un gaz.

Les expériences précédentes nous ont montré qu'un liquide se vaporise instantanément dans le vide. Si l'espace n'est pas vide, la vaporisation a lieu aussi, mais plus lentement.

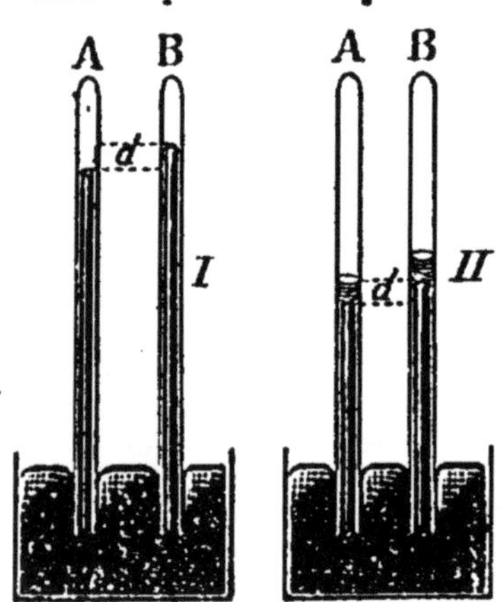

Fig. 116 *bis*. — En I, le tube A contient un peu d'air, la différence des hauteurs de mercure est d. En II, les deux tubes contiennent de la vapeur d'éther à la tension maxima. La différence des hauteurs de mercure est encore d.

Disposons l'un près de l'autre deux tubes de Torricelli A et B (*fig.* 116 *bis*), dont l'un, A par exemple, contient un peu d'air. Repérons les hauteurs du mercure, puis introduisons de l'éther dans les deux tubes. L'abaissement du mercure est immédiat en B, plus lent en A; mais, quand il cesse, on remarque que le mercure s'est sensiblement abaissé de la même quantité dans les deux tubes. Donc la force élastique maxima de la vapeur d'éther est la même dans l'air que dans le vide.

Des expériences plus précises ont permis d'énoncer la loi suivante : *Dans un gaz ou un mélange de gaz, un liquide se vaporise lentement; mais, quand la vaporisation est terminée, la force élastique de la vapeur saturante est la même que dans le vide.*

La loi sur le mélange des gaz (§ 120) s'applique donc également à un mélange de gaz et de vapeurs, et la densité relative d'une vapeur se définit, comme celle d'un gaz, *le rapport entre la masse d'un certain volume de vapeur, mesurée à 0° sous la pression normale, et celle d'un égal volume d'air, pris dans les mêmes conditions.*

232. Problème.

Trouver la masse de 5 litres d'air chargé de vapeur d'eau sous la pression 758 millimètres et à la température de 10°, sachant que la force élastique de la vapeur d'eau qu'il renferme est 7 millimètres, que le coefficient de dilatation pour l'air et pour la vapeur d'eau est 0,0036, et que la densité de la vapeur d'eau est 0,622.

Solution. — La masse des 5 litres d'air humide est égale à la masse de 5 litres d'air sec, à la pression 758 — 7 millimètres, augmentée de la masse de 5 litres de vapeur d'eau, à la pression 7 millimètres.

Masse de 5 litres d'air sec à 10° et à la pression 751 millimètres (§ 195, probl. II) :

$$1^{gr},293 \times \frac{1}{1+0,0036\times 10} \times \frac{751}{760} \times 5 = 6^{gr},16.$$

Masse de 5 litres de vapeur d'eau à la température 10° et à la pression 7 millimètres :

$$1^{gr},293 \times \frac{1}{1+0,0036\times 10} \times \frac{7}{760} \times 5 \times 0,622 = 0^{gr},036.$$

Masse totale :

$$6^{gr},16 + 0^{gr},036 = 6^{gr},196.$$

CHAPITRE XVI

ÉVAPORATION

PLAN

Définitions	**Évaporation** :	Vaporisation lente d'un liquide par sa surface libre.
	Vitesse d'évaporation	Masse de liquide qui s'évapore en une seconde.
Circonstances qui font varier la vitesse d'évaporation		Nature du liquide. Température du milieu. Agitation de l'air. Pression exercée à la surface du liquide. Etendue de la surface libre.
Abaissement de température produit par l'évaporation	**Expérience**	L'évaporation rapide de l'éther amène la congélation de la vapeur d'eau contenue dans l'air.
	Cause	Le passage de l'état liquide à l'état de vapeur exige une certaine quantité de chaleur, que le liquide, en l'absence d'un foyer calorifique, emprunte à lui-même et aux corps environnants.
	Applications	1° emploi d'un liquide volatil. Ex. : anesthésie locale, séchage du linge. 2° agitation de l'air. Ex. : alcarazas. 3° diminution de la pression à la surface du liquide. Ex. : congélateur Carré.

233. Évaporation.

On *appelle évaporation la vaporisation lente d'un liquide par sa surface libre.* De l'eau abandonnée dans une assiette disparaît peu à peu; une serviette mouillée sèche lentement à l'air.

234. Circonstances qui font varier le phénomène.

Les conditions de ce phénomène se déduisent comme conséquences immédiates de l'étude des vapeurs, dans le vide et dans les gaz.

En vase clos, l'évaporation d'un liquide est limitée et s'arrête lorsque la force élastique de sa vapeur atteint sa valeur maxima pour la température de l'espace qu'elle occupe.

A l'air libre, cette évaporation n'a pas non plus d'autre limite; mais, comme celle-ci n'est jamais atteinte, le liquide s'évapore complètement, et l'on appelle **vitesse d'évaporation** *la masse de liquide qui s'évapore en une seconde.* On conçoit aisément que cette vitesse varie avec les conditions mêmes de la production des vapeurs. Ainsi:

1° **A une même température**, *la pression maxima varie avec la* **nature du liquide.** *Il en est de même de la vitesse d'évaporation :* l'éther, l'essence minérale, le sulfure de carbone, dont les vapeurs ont une force élastique maxima élevée aux températures ordinaires, se vaporisent très vite, tandis que l'acide sulfurique, la glycérine, le mercure, dont les vapeurs ont une force élastique maxima très faible pour ces températures, ne s'évaporent pour ainsi dire pas.

2° La *force élastique maxima* d'une même vapeur augmente avec la **température** *du milieu où la vapeur se produit. Il en est de même de la vitesse d'évaporation :* ainsi le linge humide sèche plus vite en été qu'en hiver.

3° L'*agitation de l'air au-dessus d'un liquide en* **favorise** *également l'évaporation*, parce qu'à chaque instant des couches d'air humide sont remplacées par des couches d'air sec; aussi est-ce pour cette raison que les séchoirs sont activement ventilés.

4° L'*augmentation de la pression de l'air sur la surface d'un liquide en* **ralentit** l'*évaporation*, *une diminution de pression la* **favorise** au contraire, et nous avons vu (§ 225) que dans le vide, l'évaporation se fait instantanément; d'où l'idée, mise en pratique dans l'industrie, de créer des appareils à concentrer les sirops dans le vide.

5° Enfin l'évaporation ayant lieu par la surface libre, sera *d'autant plus active que cette surface sera plus étendue.* Une même quantité d'eau s'évapore plus vite dans une assiette que dans un tube ou un flacon ouverts; on étend le linge humide pour le faire sécher plus vite; dans les marais salants, on concentre l'eau de mer en la retenant dans des bassins à grande surface (1).

235. Froid produit par l'évaporation.

Expériences. — Versons de l'éther dans notre main, le liquide s'évapore et nous éprouvons en même temps une sensation de fraîcheur qui se change en sensation de froid si nous soufflons sur l'éther pour en activer l'évaporation. On peut encore montrer les effets du refroidissement produit par l'évaporation rapide d'un liquide, de la manière suivante. On colore un tampon d'ouate avec de l'encre rouge; après l'avoir fait sécher, on l'étale en une feuille mince qu'on enroule autour de la douille d'un soufflet de cuisine, puis on l'imbibe d'éther et l'on souffle énergiquement. Bientôt on voit l'ouate se recouvrir de plaques blanches de givre dues à la congélation de la vapeur d'eau contenue dans l'air, sous l'action du refroidissement produit par l'évaporation rapide de l'éther.

236. Cause du froid produit par l'évaporation d'un liquide.

Nous avons vu (§ 209) que le passage d'un corps solide à l'état liquide nécessite une certaine quantité de chaleur. Il en est de même lorsqu'un corps liquide passe à l'état de vapeur; mais quand ce changement a lieu en dehors de l'action d'une source calorifique, la chaleur nécessaire pour produire cette transformation ne peut être empruntée qu'à lui-même ou aux corps environnants. Il en résulte un abaissement de température, et l'on comprend que ce phénomène soit d'autant plus marqué que l'évaporation est plus rapide, *la quantité de chaleur absorbée étant proportionnelle à la masse de vapeur formée.*

(1) Voir *Cours de chimie*, 1re année, § 91.

237. Procédés divers pour produire le froid par évaporation. — Applications.

D'après les explications précédentes, les causes qui augmentent la vitesse d'évaporation d'un liquide sont celles-là mêmes qu'on utilisera pour obtenir un refroidissement plus énergique.

1° *Emploi d'un liquide très volatil.* — Le froid produit par l'évaporation des liquides a reçu un certain nombre d'applications.

Les dentistes insensibilisent souvent les dents qu'ils doivent extraire en projetant sur la gencive un mince filet d'un liquide très volatil, le chlorure d'éthyle, dont l'évaporation rapide amène un refroidissement tel que la partie ainsi traitée perd toute sensibilité.

2° *Agitation de l'air.* — Si l'on place, dans un courant d'air, une bouteille pleine de liquide et entourée d'un linge mouillé, l'évaporation rapide de l'eau du linge produit un refroidissement notable du liquide de la bouteille. Dans les pays chauds on emploie, dans le même but, des vases en terre poreuse ou *alcarazas*. Une partie de l'eau qu'ils renferment filtre à travers la paroi et, en s'évaporant rapidement à la surface extérieure, amène le refroidissement du liquide restant.

3° *Diminution de la pression au-dessus du liquide.* — Lorsqu'on diminue la pression au-dessus de l'eau d'une carafe, le froid produit par la rapide évaporation d'une partie du liquide est suffisant pour congeler le reste de l'eau.

Tel est le principe d'un appareil à congeler l'eau, dit congélateur Carré (*fig.* 117). Il comprend une machine pneumatique simple P qui fait le vide dans une carafe à moitié pleine d'eau. Un récipient en plomb R, contenant de l'acide sulfurique, est placé sur le trajet de l'air aspiré et absorbe la vapeur d'eau au fur et à mesure de sa formation. Au bout d'un quart d'heure environ de manœuvre, la masse d'eau est congelée.

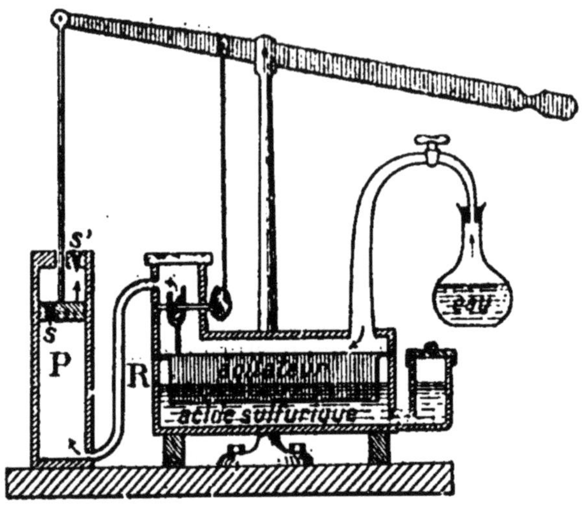

Fig. 117. — Machine Carré (schéma). La vapeur d'eau qui charge l'air aspiré est absorbée par l'acide sulfurique du récipient R. Le froid produit par l'évaporation active de l'eau sous faible pression la fait congeler.

Nous verrons plus loin, en étudiant la liquéfaction des gaz (§ 257), une application importante du phénomène de l'absorption de chaleur dû à l'évaporation.

CHAPITRE XVII

ÉBULLITION

PLAN

Définition	Vaporisation rapide d'un liquide par la production de bulles de vapeur dans sa masse.		
Lois	**1° Loi**	Pour une même pression extérieure, un même liquide commence à bouillir à la même température.	
	2° Loi	La température d'un liquide en ébullition reste constante pendant la durée du phénomène, pourvu que la pression extérieure demeure invariable.	
Chaleur de vaporisation	Nombre de calories nécessaires pour faire passer un gramme de liquide à l'état de vapeur saturante sans changer sa température.		
Principales causes qui font varier la température d'ébullition d'un liquide	**I Pression extérieure**	3° *Loi*	Un liquide entre en ébullition dès que sa température atteint la valeur pour laquelle la force élastique maxima de sa vapeur est égale à la pression qu'il supporte.
		Ébullition sous faibles pressions	*Expérience* du bouillant de Franklin. *Applications :* Concentration des jus sucrés, des jus de viande, etc.
		Ébullition sous fortes pressions	*Expérience :* Marmite de Papin. *Application :* Autoclaves, saponification des corps gras, etc.
	II Absence d'air au sein du liquide	*Expérience* de M. Gernez. *Conclusion :* L'ébullition est une évaporation active d'un liquide tant à sa surface que dans l'air qu'il renferme.	
	III Substances en dissolution	Elles retardent ou avancent l'ébullition suivant qu'elles sont moins volatiles ou plus volatiles que l'eau.	
Caléfaction :	Évaporation rapide d'un liquide au contact de surfaces fortement chauffées.		

238. Expérience.

L'étude précédente nous a fait connaître une première manière de transformer un liquide en vapeur. Nous allons en étudier une autre désignée sous le nom d'*ébullition*.

Plaçons un ballon de verre, à moitié plein d'eau, sur une toile métallique et chauffons-le au moyen d'un brûleur Bunsen. (*fig.* 118). Un thermomètre **t**, soutenu par une pince **p**, plonge dans le liquide.

Au bout de peu de temps nous voyons s'élever de fines bulles, dues au dégagement de l'air dissous dans l'eau. Bientôt des bulles plus volumineuses, dues à la formation de vapeur d'eau, apparaissent sur la paroi du fond, grossissent, s'élèvent puis disparaissent subitement avant d'atteindre la surface libre. La formation et la condensation successives de ces premières bulles produisent le bruissement particulier qui précède l'ébullition : on dit alors que l'eau *chante*. Enfin il arrive un moment où ces bulles parviennent jusqu'à la surface en se suivant rapidement, l'eau est alors agitée tumultueusement dans toute sa masse : c'est le phénomène de l'ébullition. Une partie de la vapeur d'eau qui s'élève du liquide se condense sur les parois moins chaudes du col, le reste sort du ballon et se répand dans l'air.

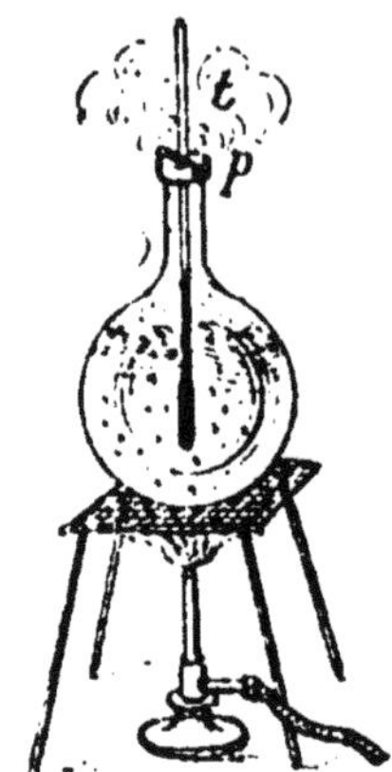

Fig. 118. — Ebullition de l'eau.

Le phénomène de l'ébullition est donc la vaporisation rapide d'un liquide par la production de bulles de vapeurs dans sa masse.

En même temps que l'expérience précédente se poursuit, l'observation du thermomètre révèle un fait intéressant. A mesure que l'eau s'échauffe, la colonne thermométrique s'élève pour s'arrêter à l'instant où l'ébullition commence; à *partir de ce moment la température du liquide demeure stationnaire*, quelle que soit la quantité de chaleur fournie. Si l'on chauffe le ballon à l'aide de 2, de 3 brûleurs, l'ébullition devient plus tumultueuse, mais la température du liquide reste *constante*, du moins pendant les dix premières minutes environ [1]. Si la pression atmosphérique est, à ce moment, de 76 centimètres, cette température est de 100°.

[1] Nous verrons plus loin (§ 244) la raison de cette restriction.

239. Lois.

L'expérience, recommencée avec d'autres liquides, conduit à des constatations analogues, d'où les lois suivantes :

Première loi. — *Pour une même pression extérieure, un même liquide commence à bouillir à la même température.*

La température d'ébullition d'un liquide sous la pression normale s'appelle son *point d'ébullition normal.*

Voici les points d'ébullition de plusieurs liquides sous la pression atmosphérique normale :

Air (liquide)	−192°	Eau................	100°
Gaz ammoniac (id.).	−33°	Acide acétique	119°
Gaz sulfureux (id) ..	−10°	Essence de térébenthine	158°
Ether ordinaire.....	35°	Acide phénique.....	180°
Sulfure de carbone .	46°	Mercure	357°
Alcool absolu.......	78°,5	Soufre fondu.......	448°
Benzine............	80°		

Deuxième loi. — *La température d'un liquide en ébullition reste constante pendant la durée du phénomène, pourvu que la pression extérieure demeure invariable.*

Cette loi est analogue à celle que nous avons donnée à propos de la fusion. La température d'un liquide en ébullition ne s'élève pas, bien qu'on lui fournisse toujours de la chaleur ; celle-ci sert uniquement à produire le changement d'état.

La détermination du point 100 du thermomètre (§ 186) est fondée sur cette loi.

240. Chaleur de vaporisation.

Le nombre de calories nécessaires pour faire passer 1 gramme d'un liquide à l'état de vapeur saturante, *sans changer sa température*, est appelé *chaleur de vaporisation.* Ce nombre varie un peu avec la température. La chaleur de vaporisation de l'eau à 100° est de 537 calories.

241. Influence de la pression sur le point d'ébullition.

Les énoncés des deux lois précédents mettent en relief cette condition importante que la température d'ébullition d'un liquide est en rapport étroit avec la pression supportée par ce liquide. On comprend aisément qu'il en soit ainsi, car l'ébullition est un phénomène de vaporisation et ce phénomène dépend, comme nous l'avons vu (§ 234, 4°), de la pression extérieure. Pour qu'une bulle de vapeur puisse se former au sein d'un liquide, puis s'élever et atteindre la surface libre, il faut, en effet, que sa force élastique soit égale à la pression qu'elle supporte.

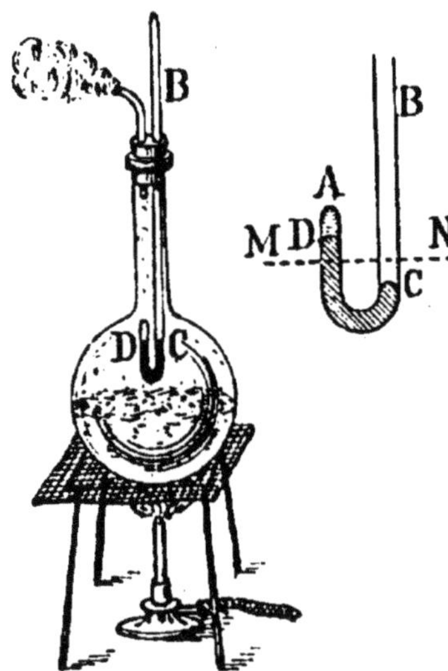

Fig. 119. — La vapeur émise par un liquide en ébullition a une tension égale à celle qui s'exerce sur lui.

L'expérience suivante permet d'établir une relation entre la température d'ébullition d'un liquide et la valeur de la pression exercée sur sa surface libre.

Au centre d'un ballon contenant de l'eau (*fig.* 119), est placée la partie recourbée d'un tube de verre, fermé en D et ouvert en B dans l'atmosphère. La petite branche renferme de l'eau entre A et D et du mercure entre CD, de manière que le niveau D dans la petite branche soit plus élevé qu'en C, dans la grande branche. On porte l'eau du ballon à l'ébullition; l'eau de la petite branche se trouve à la même température que la vapeur ambiante et se vaporise en partie. On observe alors que les niveaux C et D du mercure dans les deux branches sont sur un même plan horizontal MN, on en conclut que la pression exercée par la vapeur, en D, est égale à la pression atmosphérique qui s'exerce en C. L'expérience recommencée avec d'autres liquides que l'eau conduit toujours à des résultats identiques au précédent, d'où la loi suivante :

TROISIÈME LOI. — *Un liquide entre en ébullition dès que sa température atteint la valeur pour laquelle la force élastique maxima de sa vapeur est égale à la pression qu'il supporte.*

Il résulte de cette loi que le point d'ébullition d'un liquide varie dans *le même sens* que la pression exercée sur la surface libre ([1]).

242. Ébullitions sous de faibles pressions.

D'après la relation précédente, la température d'ébullition de l'eau doit s'abaisser à mesure qu'on s'élève en pays de montagnes, puisque la pression atmosphérique diminue, c'est en effet ce qui a lieu. A 1.200 mètres, où la pression moyenne est d'environ 65 centimètres, l'eau bout vers 96°; au sommet du mont Blanc, elle bout à 84°.

On peut d'ailleurs vérifier très simplement l'abaissement du point d'ébullition de l'eau avec la diminution de la pression supportée par le liquide, à l'aide de l'expérience suivante, due à Franklin (*fig.* 120). On fait bouillir de l'eau dans un ballon de verre B à long col, durant assez longtemps pour que tout l'air qui surmonte le liquide soit chassé par la vapeur d'eau dégagée. On ferme le ballon à l'aide d'un bouchon et, pour empêcher toute rentrée d'air, on le retourne. Dans cet état, l'eau du vase a cessé de bouillir et demeure au repos; mais si l'on verse un peu d'eau froide sur le ballon, on voit aussitôt le liquide intérieur entrer en ébullition. Pour expliquer ce phénomène, il suffit de considérer que la seule pression supportée par le liquide est la force élas-

([1]) Les deux variations sont de *même sens*, mais *ne sont pas proportionnelles*.

tique de la vapeur qui le surmonte. Le refroidissement du ballon a pour effet de condenser une partie de cette vapeur. Dans ces conditions un vide partiel se produit au-dessus de l'eau qui se remet à bouillir pendant quelque temps.

Fig. 120. — Ebullition de l'eau au-dessous de 100° lorsqu'on diminue la pression au-dessus du liquide.

On peut faire bouillir de l'eau à une température donnée inférieure à 100°. Pour cela on place un vase contenant de l'eau tiède sous la cloche d'une machine pneumatique et l'on raréfie l'air. A mesure que la pression intérieure diminue, l'évaporation de l'eau devient plus active, la force élastique de la vapeur d'eau augmente; quand elle est égale à la pression de l'air de la cloche, le liquide se met à bouillir.

Dans l'industrie on utilise ce phénomène de l'ébullition sous pression réduite dans les cas où une température un peu élevée amènerait la décomposition du liquide : concentration des jus sucrés de betterave [1], de glucose, des eaux glycérineuses, des bouillons de gélatine, des jus de viande pour conserves alimentaires, etc.

243. Ébullition sous de fortes pressions.

Lorsque la pression exercée sur un liquide augmente, sa température d'ébullition s'élève. Si on chauffe de l'eau

(1) Voir *Cours de chimie*, 2e vol., p. 138.

dans une chaudière complètement fermée (*fig.* 121), le liquide peut être porté à une température de 120, 130, 140° sans qu'il entre en ébullition.

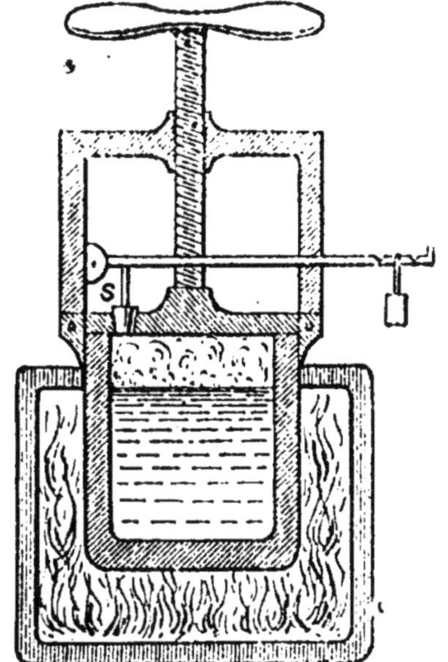

Fig. 121. — Marmite de Papin.

La force élastique de la vapeur augmente avec la température et s'ajoute sans cesse à la pression de l'air qui surmonte le liquide; comme cette vapeur n'a pas d'issue, l'ébullition dans ces conditions est impossible. Vient-on à soulever la soupape de sûreté *s*, un jet de vapeur s'échappe, la pression atmosphérique se rétablit dans la chaudière, en même temps l'ébullition se produit avec violence et la température descend rapidement au voisinage de 100°.

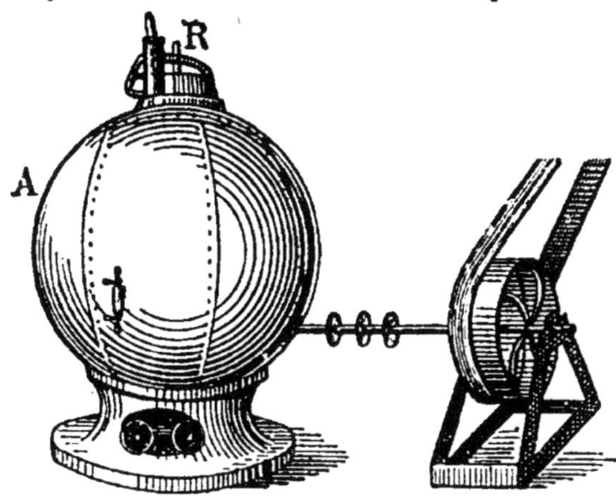

Fig. 122. — Autoclave pour la saponification calcaire.

Dans l'industrie, on utilise des appareils analogues, appelés *autoclaves*, pour porter des liquides à des températures supérieures à leur point d'ébullition ordinaire : stérilisation des boîtes de conserves alimentaires, saponification des corps gras (*fig.* 122), etc.

241. Autres causes qui font varier la température d'ébullition.

I. *Absence d'air au sein du liquide.* — La pression extérieure n'est pas la seule cause pouvant faire varier la température d'ébullition d'un liquide; c'est ainsi que l'eau bout à une température un peu plus élevée dans un ballon de verre, que dans une casserole de fer aux parois rugueuses. Ce n'est pas la nature du vase mais l'état de ses parois qui semble intervenir ici, car le retard à l'ébullition s'observe également quand on emploie un vase de cuivre poli.

Comme, d'autre part, les bulles de vapeur se détachent toujours de la paroi, il y a lieu de se demander si les minuscules bulles d'air accrochées aux rugosités du vase de fer, alors qu'elles ne peuvent se fixer aussi facilement sur la surface lisse du verre, ne seraient pas la *cause réelle* de la différence observée.

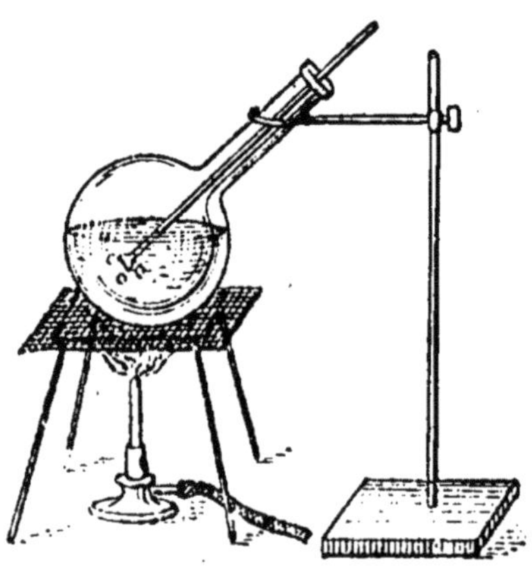

Fig. 123. — Lorsqu'on plonge une petite cloche en verre renfermant une bulle d'air dans un liquide *surchauffé*, le liquide se met à bouillir et les bulles de vapeur partent uniquement de l'ouverture de la cloche.

Pour vérifier cette hypothèse, faisons deux sortes d'expériences. Dans la première, nous éliminerons l'air de l'eau et du vase; dans la seconde, nous introduirons de l'air.

Première expérience. — Nettoyons avec soin un ballon de verre à la potasse, puis à l'acide sulfurique, rinçons ensuite à l'eau distillée. Versons de l'eau bouillie dans ce ballon et chauffons-le après y avoir plongé un thermomètre, nettoyé et rincé comme le vase lui-même. Nous observons cette fois que l'ébullition commence au-dessus de 102°, 104°, 106° sans que l'ébullition se produise. On dit alors qu'il y a *surchauffe*.

Seconde expérience. — Introduisons dans cette eau un peu d'air emprisonné sous une petite cloche de verre (*fig.* 123), aussitôt l'ébullition recommence et les bulles de vapeur partent uniquement de la cloche.

On obtient le même résultat en projetant simplement dans le liquide des grains de sable ou de limaille de fer qui entraînent de l'air entre eux.

Conclusion. — **La présence de l'air sur les parois des vases favorise grandement l'ébullition.**

Les expériences précédentes nous éclairent sur la nature du phénomène de l'ébullition. Quand on fait bouillir de l'eau dans un vase, les bulles d'air minuscules adhérentes à la paroi constituent comme autant de petites atmosphères dans lesquelles la vapeur se produit. Ces bulles augmentent peu à peu de volume, se détachent et s'élèvent sous la poussée du liquide, si toutefois leur pression intérieure est égale à la pression qu'elles supportent (§ 241). Le départ de chaque bulle de vapeur laisse néanmoins assez d'air pour que de nouvelles bulles se forment à sa suite pendant quelque temps.

En résumé : *l'ébullition n'est autre qu'une évaporation très active d'un liquide se produisant à sa surface et dans l'air qu'il renferme.*

II. *Influence des substances en dissolution.* — Une autre cause du retard à l'ébullition est la présence de substances en dissolution dans le liquide ; de l'eau salée à saturation bout à une température de 108°. C'est pourquoi le point d'ébullition des liquides sous pression normale est un des caractères physiques les plus importants pour s'assurer de leur pureté.

Par contre, la présence de ces substances salines n'a aucune influence sur la température de la *vapeur* qui dépend uniquement de la pression extérieure. C'est pour cette raison que dans la détermination du point 100 des thermomètres, on fait plonger l'instrument dans la vapeur et non dans le liquide (§ 189).

245. Caléfaction.

Lorsqu'on place une casserole pleine d'eau sur un fourneau de fonte fortement chauffé, au moment où l'ébullition se produit, des gouttelettes de liquide s'échappent du vase et tombent sur la plaque du fourneau. Au lieu de se volatiliser instantanément, comme on pourrait le croire, elles prennent la forme de petites lentilles qui se déplacent avec vivacité sur la plaque et finissent par s'étaler, en bouillant sur place. On donne à ce phénomène le nom de caléfaction.

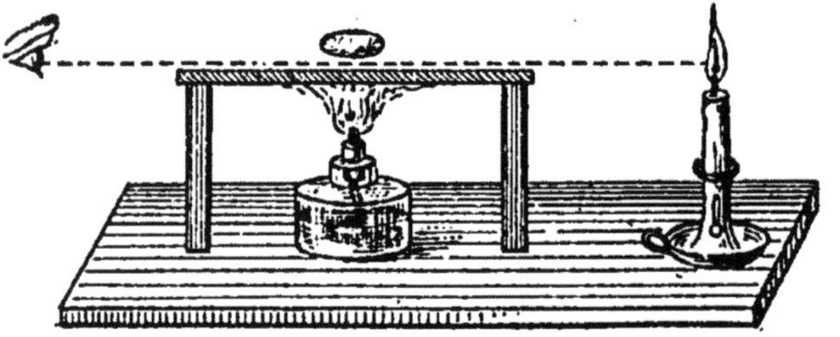

Fig. 124. — Caléfaction de l'eau. Lorsqu'une faible quantité d'eau est versée sur une plaque chauffée au rouge, elle prend une forme globulaire et se vaporise lentement sans toucher la plaque.

Pour l'étudier d'un peu plus près, projetons quelques gouttes d'encre sur une plaque métallique chauffée au rouge, et disposons la flamme d'une bougie sur le prolongement de la plaque (*fig.* 124). En plaçant l'œil à la même hauteur, nous apercevons un intervalle entre le globule liquide et la surface métallique. On explique ce phénomène de la manière suivante. Lorsque le liquide tombe sur la plaque, une forte quantité de vapeur se forme, le soulève, et ce sont les variations dans la production de vapeur qui expliquent les déplacements du globule.

Lorsque la quantité de vapeur produite diminue par suite de la réduction de la gouttelette, sa force élastique est insuffisante pour soutenir le liquide, qui retombe sur la plaque et bout subitement.

Divers accidents sont dus au phénomène de caléfaction :

1° Lorsqu'une casserole pleine d'eau est posée sur la plaque d'un fourneau portée au rouge, les gouttelettes qui s'en échappent au moment de l'ébullition tombent sur la plaque et entrent en caléfaction. Au moment où elles s'étalent en entrant en ébullition, la partie du métal en contact avec le liquide se trouve à une température inférieure à celle des parties voisines. Il en résulte des irrégularités de dilatation qui entraînent souvent la rupture de la plaque.

2° On peut également attribuer à la caléfaction, les explosions de chaudière qui se produisent parfois lorsque, par suite d'une circonstance quelconque, l'eau n'a pas été renouvelée à temps. Au moment où l'eau arrive, certaines parties de la paroi peuvent être portées au rouge. Un phénomène de caléfaction se produit alors ; puis, lorsque l'eau entre en contact avec les parois, il se produit un dégagement subit de vapeur dont la force élastique peut alors dépasser la limite de résistance de la chaudière, et la rupture a lieu.

240. Expériences. — Faire observer le phénomène de l'ébullition de divers liquides : eau, lait par exemple. — Expérience du § 242 (bouillant de Franklin). — Pour répéter l'expérience de la figure 119, on courbe un tube, on ferme à la lampe la petite branche, que l'on emplit ensuite de mercure (pour faire partir tout l'air qu'elle renferme, il suffit d'incliner convenablement le tube). Cela fait, on emplit la grande branche de mercure en laissant libres quelques centimètres cubes que l'on emplit d'eau, puis on ferme la grande branche avec le doigt et on retourne le tube sens dessus dessous pour faire passer l'eau dans la petite branche ; on enlève tout le mercure en excès dans la grande branche avec une pipette de verre terminée par une longue partie effilée de manière que le niveau du mercure soit plus bas dans la grande branche que dans la petite. — Expériences relatives à l'ébullition de l'eau privée d'air. — Expériences sur la caléfaction.

CHAPITRE XVIII

CONDENSATION DES VAPEURS ET DES GAZ

PLAN

	Définition :	Retour d'une partie de la vapeur à l'état liquide.
Condensation des vapeurs	**Chaleur libérée**	La condensation d'une vapeur libère la chaleur absorbée par la vaporisation.
	Application	Chauffage à la vapeur. Calorifère à vapeur. Distillation.
Liquéfaction des gaz	**Idée directrice**	a) Les vapeurs saturées peuvent être condensées { par refroidissement. / par compression. b) Les vapeurs non saturées se comportent comme des gaz. c) Les gaz ne pourraient-ils inversement se comporter comme des vapeurs et être condensés par refroidissement ou compression ?
	Liquéfaction par refroidissement	Gaz sulfureux, etc.
	Liquéfaction par compression	Gaz ammoniac, etc. Par l'emploi de la presse hydraulique on a pu atteindre des pressions de 3.000 atmosphères.
	Liquéfaction par compression et refroidissement réunis	Ethylène, hydrogène phosphoré, etc. Six gaz ne pouvaient être liquéfiés (1877) malgré des pressions énormes (3.000 atmosphères) : méthane, oxyde de carbone, oxyde azotique, oxygène, azote, hydrogène. — On les qualifiait de *permanents.*
	Température critique. Principe d'Andrews	Pour tous les gaz il existe une température particulière, dite température critique, au-dessus de laquelle le gaz ne peut être amené à l'état liquide, quelle que soit la pression exercée sur lui.
	Moyens de refroidir un gaz pour l'amener au-dessous de sa température critique	a) *Emploi d'un mélange réfrigérant* { L'abaissement de température ne dépasse pas — 50°. b) *Évaporation rapide d'un liquide* { Par l'emploi du procédé en cascades on peut atteindre des températures de — 200°. Mais ce procédé est long et coûteux.

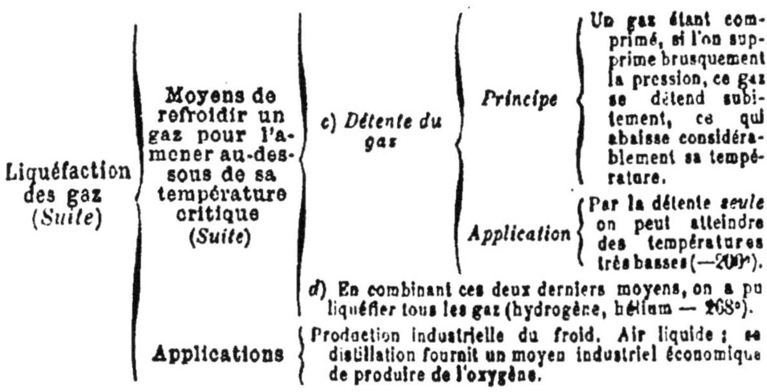

- Liquéfaction des gaz (*Suite*)
  - Moyens de refroidir un gaz pour l'amener au-dessous de sa température critique (*Suite*)
    - *c) Détente du gaz*
      - *Principe* : Un gaz étant comprimé, si l'on supprime brusquement la pression, ce gaz se détend subitement, ce qui abaisse considérablement sa température.
      - *Application* : Par la détente *seule* on peut atteindre des températures très basses (—200°).
    - *d)* En combinant ces deux derniers moyens, on a pu liquéfier tous les gaz (hydrogène, hélium — 268°).
  - Applications : Production industrielle du froid. Air liquide ; sa distillation fournit un moyen industriel économique de produire de l'oxygène.

CONDENSATION DES VAPEURS

247. Condensation des vapeurs.

Nous savons, par l'étude des lois sur la formation des vapeurs, que si l'on comprime une vapeur, ou si on la refroidit, on finit par la rendre saturante. A ce moment, une augmentation de la pression, ou un abaissement de la température, détermine le retour d'une partie de la vapeur à l'état liquide. On donne à ce phénomène le nom de **condensation**. La vapeur d'eau qui s'élève d'une casserole chauffée sur un foyer se condense sur le couvercle ou sur une assiette froide placée au-dessus. La buée dont se recouvre une carafe d'eau fraîche placée au milieu d'une pièce chaude, est due à la condensation de la vapeur d'eau contenue dans l'air qui est en contact avec la carafe.

248. Chaleur libérée par la condensation d'une vapeur.

A l'inverse du phénomène de vaporisation (§ 236), la condensation d'une vapeur dégage de la chaleur. On met facilement ce fait en évidence en condensant de la vapeur d'eau au milieu d'une masse d'eau froide (*fig.* 125), celle-ci s'échauffe rapidement. La quantité de chaleur ainsi libérée est précisément égale à celle qu'on a dû fournir au liquide pour le vaporiser, c'est-à-dire à la chaleur de vaporisation. Ainsi 1 gramme de vapeur d'eau à 100° dégage 537 calories en se transformant en eau à 100°; d'où il résulte que 100 grammes d'eau, passant de l'état de vapeur à 100°, à l'état liquide, à la même température, dégagent une quantité de chaleur (53.700 calories) capable d'élever de 0° à 100°

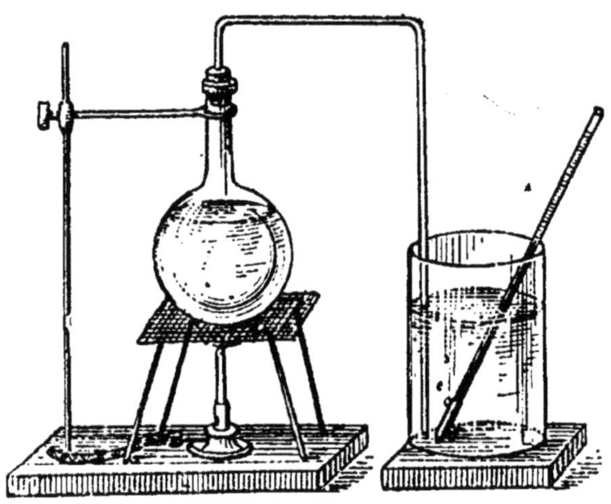

Fig. 125. — La chaleur dégagée par la condensation de la vapeur d'eau élève rapidement la température de l'eau du vase.

une masse de 537 grammes d'eau, tandis qu'en mélangeant 100 grammes d'eau à 100° à 537 grammes d'eau à 0° la température finale est seulement d'environ 15°.

Dans l'industrie, on utilise fréquemment la chaleur dégagée par la condensation de la vapeur d'eau pour chauffer les liquides en injectant directement la vapeur dans leur masse (1). On utilise également la chaleur dégagée par la condensation de la vapeur d'eau pour le chauffage des grands établissements, ateliers, lycées, magasins, etc. (§ 297).

(1) Voir *Cours de chimie*, 2e vol., p. 119.

249. Distillation.

Faisons bouillir de l'eau salée dans une cornue de verre (*fig.* 126) et dirigeons la vapeur produite dans un ballon refroidi par un courant d'eau; elle s'y condense et nous constatons que l'eau recueillie n'est plus salée. L'opération que nous avons effectuée s'appelle distillation; elle nous a per-

Fig. 126. — Distillation de l'eau.

Fig. 127. — Alambic. Les vapeurs d'alcool qui se dégagent en b vont se condenser dans le serpentin K et l'alcool condensé s'écoule en r'.

mis de séparer l'eau du sel qu'elle tenait en dissolution ainsi que des sels de calcium ou des autres matières qu'elle pouvait contenir; en un mot, l'eau est pure, c'est de l'*eau distillée*.

Remplaçons l'eau par du vin et chauffons doucement le liquide. Nous recueillons dans le ballon un liquide incolore mais d'une odeur et d'un goût particuliers : c'est un mélange d'eau et d'alcool. Comme l'alcool bout à 78°, sa vapeur s'est dégagée plus rapidement que celle de l'eau contenue dans le vin et s'est condensée en plus grande quantité. Ainsi la distillation nous a procuré un mélange contenant une plus grande proportion d'alcool que le liquide primitif.

Dans l'industrie, la distillation s'effectue à l'aide d'appareils spéciaux appelés alambics (*fig.* 127), composés essentiellement de deux parties : 1° un appareil d'évaporation, la *chaudière*, fermé par un couvercle ; 2° un appareil de condensation, le *serpentin*, formé par un tube de cuivre enroulé en spirale, et plongeant dans une cuve cylindrique où circule un courant d'eau froide. Le serpentin est relié à la chaudière par un tube débouchant au sommet du couvercle ; il se termine par un robinet qui laisse écouler le liquide distillé.

LIQUÉFACTION DES GAZ

250. L'étude des propriétés des vapeurs nous a montré : 1° qu'une vapeur peut être condensée à l'état liquide, soit par *refroidissement* (§ 229), soit par *compression* (§ 230) ; 2° que les vapeurs non saturantes se comportent comme des gaz (§ 230). Il est naturel de se demander si, de même que pour une vapeur, en *refroidissant* ou en *comprimant* suffisamment un gaz, on ne pourrait pas l'amener, d'abord à l'état de vapeur saturante, puis à l'état liquide.

Nous allons passer sommairement en revue les différentes expériences qui ont été réalisées à ce sujet.

251. Liquéfaction d'un gaz par refroidissement.

On produit du gaz sulfureux (1) dans un ballon (*fig.* 128). Après l'avoir desséché, on le fait arriver dans un petit ballon à long col, entouré d'un mélange de glace et de sel marin. L'abaissement de température produit par ce mélange est suffisant pour

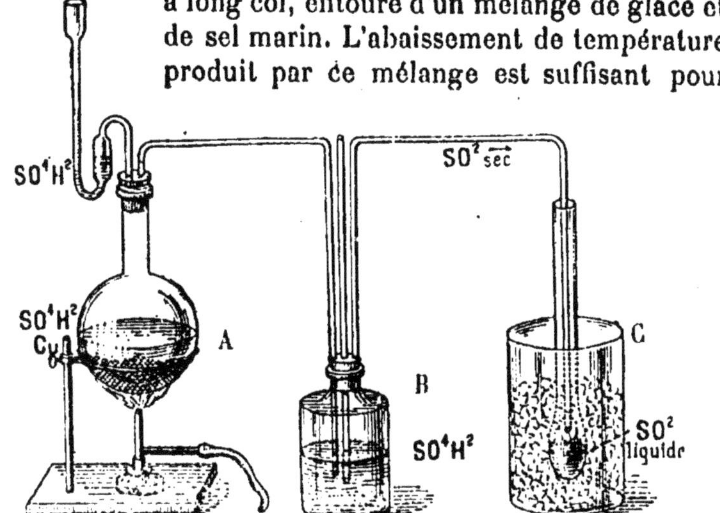

FIG. 128. — Liquéfaction du gaz sulfureux par refroidissement. En A, le gaz sulfureux est produit ; en B, il est desséché ; en C, il est refroidi et liquéfié.

déterminer la liquéfaction du gaz sulfureux, dont le point de liquéfaction, sous la pression atmosphérique normale, est de — 8°.

252. Liquéfaction d'un gaz par compression.

Dans une des branches A d'un tube de verre recourbé en V renversé (*fig.* 129) et à parois épaisses, on introduit du chlorure d'argent ammoniacal desséché. Ce composé renferme à 0° plus de 300 fois son volume de gaz ammoniac, et se décompose à 60° en dégageant le gaz absorbé. On ferme le tube à la lampe puis on chauffe la branche A au

(1) Voir *Cours de chimie*, 1er vol., p. 140.

bain-marie. Le gaz ammoniac dégagé en A, s'accumule dans l'espace limité où il est enfermé, sa force élastique augmente, et, quand elle a atteint la force élastique maxima correspondant à la température de la branche B, le gaz se liquéfie. On met, par exemple, la branche B dans la glace pilée, pour la maintenir à 0°. La tension maxima du gaz ammoniac à 0° étant de 4^{atm},5, la liquéfaction commence quand la force élastique du gaz atteint cette valeur.

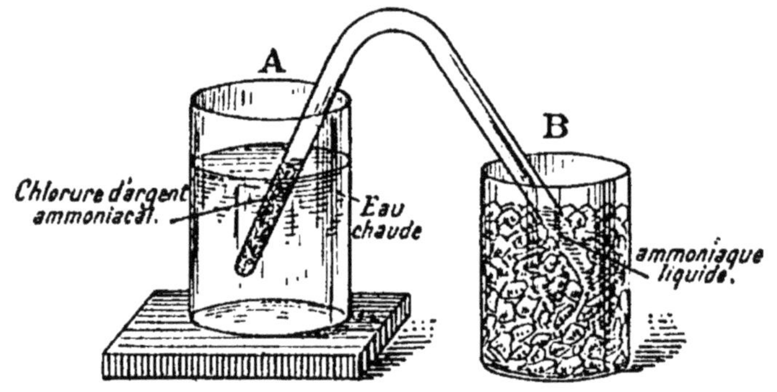

Fig. 129. — Liquéfaction du gaz ammoniac par compression.

On peut également produire la compression d'un gaz en le refoulant à l'aide d'une pompe dans un récipient de petites dimensions, entouré de glace.

La liquéfaction du gaz carbonique, du protoxyde d'azote peut s'obtenir ainsi sous une pression de 50 atmosphères.

253. Emploi de la presse hydraulique pour produire de fortes pressions.

On peut comprimer les gaz sous des pressions considérables en employant le dispositif suivant : Le gaz à liquéfier est introduit dans un tube à parois très résistantes (*fig.* 130).

Ce tube est placé dans une cuvette de fonte contenant du mercure et sur laquelle il est solidement assujetti à l'aide d'un écrou. La partie effilée du tube dépasse ; elle est entourée d'un manchon de verre M où circule un liquide à température constante. Une cloche de verre C renferme une substance desséchante pour empêcher la formation de buée ou de givre sur les parois du tube et prévient aussi les éclats de verre en cas d'une rupture accidentelle. A l'aide d'une presse hydraulique, on injecte de l'eau à la surface du mercure contenu dans la cuvette de fonte.

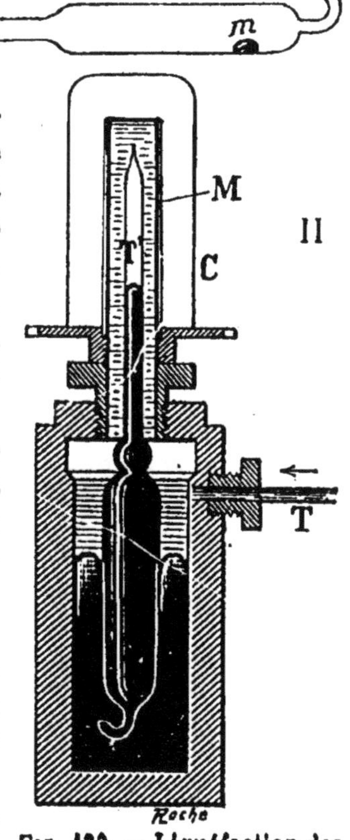

Fig. 180. — Liquéfaction des gaz par compression. I. On emplit un tube spécial en verre par un courant de gaz. On scelle ensuite l'extrémité e à la lampe ; lorsqu'on redresse le tube, la goutte de mercure m forme bouchon. II. A l'aide d'une presse hydraulique on comprime de l'eau à la surface du mercure. Celui-ci s'élève dans le tube T' et y comprime fortement le gaz.

Le mercure s'élève dans le tube de verre où il comprime le gaz enfermé, sous une pression qui a pu être portée jusqu'à 3.000 atmosphères.

254. Température critique.

Il semblerait que, disposant de moyens aussi puissants pour comprimer les gaz, on puisse suppléer ainsi à l'insuffisance des moyens pour les refroidir : il n'en est rien. En 1877, six gaz avaient résisté à toutes les tentatives faites pour les liquéfier : c'étaient le méthane, l'oxyde de carbone, l'oxyde azotique, l'oxygène, l'azote, l'hydrogène. On les appelait gaz *permanents*.

A cette époque, un physicien anglais, *Andrews*, avait entrepris (depuis 1870) des recherches sur les conditions de la liquéfaction du gaz carbonique, qui l'amenèrent à la conclusion suivante :

Lorsque le gaz carbonique est à une température inférieure à 31°, il est toujours possible de le liquéfier par compression. A une température supérieure à 31°, il est IMPOSSIBLE *de le liquéfier*, quelle que soit la pression dont on dispose.

Généralisant cette observation, Andrews put énoncer le principe suivant :

Pour tous les gaz, il existe une température, dite température critique, au-dessus de laquelle le gaz ne peut être amené à l'état liquide, quelle que soit la pression exercée sur lui.

Ainsi, d'après cet énoncé, *la première condition à remplir pour liquéfier un gaz est d'abaisser sa température* au-dessous de sa température critique.

Voici la température critique de quelques gaz :

Gaz	Température critique	Groupe
Anhydride sulfureux	+ 156°	I
Ammoniac	+ 130°	I
Acétylène	+ 37°	I
Anhydride carbonique	+ 31°	I
Ethylène	+ 9°	I
Oxygène	— 116°	II
Oxyde de carbone	— 140°	II
Air	— 142°	II
Azote	— 145°	II
Hydrogène	— 241°	II

On voit, d'après ce tableau, que les gaz du premier groupe se trouvent naturellement, dans les conditions ordinaires, au-dessous de leur température critique, et l'on comprend pourquoi on les voit se liquéfier sous la seule action de la pression. Les gaz du deuxième groupe, au contraire, ont leur température critique très inférieure à zéro, aussi devra-t-on disposer d'un froid considérable pour les rendre liquéfiables.

255. Divers moyens d'abaisser la température d'un gaz.

Pour abaisser la température d'un gaz nous pouvons disposer d'un des moyens suivants :

a) *Emploi d'un milieu réfrigérant ;*

b) *Evaporation rapide d'un liquide ;*

c) *Détente du gaz.*

256. *a*) **Milieux réfrigérants.**

L'énormité du froid à produire exclut toute idée d'y parvenir par l'emploi des mélanges réfrigérants ordinaires qui peuvent, *tout au plus*, produire un abaissement de température de 50° (§ 222). Il faut donc renoncer à ce procédé, et trouver une autre manière de refroidir le gaz. On y parvient en utilisant le second moyen.

257. *b*) **Évaporation rapide d'un liquide.**

Nous avons vu (§ 236) que l'évaporation rapide d'un liquide en abaisse notablement la température, et cela, d'autant plus, que le liquide est plus volatil; l'évaporation rapide de l'éther par exemple, nous a permis de congeler de la vapeur d'eau contenue dans l'air. En évaporant rapidement, en vase clos, un des gaz facilement liquéfiés à la température ordinaire, du *chlorure de méthyle*, du *gaz carbonique*, on obtient un abaissement notable de température. C'est ainsi que l'évaporation rapide du chlorure de méthyle, dans le vide produit par une machine pneumatique, détermine un froid de — 55°, température suffisante pour permettre la liquéfaction de l'éthylène, sous une pression de quelques atmosphères. Un bain d'éthylène, évaporé à son tour dans le vide, produit une température de — 136°. Or, à cette température, l'oxygène, dont la température critique est de — 116°, se liquéfie sous une pression de 22 atmosphères seulement.

L'évaporation de l'oxygène liquide dans le vide, produit une température de — 200° qui permet la liquéfaction, sous la pression atmosphérique, de l'air (— 191°) et de l'azote (— 195°).

Le dispositif que nous venons de décrire sommairement et dont la figure 131 nous offre une représentation schématique, permet d'atteindre une température très basse par des chutes successives, ou cascades de températures. Il constituait en 1893 l'installation frigorifique modèle ; mais on a imaginé depuis un procédé fondé sur le froid produit par la détente d'un gaz, et qui permet d'atteindre les températures les plus basses par une installation plus simple et moins coûteuse.

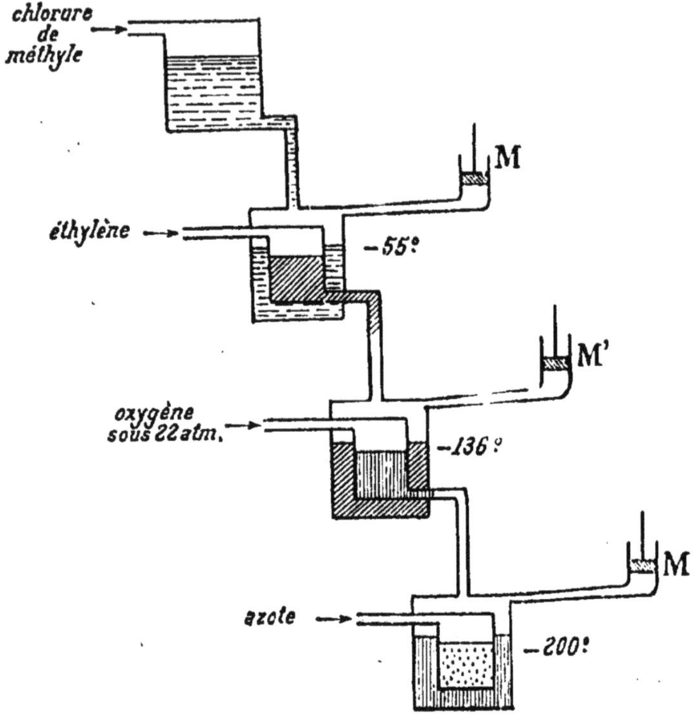

FIG. 131. — Cascades de températures (schéma). Liquéfactions de différents gaz par des abaissements successifs de température de plus en plus grands.

258. *c*) **Détente.**

Détendre un gaz, c'est faire cesser brusquement la compression à laquelle il est soumis. Le procédé peut paraître en singulière contradiction avec ce que nous avons étudié jusqu'ici, puisque nous avons vu qu'il fallait comprimer un gaz pour le liquéfier — et que la détente est précisément la manœuvre inverse.

Lorsqu'un gaz est comprimé, il s'échauffe. Actionnons pendant quelque temps une pompe de bicyclette dont nous bouchons à moitié l'orifice O (*fig.* 132), de manière à comprimer l'air intérieur, nous ne tardons pas à sentir le corps de pompe s'échauffer.

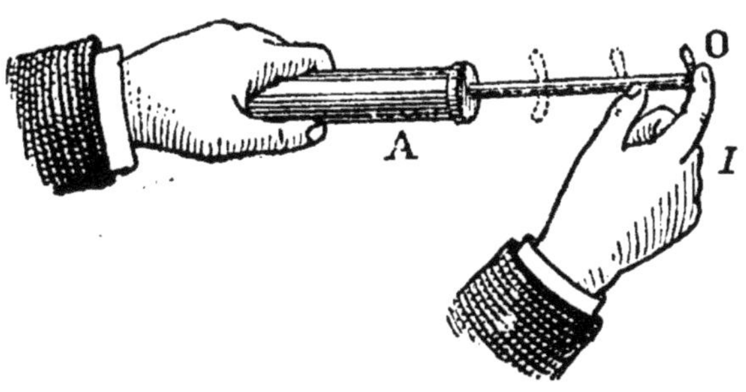

FIG. 132. — Lorsqu'un gaz est comprimé, il s'échauffe. En bouchant à demi l'extrémité O on sent, au bout de quelques coups de piston que le corps de pompe s'est échauffé.

Inversement, un gaz comprimé se refroidit lorsqu'il est détendu. Ainsi, quand de la vapeur d'eau sous pression s'échappe d'une chaudière, elle est invisible comme un gaz, mais le jet s'épanouit, quelques centimètres plus loin, en un nuage blanc formé de fines gouttelettes liquides. L'abaissement de température, dû à la détente, a produit la liquéfaction d'une partie de la vapeur.

Le calcul indique que, si un gaz à — 0°, comprimé à 300 atmosphères est détendu brusquement à 10 atmosphères, sa température descend à — 172°. Si cette température est inférieure à la température critique du gaz, le refroidissement considérable qui en résulte peut être suffisant pour amener à l'état liquide une partie du gaz comprimé.

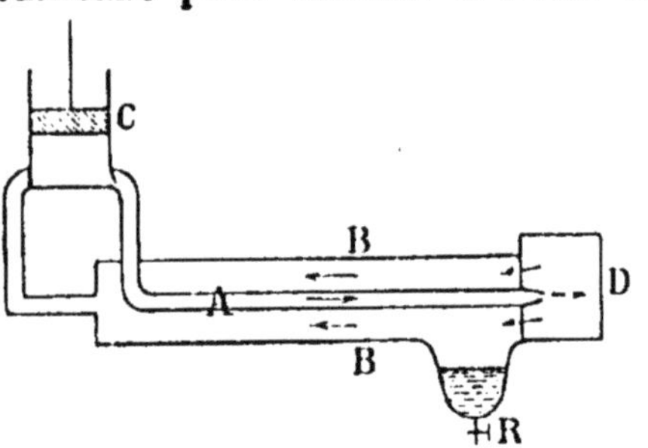

Fig. 133. — Liquéfaction de l'air (procédé Linde), schéma.

L'air comprimé à 200 atmosphères par le compresseur C circule dans le tube central A, se détend à 16 atmosphères en D et fait retour en sens inverse au compresseur par le tube B. *L'air qui vient de se détendre refroidit constamment celui qui va se détendre* et qui, par sa détente, produira à son tour une température plus basse que celle de l'air précédent. La température s'abaisse ainsi progressivement jusqu'au moment où une partie de l'air détendu se liquéfie dans le récipient R d'où on le soutire par un robinet.

Tel est le principe de la machine à liquéfier l'air, imaginée par M. Linde, professeur à l'Ecole polytechnique de Munich (*fig.* 133), et remarquablement perfectionnée par un physicien français, M. G. Claude (*fig.* 134).

Actuellement tous les gaz connus ont été liquéfiés. Le plus récent, l'*hélium*, qui paraissait résister à tous les efforts, a été liquéfié le 10 *juillet* 1908 par M. Kamerlingh Onnes dans son laboratoire de Leyde, à une température évaluée à — 268°,5 [1].

[1] Voici, d'après la *Revue du mois* (*février* 1909), quelques détails sur cet événement scientifique considérable. L'expérience fut commencée à cinq heures du matin, on y mit en œuvre les deux procédés de cascade de températures et celui de la détente ; 75 litres d'air liquide avaient été préparés d'avance. Leur ébullition, sous pression réduite, permit d'obtenir l'hydrogène liquide : à une heure de l'après-midi, on en avait recueilli 20 litres. D'autre part, on avait préparé 20 litres d'hélium (le fait que ce gaz est très rare donne une idée de la puissance des moyens employés). Ce gaz fut d'abord refroidi à — 258° par l'évaporation rapide de l'hydrogène liquide sous une pression réduite de 6 centimètres de mercure ; à quatre heures du soir, on le mit en circulation dans un réfrigérateur à robinet d'expansion. La détente du gaz, déjà considérablement refroidi, en abaissa encore la température. Enfin, à sept heures du soir, les premières gouttes d'hélium liquide apparaissaient. M. Onnes

259. Applications des gaz liquéfiés.

Les gaz liquéfiés ou comprimés donnent lieu à de nombreuses applications. Le chlore est liquéfié dans des bouteilles d'acier étiré sans soudure, et vendu au prix de 75 fr. les 100 kilogrammes. Sous cette forme, il est commodément employé par un grand nombre d'industries chimiques [1].

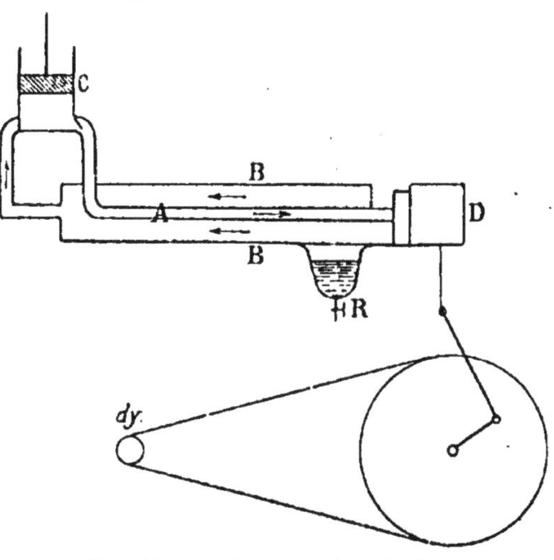

Fig. 134. — Liquéfaction de l'air (procédé Claude), schéma.

La circulation de l'air a lieu comme dans le procédé Linde. L'air comprimé par le compresseur C sous une pression qui ne dépasse pas 40 atmosphères, et qui a même pu être descendue à moins de 7 atmosphères, est amené par le tube central A jusqu'au cylindre d'une machine D qu'il *fait mouvoir* en se détendant, et dont la lubrification est assurée par de l'essence de pétrole, liquide incongelable à — 190°. Le *travail extérieur* fourni par la machine D sert à actionner une dynamo *dy* dont le courant est utilisé pour produire l'éclairage. La détente avec travail extérieur produit un abaissement de température plus rapide. Le rendement est élevé et l'économie notable.

L'anhydride sulfureux liquéfié, également très employé [1] est livré soit en tubes d'acier, soit même dans d'épais siphons de verre.

L'anhydride

tenta ensuite de solidifier l'hélium liquide en l'évaporant rapidement sous une pression réduite de 7 millimètres de mercure; mais le liquide conserva sa mobilité bien que sa température fût alors, suivant M. Onnes de — 270°. D'après ce savant l'hélium ne pourra être solidifié qu'à — 272°. « Vers neuf heures du soir, dit M. Onnes en terminant sa communication lue au Congrès du froid tenu à Paris en 1908, les appareils et les opérateurs étaient parvenus à l'extrême degré de fatigue, et comme il ne restait presque plus d'hélium, on interrompit l'expérience. »

(1) Voir *Cours de Chimie*, 1re année, § 213.

carbonique est comprimé dans des bouteilles d'acier sous une pression de 60 atmosphères. Sa production annuelle est, en Allemagne, de 28.500.000 kilogrammes. En France, elle atteint 10 millions de kilogrammes. Les multiples usages du gaz carbonique ([1]) justifient une production aussi considérable.

L'évaporation en vase clos de l'ammoniac liquide est utilisée pour produire le froid dans les machines frigorifiques employées de manières si diverses dans l'industrie : conservation et transport des viandes, des fruits, du beurre; fermentation de la bière, etc. ([2]).

L'hydrogène et l'oxygène, se livrent également en tubes d'acier renfermant de 450 à 8.000 litres sous une pression de 150 kilogrammes.

Enfin l'application la plus récente de la liquéfaction des gaz est la préparation industrielle de l'air liquide, et par suite, de l'oxygène, obtenu par la distillation de cet air liquide. La production de l'oxygène, désormais assurée dans des conditions économiques satisfaisantes, déterminera, dans un avenir prochain, des transformations profondes dans les grandes industries chimiques et métallurgiques, renouvellera les procédés d'éclairage, etc.

([1]) Voir *Cours de Chimie*, 1re année, § 213.

([2]) L'utilisation du froid prend une importance croissante dans l'industrie. Nous avons vu, note précédente, qu'il y a eu en 1908, à Paris, un premier Congrès international du froid. Le 1er octobre 1909, un Congrès français du froid s'est tenu à Lyon. En octobre 1910, un deuxième Congrès international s'est tenu à Vienne (Autriche). Voici à titre d'indication, quelques-unes des questions étudiées dans ces assemblées : création de stations centrales en vue de la distribution du froid à domicile dans les grandes villes ; agencement des wagons pour la production du froid en cour de route; applications du froid à la vinification; conservation du poisson; emploi des chambres froides par le petit commerce; conservation des graines et produits horticoles; application du froid à l'industrie fromagère, etc. Cf. *Revue scientifique*, 6 août 1910 : *Les Applications du froid*, par M. Gariel.

CHAPITRE XIX

DIVERS MODES DE PROPAGATION DE LA CHALEUR

PLAN

- **I. Divers modes de propagation de la chaleur**
  - 1° Au voisinage d'un foyer, sensation immédiate de chaleur : *rayonnement.*
  - 2° Lorsqu'on plonge dans l'eau bouillante une cuiller métallique dont on tient l'autre extrémité, on éprouve une sensation de chaleur de plus en plus forte : *conductibilité.*
  - 3° Les couches supérieures de l'eau d'un vase s'échauffent quand on chauffe les couches inférieures : *convection.*
- **II. Conductibilité**
  - 1° Etude de la conductibilité des corps
    - *A.* Solides — Inégale conductibilité
      - Métaux, bons conducteurs.
      - Substances organiques, mauvaises conductrices.
    - *B.* Liquides : Mauvais conducteurs de la chaleur.
    - *C.* Gaz : Très mauvais conducteurs, sauf l'hydrogène.
  - 2° Applications
    - 1° Explication de divers phénomènes (marbre et bois produisant des sensations différentes au toucher).
    - 2° Moyen de transporter un corps chaud sans se brûler (à l'aide d'un corps mauvais conducteur intermédiaire).
    - 3° Empêcher un corps de se refroidir ou de s'échauffer (conservation de la glace, fourrures, habillements, maisons).
    - 4° Refroidir rapidement un corps (toile métallique pour refroidir une flamme).
- **III. Rayonnement**
  - 1° Ce qui distingue la chaleur rayonnante
    - Elle se propage avec une vitesse considérable.
    - Elle n'échauffe pas les corps qu'elle traverse.
  - 2° Emission de la chaleur
    - Tous les corps à la même température n'émettent pas la même quantité de chaleur, le noir de fumée est le corps qui en émet le plus.
    - Définition du *pouvoir émissif* d'un corps, par rapport au noir de fumée.
  - 3° Ce que devient la chaleur émise par un corps et reçue par d'autres
    - *A.* Transmission — Le pouvoir diathermane d'un corps est le rapport de la quantité de chaleur qu'il laisse passer à la quantité qu'il reçoit.
    - *B.* Réflexion — Le pouvoir réflecteur d'un corps est le rapport de la quantité de chaleur qu'il réfléchit à la quantité qu'il reçoit.
    - *C.* Diffusion — Le pouvoir diffusif se définit comme le pouvoir réflecteur.
    - *D.* Absorption — Le pouvoir absorbant est le rapport de la quantité de chaleur absorbée à la quantité de chaleur reçue. Le pouvoir absorbant et le pouvoir émissif d'un corps sont égaux.

260. Divers modes de propagation de la chaleur.

Nous avons dit précédemment (§ 179) que si plusieurs corps placés au voisinage l'un de l'autre sont à des températures différentes, il se fait entre eux un échange de chaleur. La chaleur peut donc se transmettre d'un corps à un autre, mais cette propagation se fait de plusieurs manières, comme le montrent les observations suivantes :

1° *Rayonnement.* — Plaçons-nous devant une cheminée allumée, nous éprouvons **immédiatement** une sensation de forte chaleur, mais il suffit d'interposer un écran entre le foyer et nous pour que cette sensation disparaisse ; ce n'était donc pas la température de l'air qui produisait sur nous cette sensation, mais celle du foyer. Autrement dit, la chaleur du foyer s'est propagée jusqu'à nous sans échauffer sensiblement l'air intermédiaire, on dit qu'elle s'est transmise par **rayonnement** et on l'appelle **chaleur rayonnante.**

Applications. — On utilise la chaleur rayonnante quand on chauffe de l'eau dans une bouilloire devant un foyer, quand on fait cuire un rôti à la broche, etc.

2° *Conductibilité.* — Tenons à la main une cuiller métallique, et plongeons-la dans l'eau bouillante. Nous sentons peu à peu la cuiller s'échauffer, et bientôt nous pouvons à peine la tenir, tellement elle est chaude. La chaleur s'est transmise d'une extrémité à l'autre de la cuiller, non plus instantanément et sans échauffer les corps intermédiaires, mais **lentement**, et de proche en proche, à travers toute la cuiller : on dit qu'elle s'est transmise par **conductibilité.**

Exemple de transmission par conductibilité. — Il est impossible de tenir à la main une timbale d'argent dans laquelle on a versé de l'eau bouillante.

3° *Convection.* — Enfin, lorsqu'on place un vase plein d'eau sur un foyer, les couches d'eau inférieures s'échauffent; par suite, elles deviennent moins denses, s'élèvent dans le liquide, et sont remplacées par des couches froides plus denses qui s'échauffent à leur tour. On met ces mouvements en évidence en projetant dans le liquide un peu de poussière de charbon, qui est entraînée dans la circulation.

Grâce à ces mouvements continuels, toute la masse du liquide s'est bientôt trouvée au contact du foyer et s'est ainsi échauffée. On dit que la chaleur s'est transmise par **convection.**

CONDUCTIBILITÉ DES CORPS POUR LA CHALEUR

261. Solides.

Tous les solides ne conduisent pas également bien la chaleur : Plongeons dans de la graisse chaude une cuiller d'argent, une de fer, et une de bois dont nous tenons à la main l'autre extrémité. La première s'échauffe assez vite, pour qu'on ne puisse bientôt plus la tenir; la seconde s'échauffe moins vite, la troisième reste presque froide. L'argent, le fer, sont dits **bons conducteurs de la chaleur,** le bois est **mauvais conducteur.**

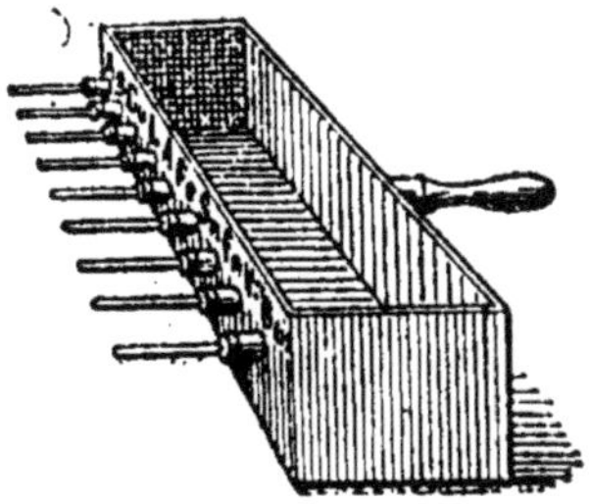

FIG. 135. — Appareil d'Ingenhouz. Tiges d'argent, de cuivre, de fer, de bois, de verre, etc., recouvertes de cire. De l'eau chaude versée dans la boîte transmet sa chaleur inégalement aux diverses tiges, car la cire fond inégalement sur elles.

Un charbon, un morceau de bois enflammés à une extrémité peuvent être facilement tenus par l'autre.

Des expériences montrent d'une façon plus précise l'inégale conductibilité des corps (expérience avec l'*appareil d'Ingenhouz :* voir *fig.* 135 et légende). Elles permettent de classer les corps de la façon suivante, par ordre de conductibilité : 1° **métaux** : argent, cuivre, or, laiton, zinc, étain, fer, acier, plomb platine; 2° verre, marbre, porcelaine, charbon, bois.

Les substances organiques végétales, bois, chanvre, coton, sont mauvaises conductrices, et les substances animales, poils, laine, soie, plumes, le sont encore plus.

202. Conductibilité des liquides.

Pour se rendre compte de la conductibilité des liquides, il faut éviter les courants de convection. On y arrive en chauffant le liquide par la partie supérieure (*fig.* 136); de cette façon, les couches les plus chaudes, qui sont aussi les moins denses restent à la surface; on peut constater, à l'aide d'un thermomètre, qu'au bas l'eau est presque froide, alors qu'elle bout à la surface.

Les liquides sont donc mauvais conducteurs de la chaleur; seul, le mercure, comme tous les métaux, est bon conducteur.

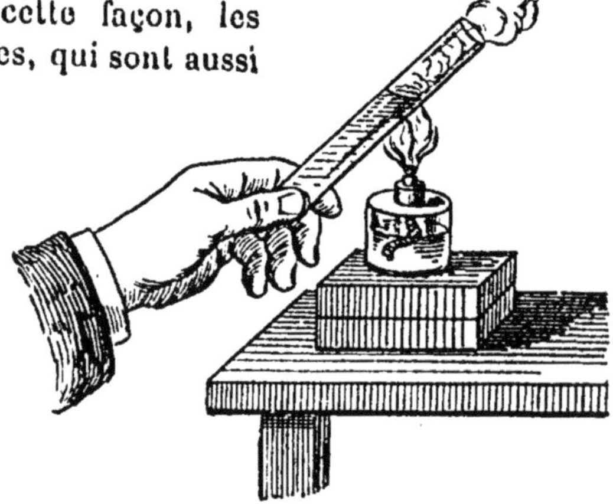

Fig. 136. — Expérience montrant la faible conductibilité des liquides pour la chaleur.

203. Conductibilité des gaz.

A cause de l'extrême mobilité des molécules gazeuses, les mouvements de convection sont bien plus sensibles dans les gaz que dans les liquides; pour atténuer leurs effets il faut en gêner la marche. C'est ainsi qu'en plongeant dans l'eau chaude un ballon rempli d'ouate et d'air, on observe que le mercure d'un thermomètre introduit dans le ballon s'élève avec une extrême lenteur : les gaz sont très mauvais conducteurs de la chaleur.

264. Applications.

1° *Explications de divers phénomènes.* — Nous savons, par expérience, que le manche d'un couteau est moins froid que la lame, bien que ces deux corps soient à la même température. C'est que la chaleur de la main, en passant sur le métal, se répand immédiatement dans toute la lame qui est bonne conductrice ; l'équilibre de température ne se produit donc pas au contact de la main, et celle-ci continue à fournir de la chaleur. Au contraire, le bois du manche, mauvais conducteur, s'échauffe rapidement au contact de la main et conserve cette chaleur ; la main se refroidit donc moins que sur la lame.

Inversement, si la main est plus froide que le couteau, la lame nous paraît plus chaude que le manche.

2° *Applications usuelles.* — On peut grouper ces applications en trois catégories, suivant le but qu'on se propose :

a) On veut transporter un corps chaud sans se brûler ;

b) On veut empêcher le refroidissement ou l'échauffement d'un corps ;

c) On veut produire un refroidissement rapide.

a) **Cas où l'on veut transporter un corps chaud sans se brûler.** — Pour tenir un fer chaud, une bouilloire ou une casserole d'eau chaude, etc., on interpose entre la main et l'objet un corps mauvais conducteur : étoffe (de laine, de préférence), papier, paille. L'anse des théières métalliques est en bois, ou bien elle est isolée du récipient par une rondelle d'os ou d'ivoire ; celle des bouilloires est souvent entourée d'osier.

b) **Cas où l'on veut empêcher un corps de s'échauffer ou de se refroidir.** — Pour empêcher un corps de s'échauffer ou de se refroidir au contact de l'air, on l'entoure d'un corps mauvais conducteur ou corps *isolant*. Ainsi on empêche la glace de s'échauffer et, par suite, de fondre, en l'entourant de paille, d'une étoffe de laine, ou de sciure de bois; c'est de la même façon que les glacières sont protégées contre les refroidissements; on creuse en terre un trou assez profond que l'on tapisse de briques, on y met la glace à conserver et la voûte qui recouvre le tout est protégée par plusieurs couches de paille ou de terre (*fig.* 137). L'ouverture par laquelle on sort la glace doit être placée au nord.

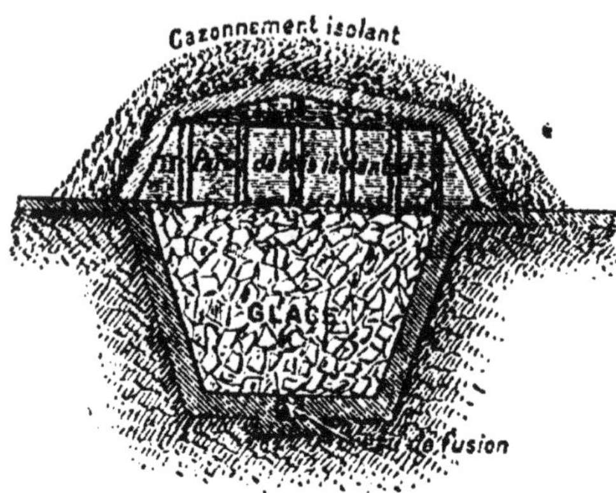

Fig. 137. — Une glacière.

De même, les chambres frigorifiques, dans lesquelles on conserve les viandes, sont construites avec des briques isolantes formées de fragments de liège agglomérés.

Les mêmes procédés sont employés pour préserver un corps du refroidissement. En hiver, on entoure les pompes avec de la paille pour éviter la congélation de l'eau dans les tuyaux; on recouvre de paille les légumes laissés au jardin; on conserve les betteraves dans des espaces clos appelés silos, recouverts de paille et de terre.

Des exemples analogues de protection contre le froid se retrouvent dans la nature : ainsi les animaux sont protégés contre le froid par une couche sous-cutanée de graisse, corps mauvais conducteur. De même, leur corps est couvert de poils ou de plumes, mauvais conducteurs par eux-mêmes et par l'air qu'ils emprisonnent. Les animaux des pays les plus froids sont ceux qui ont les fourrures les plus épaisses.

La question des habitations et celle des vêtements se rattachent aux deux cas précédents, et leur importance est assez considérable pour que nous les étudiions de près.

Habitations. — L'intérieur des habitations doit être autant que possible à l'abri des variations de température extérieure. Il faut donc que les murs soient faits avec des matériaux mauvais conducteurs; les briques creuses sont plus isolantes que les briques pleines à cause de *l'air* qu'elles renferment.

C'est surtout dans les pays très froids que ce problème est important : en Russie, par exemple, les murs sont souvent formés de deux cloisons épaisses de bois séparées par un espace contenant de la sciure, ou tout autre corps isolant. On utilise des doubles fenêtres, dont les deux parties sont séparées par un espace de 3 à 4 centimètres; l'air intermédiaire isole parfaitement la chambre de l'air extérieur.

Si les fenêtres sont bien calfeutrées, l'air ne se renouvelle que par la porte; aussi la salle, une fois échauffée peut conserver plusieurs heures sa température, mais par contre l'air y est fort vicié.

Vêtements. — Les vêtements permettent de lutter contre le froid ou contre la chaleur extérieure.

1° En hiver, il faut empêcher notre corps de se refroidir; on emploie, à cet effet, des fourrures, des vêtements de laine, plus mauvais conducteurs que ceux de chanvre ou de coton.

Tous les tissus de laine n'isolent d'ailleurs pas également bien; les plus mauvais conducteurs sont les tissus pelucheux, et les tissus mous, à cause de l'air qu'ils emprisonnent.

C'est pour la même raison qu'on emploie les édredons et les couvertures de laine pour la nuit.

En été, la température est souvent voisine de celle de notre corps. L'idéal est donc de faciliter l'échange de chaleur entre le corps et l'extérieur. A cet effet, on emploie de préférence les étoffes de coton, et surtout celles de lin et de chanvre, moins mauvaises conductrices que la laine. On choisit en général des tissus minces non pelucheux; les vêtements flottants assurent la circulation de l'air autour du corps et, par suite, les échanges de chaleur.

Ajoutons qu'au-dessous de 15 à 20°, comme cela a lieu au printemps, à l'automne, ou dans les soirées d'été, les tissus minces de coton ou ceux de laine sont ceux qui conviennent le mieux, les précédents étant trop bons conducteurs.

2° Dans les *pays très froids*, les fourrures sont la partie essentielle du vêtement.

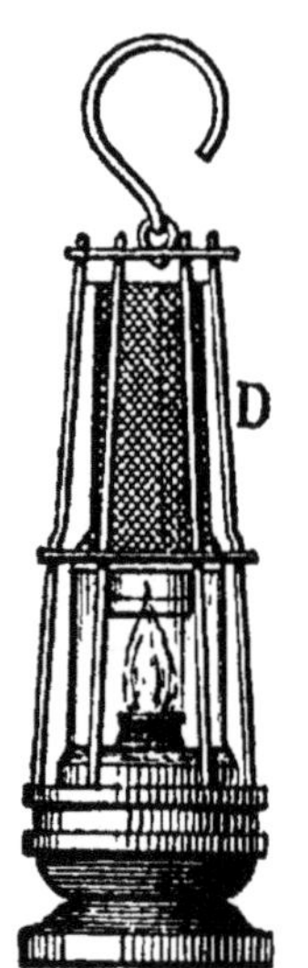

Fig. 138. — Lampe de sûreté. Si le grisou pénètre dans la lampe il brûle, mais la toile métallique D empêche la combustion de se propager au dehors.

3° Dans les *pays très chauds*, la température extérieure est supérieure à celle du corps humain; il faut donc se protéger contre la chaleur du dehors, et, pour cela, employer des tissus isolants, comme s'il s'agissait de se protéger contre le froid; c'est pour cette raison que les Arabes se couvrent d'étoffes de laine.

c) **Moyen de refroidir rapidement un corps.** — Si l'on veut refroidir rapidement un corps, il suffit de le mettre en contact avec un corps froid bon conducteur. En introduisant une toile métallique dans une flamme, on la refroidit assez pour que les gaz ne brûlent plus au-dessus; aussi emploie-t-on les toiles métalliques pour entourer la flamme des lampes utilisées dans les mines (*lampe Davy*, *fig.* 138). Si un mélange détonant de formène et d'air (grisou) pénètre dans la lampe à travers les mailles de la toile, il s'y enflamme; mais la propriété que possède la toile métallique de refroidir les flammes, empêche la combustion de se propager au dehors.

PROPAGATION DE LA CHALEUR PAR RAYONNEMENT

265. La chaleur, nous l'avons vu (§ 260, 1°), peut se propager très rapidement d'un point à un autre *sans échauffer les corps intermédiaires*, avec une vitesse égale à celle de la lumière, soit 300.000 kilomètres environ par seconde. C'est ainsi que la chaleur du Soleil nous arrive à travers les espaces interplanétaires, en même temps que la lumière.

La chaleur rayonnante n'échauffe pas sensiblement les corps qu'elle traverse. Recevons sur une lentille de glace des rayons solaires; ils la traversent et se concentrent en un point, le foyer de la lentille, où un morceau d'amadou peut s'enflammer. Cependant la glace, qui laisse passer cette chaleur, ne fond presque pas. De même, plaçons-nous en plein soleil, en été; nous éprouvons une sensation de forte chaleur, et cependant l'air qui nous entoure n'a pas une température bien élevée. La glace, l'air, n'ont donc pas été sensiblement échauffés par la chaleur qui les a traversés.

Telles sont les deux caractéristiques de la chaleur rayonnante : **elle se propage avec une vitesse considérable et elle n'échauffe pas les corps qu'elle traverse.**

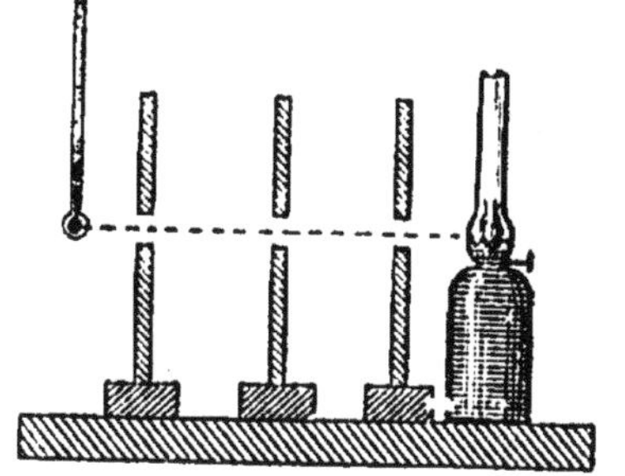

Fig. 139. — Expérience montrant que la chaleur rayonnante se propage en ligne droite.

Ajoutons que la chaleur se propage **dans toutes les directions autour du foyer**, car nous sentons la chaleur d'un poêle allumé, quelle que soit notre place autour de ce poêle.

Enfin la chaleur se propage en ligne droite d'un point

du foyer à un point de l'objet considéré. En effet, plaçons devant un foyer assez intense, comme une forte lampe, plusieurs écrans percés d'un trou puis un thermomètre sensible (*fig.* 139). Si tous les trous sont en ligne droite avec le foyer et la boule du thermomètre on note une élévation de température; dans le cas contraire, la colonne thermométrique demeure stationnaire.

On appelle **rayon calorifique la ligne droite suivant laquelle la chaleur se propage d'un point à un autre.**

L'étude de la chaleur rayonnante étant assez complexe, nous en donnerons seulement les parties les plus simples, en insistant surtout sur les applications.

Pour comprendre les diverses parties de cette étude, représentons-nous des corps chauds quelconques, une flamme, un vase plein d'eau bouillante, un corps incandescent, etc. Ces corps rayonnent de la chaleur, mais ce rayonnement dépend-il de la nature du corps, et de sa température? C'est l'objet d'une première étude : **émission de la chaleur.**

D'autre part, que devient la chaleur émise par la source calorifique considérée? Elle rencontre divers corps, traverse les uns (air), est absorbée par d'autres (étoffes noires), ou bien encore est renvoyée (métaux), le plus souvent même, un seul corps jouit de toutes ces propriétés. Il nous faut donc étudier en second lieu comment se répartit la chaleur rayonnée par un corps, et comment se comportent les divers corps vis-à-vis de cette chaleur.

200. Émission de la chaleur.

Des expériences, que nous n'avons pas à rapporter ici, ont conduit aux conclusions suivantes : 1° plus la température d'un corps est élevée, plus il émet de chaleur; 2° *les corps à la même température n'émettent pas la même quantité de chaleur.* On dit qu'ils n'ont pas le même pouvoir **émissif.**

Le noir de fumée est, de tous, celui qui émet le plus de chaleur ; aussi convient-on de définir le *pouvoir émissif d'un corps : le rapport de la quantité de chaleur émise par une portion de la surface de ce corps à la quantité de chaleur émise par une même surface de noir de fumée à la même température.*

Voici les pouvoirs émissifs de quelques corps à 100° :

Noir de fumée.........	1 (par définition)	Fer..................	0,23
Céruse................	1	Platine laminé.......	0,11
Verre.................	0,9	Cuivre ou laiton......	0,05
		Argent laminé.......	0,03

On remarque que le pouvoir émissif des métaux *polis* est très faible. Les corps de couleur foncée ont en général un grand pouvoir émissif.

267. Conséquences.

Si l'on veut conserver longtemps un liquide chaud, on le place dans un vase en métal poli (théières métalliques, cafetières russes). Si le vase est recouvert de noir de fumée, le liquide s'y refroidit assez vite. Les poêles en fonte se refroidissent plus vite que les poêles de faïence car la faïence a un pouvoir émissif plus faible que la fonte. Les tuyaux des poêles bien noircis émettent une grande quantité de chaleur dans la chambre.

Tous les corps, quelle que soit leur température, sont considérés comme émettant de la chaleur. Si deux corps en contact sont à la même température, ils émettent la même quantité de chaleur, chacun d'eux reçoit donc autant de chaleur qu'il en émet, et par suite, la température ne change pas. Si au contraire l'un d'eux est à une température plus élevée que l'autre, il lui cède plus de chaleur qu'il n'en reçoit, et par suite se refroidit tandis que l'autre s'échauffe.

Un corps froid semble rayonner du froid, puisqu'il fait baisser un thermomètre; en réalité, il rayonne de la chaleur, mais beaucoup moins que le thermomètre. Un corps nous paraît froid quand nous lui cédons plus de chaleur que nous n'en recevons de lui.

208. Transmission de chaleur à travers les corps. Nous avons dit que l'air, la glace, laissent passer la chaleur sans s'échauffer sensiblement. Il existe ainsi un certain nombre de corps qui se laissent traverser par la chaleur; on les appelle **corps diathermanes**. D'autres au contraire, arrêtent presque totalement la chaleur qu'ils reçoivent : ce sont les **corps athermanes**, tels sont les métaux.

On appelle *pouvoir diathermane d'un corps le rapport de la quantité de chaleur que laisse passer ce corps à la quantité de chaleur qu'il reçoit.* Ce rapport n'est jamais égal à 1. Il varie, avec la nature des corps, et aussi avec l'origine de la chaleur reçue.

EXEMPLES. — Le *sel gemme*, le plus diathermane des corps solides, laisse passer les $\frac{92}{100}$ de la chaleur qu'il reçoit, quelle que soit la source calorifique.

L'*air sec*, et en général les gaz secs, sont très diathermanes pour tous les rayons calorifiques; c'est pourquoi les couches supérieures de l'atmosphère sont toujours très froides, malgré les rayons solaires qui les traversent.

Le verre est diathermane pour la chaleur lumineuse et athermane pour la chaleur obscure, celle qui est émise par un vase contenant de l'eau bouillante par exemple. Cette propriété explique l'emploi de serres vitrées, de cloches ou de châssis de verre pour préserver les plantes du froid, ou pour accélérer leur développement : la *chaleur lumineuse* du soleil traverse le verre et fournit aux plantes la chaleur dont elles ont besoin; les plantes et le sol rayonnent à leur tour de la *chaleur obscure*, mais cette chaleur ne peut plus traverser le verre et elle s'accumule autour de la plante.

L'alun, la vapeur d'eau se comportent à peu près comme le verre; ainsi les nuages laissent passer la chaleur lumineuse du soleil, et arrêtent la chaleur obscure rayonnée par le sol, il en résulte que par les temps couverts, en été, la chaleur est plus forte que par les temps clairs. De même les nuits sereines sont plus froides que les nuits couvertes, car rien n'arrête la chaleur rayonnée par le sol [rosée et gelée blanche (§ 291)].

La *glace*, l'eau, ont un pouvoir diathermane très faible pour la chaleur obscure; l'eau arrête même une grande partie de la chaleur lumineuse, aussi les couches profondes des rivières sont-elles à une température peu variable.

269. Réflexion de la chaleur.

Jamais un corps ne laisse passer toute la chaleur qu'il reçoit; que devient donc la chaleur qui ne le traverse pas? L'expérience montre qu'elle est, suivant les cas, renvoyée en avant par le corps, ou absorbée par lui.

Prenons par exemple un miroir de métal poli; les rayons calorifiques qui arrivent sur le métal sont renvoyés en avant en changeant de direction, ils sont, comme on dit, réfléchis.

La réflexion de la chaleur se fait absolument comme celle de la lumière, que nous étudierons en deuxième année; l'expérience suivante met en évidence cette analogie : deux calottes de cuivre (*fig.* 140) placées l'une en face de l'autre, à quelques mètres de distance, sont orientées comme dans la figure; plaçons, en un point déterminé F appelé foyer, une bougie allumée; nous pourrons recueillir sur un écran, en un autre point fixe F', une image de la bougie. Mettons maintenant en F une corbeille en fil de fer remplie de charbons ardents, et en F' un morceau d'amadou ou de coton-poudre; ce corps s'enflamme bientôt, alors qu'en tout autre point il ne prend pas feu. On en conclut que les rayons lumineux et les rayons calorifiques ont suivi le même chemin, et se sont réfléchis de la même façon sur les deux miroirs.

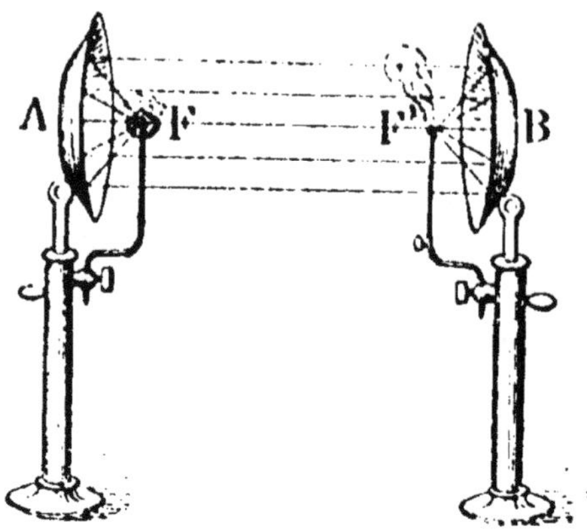

FIG. 140. — Miroirs ardents. — Les rayons calorifiques émis en F sont réfléchis successivement par les miroirs A et B et vont se concentrer en F'.

Tous les corps ne réfléchissent pas une égale proportion de chaleur; on appelle *pouvoir réflecteur d'un corps le rapport de la quantité de chaleur réfléchie à la quantité totale de chaleur reçue*. Les métaux polis ont un pouvoir réflecteur considérable.

270. Diffusion de la chaleur.

Les substances non polies (papier, bois, etc.) renvoient la chaleur dans toutes les directions, ou, comme on dit, la diffusent. Le pouvoir diffusif se définit d'une manière analogue au pouvoir réflecteur.

Les murs blancs, les routes crayeuses, le sable, diffusent la plus grande partie de la chaleur qu'ils reçoivent ; c'est pour cela que, par les fortes chaleurs de l'été, il est si pénible de stationner près de ces murs ou de marcher sur ces routes.

271. Absorption de la chaleur.

Toute la chaleur rayonnante reçue par un corps, et qui n'est ni réfléchie, ni diffusée, ni transmise par le corps, est absorbée par lui. *Le pouvoir absorbant d'un corps est le rapport de la quantité de chaleur qu'il absorbe à la quantité de chaleur qu'il reçoit.*

On comprend facilement que, si le pouvoir diathermane, réflecteur, ou diffusif d'un corps est considérable, son pouvoir absorbant est faible, et inversement.

EXEMPLES. — Le sel gemme laisse passer presque toute la chaleur qu'il reçoit ; son pouvoir absorbant est donc faible. Les métaux polis réfléchissent presque toute la chaleur reçue ; ils ont donc aussi un faible pouvoir absorbant.

Les corps mats ou rugueux diffusent et absorbent à peu près toute la chaleur qu'ils reçoivent ; donc, si leur pouvoir diffusif est faible, leur pouvoir absorbant est considérable ; ainsi, le pouvoir absorbant du noir de fumée est 1, c'est-à-dire que toute la chaleur reçue est absorbée par ce corps ; celui du blanc de céruse, pour la chaleur émise par de l'eau bouillante, est 1 également.

Les substances dépolies de couleur foncée ont un grand pouvoir absorbant pour la chaleur lumineuse.

En comparant les pouvoirs absorbant et émissif d'un corps, pour une même sorte de chaleur, on peut constater *qu'ils sont égaux* ; ainsi, pour le noir de fumée, ils sont tous deux égaux à 1.

272. Applications.

Pour chauffer rapidement un liquide, on emploie des vases faits d'une substance ayant un grand pouvoir absorbant : métal non poli, fonte noircie. Mais une fois retirés du feu, ces vases se refroidissent plus vite que ceux de métal poli, car leur pouvoir émissif est plus grand.

Les vêtements noirs absorbent beaucoup plus de chaleur solaire que les vêtements blancs, qui la renvoient par diffusion. C'est pourquoi les étoffes noires sont si chaudes l'été. Mais les tissus blancs et les tissus noirs ont le même pouvoir absorbant pour la chaleur obscure émanant du corps humain; en hiver, ils préserveront donc également bien le corps du refroidissement. Toutefois, on préfère les étoffes noires aux blanches en cette saison, parce qu'elles sont plus pratiques.

Le verre absorbe la presque totalité de la chaleur obscure qu'il reçoit ; or, les $\frac{90}{100}$ de la chaleur fournie par un foyer incandescent sont de la chaleur obscure ; c'est pourquoi les ouvriers qui travaillent dans les verreries, les usines métallurgiques, etc., emploient des lunettes pour se protéger les yeux de l'ardeur du foyer.

273. Expériences. — Faire les diverses expériences indiquées au cours de la leçon.

Pour recouvrir de cire les tiges de l'appareil d'Ingenhouz, on les badigeonne avec un pinceau plongé dans de la cire fondue.

Pour vérifier le pouvoir athermane du verre pour la plus grande partie de la chaleur d'un foyer, approcher le visage d'un foyer incandescent, puis interposer une vitre.

CHAPITRE XX

APPAREILS DE CHAUFFAGE

PLAN

I But	Maintenir les appartements à une température constante, malgré les causes de refroidissement.		
II Division	1° Appareils où la chaleur du foyer est utilisée directement.	Cheminées : foyer dans le mur. Poêles : foyer dans l'intérieur de la salle.	
	2° Appareils où la chaleur du foyer n'est pas utilisée directement.	Calorifères.	
III Cheminées	*A.* Description	*a)* foyer dans une des parois de la salle. *b)* tuyau.	
	B. Tirage. Il dépend	de la hauteur verticale du tuyau. de la section du tuyau. de l'ouverture du foyer	
	C. Avantages et inconvénients des cheminées	Saines et agréables. Mais coûteuses.	
IV Poêles	*A.* Description	Foyer dans l'intérieur de la salle. Tuyau id.	
	B. Avantages et inconvénients	Mode de chauffage plus économique, mais moins sain.	
V Calorifères	*A.* Division	1er groupe, on chauffe de l'eau ou de l'air au moyen d'un foyer et cette eau ou cet air portent la chaleur dans les diverses pièces.	Calorifères à eau chaude Calorifères à air chaud
		2e groupe, on vaporise de l'eau, et la vapeur, en se condensant, restitue la chaleur absorbée par la vaporisation.	Calorifères à vapeur d'eau
	B. Avantages et inconvénients de chacun d'eux	1° Calorifères à eau chaude	Température régulière, mais s'échauffent lentement.
		2° Calorifères à air chaud	S'échauffent rapidement, mais se refroidissent de même. Ne peuvent servir pour de vastes maisons. Produisent beaucoup de poussières dans l'appartement.
		3° Calorifères à vapeur d'eau	Sont les meilleurs.

274. But.

Les appartements doivent être maintenus pendant l'hiver à une température supérieure à celle du dehors, de 12 à 18° suivant les cas.

Dans ce but, on produit de la chaleur par la combustion de divers corps dits *combustibles*, dans des appareils appelés appareils de chauffage.

275. Choix du combustible.

Le choix du combustible n'est pas indifférent, car tous les corps ne donnent pas la même quantité de chaleur en brûlant :

1 gramme de bois dégage en brûlant......... 2.500 p[tes] calories
1 gramme de gaz d'éclairage dégage en brûlant 5.400 p[tes] calories
1 gramme de houille dégage en brûlant 7.000 à 8.500 p[tes] calories
1 gramme de coke pur et sec dégage en brûlant 8.000 p[tes] calories
1 gramme d'anthracite dégage en brûlant 8.000 à 9.000 p[tes] calories
1 gramme d'essence de pétrole fournit..... 11.000 p[tes] calories

276. Appareils de chauffage.

Dans tous les appareils de chauffage, on trouve un foyer où brûle le combustible. On les divise en deux groupes :

1° Ceux où la chaleur du foyer est utilisée directement pour chauffer la salle (cheminées, poêles);

2° Ceux où elle sert à chauffer de l'air, de l'eau, ou à produire de la vapeur, qui transportent ensuite la chaleur dans les pièces à chauffer (calorifères).

PREMIER GROUPE

277. Les cheminées et les poêles comprennent, outre le foyer, un tuyau par où s'échappent les produits de la combustion, et qui sert à déterminer le tirage, c'est-à-dire le passage continuel de l'air sur le combustible.

Nous allons montrer, en prenant comme exemple une cheminée, comment le tuyau assure le tirage.

CHEMINÉES

278. Soit un foyer A, ouvert en avant (*fig.* 141), limité en arrière par un des murs de la chambre, et surmonté d'un tuyau C en briques, construit dans l'épaisseur du mur, et débouchant au-dessus du toit de la maison. Quand on allume du feu, un courant d'air continu se produit de la chambre vers le foyer, comme on peut s'en assurer en plaçant une bougie allumée devant la cheminée, la flamme s'incline du côté du feu, poussée par le courant d'air.

Ce mouvement de l'air s'explique ainsi : dès que le feu est allumé, l'air du tuyau s'échauffe et s'élève dans la cheminée avec les produits de la combustion. La colonne gazeuse qui emplit alors le tuyau est moins dense que l'air de la chambre ; la poussée P qu'elle exerce de haut en bas sur une tranche MN, supposée un instant en équilibre, est donc inférieure à la poussée P' qu'exerce l'air froid de la chambre. Par suite, la tranche MN s'élève dans la cheminée, est remplacée par une nouvelle tranche qui s'élève à son tour, et un courant d'air ascendant s'établit.

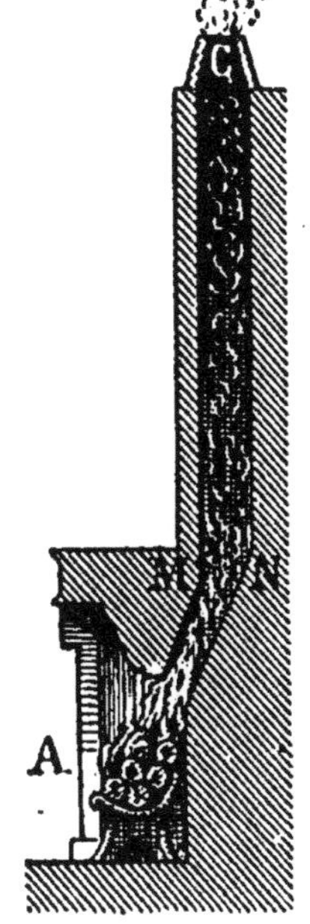

FIG. 141. — Coupe d'une cheminée et de son conduit de tirage.

Mais la poussée exercée par l'air de la chambre diminuerait, et bientôt le tirage n'aurait plus lieu, si l'air entraîné n'était à chaque instant remplacé par de l'air frais venant du dehors à travers les fissures des portes et des fenêtres.

279. Conditions pour que le tirage ait lieu.

Le tirage d'une cheminée est d'autant plus actif que la différence des poussées P et P' est plus grande. Mais P — P' n'est pas autre chose que la différence entre le poids de l'air chaud contenu dans la cheminée et le poids d'un égal volume d'air froid.

Cette différence de poids augmente donc avec la hauteur et la section du tuyau, et elle est d'autant plus grande que les gaz de la cheminée sont plus fortement chauffés. Il faut donc une cheminée assez large (3 à 4 décimètres carrés de section), assez haute (5 à 6 mètres) et une combustion assez intense. Toutefois, on ne peut augmenter la hauteur au delà d'une certaine limite, variable avec l'intensité de la combustion, car les gaz doivent encore être chauds quand ils arrivent à la partie supérieure, pour qu'ils soient doués, jusqu'à leur sortie, d'une force ascensionnelle suffisante. De même, si la section est trop grande, il s'établit un courant descendant d'air froid, parallèle au courant ascendant d'air chaud, et la cheminée fume.

Enfin, pour que le tirage soit actif, l'ouverture du foyer doit être assez petite ; on la règle à volonté à l'aide d'un tablier mobile qui active considérablement le tirage lorsqu'il est abaissé.

280. Causes pour lesquelles une cheminée fume.

Il est assez fréquent qu'une cheminée fume ; aussi est-il bon de connaître les causes de ce phénomène afin d'y remédier.

1° La cheminée peut être en partie obstruée par de la suie : il suffit alors d'un ramonage.

2° La hauteur est insuffisante, et, par suite, la force ascensionnelle est faible : dans ce cas, on prolonge le tuyau de briques par un tuyau de tôle qui allonge la cheminée.

3° Le vent, en pénétrant par la partie supérieure du tuyau, refoule les gaz dans la chambre. Le remède est simple; on surmonte la cheminée d'un fragment de tuyau recourbé, mobile autour d'un axe intérieur, et fonctionnant comme une girouette. L'ouverture se trouve donc toujours tournée dans une direction opposée à celle d'où vient le vent.

4° Le tuyau de sortie n'atteint pas la hauteur du faîte du toit, ou bien il est dominé par un mur élevé. Dans ce cas, le vent, arrêté par ces obstacles, se rabat le long de leur surface et s'engouffre dans la cheminée.

Le remède est tout indiqué : il faut prolonger le tuyau jusqu'à la crête du toit ou du mur.

5° La chambre est trop bien calfeutrée et l'air du dehors ne peut pénétrer facilement dans la pièce. Nous verrons plus loin comment, dans la plupart des cheminées actuelles, on fait arriver directement l'air extérieur dans le foyer, sans qu'il traverse la chambre.

6° Parfois la cause est passagère; ainsi, on laisse une porte ouverte entre deux chambres où il y a une cheminée allumée; celle qui tire le mieux peut déterminer un appel d'air venant de l'autre chambre et même de l'autre cheminée, et faire fumer celle-ci.

281. Avantages et inconvénients des cheminées.

Avec une cheminée, il n'y a qu'une très faible portion de la chaleur produite, qui reste dans l'appartement; la seule utilisée est celle que rayonnent les parois du foyer, soit $\frac{8}{100}$ à $\frac{12}{100}$ de la chaleur totale. Aussi ce mode de chauffage est-il extrêmement coûteux. Mais la cheminée a l'avantage de déterminer une ventilation active de la chambre, car une grande quantité d'air est sans cesse attirée de la pièce dans le foyer, et, par suite, du dehors dans la pièce. Or, s'il est facile, en été, d'aérer les appartements en ouvrant portes et les fenêtres, il n'en est pas de même en hiver ; et la cheminée fonctionne alors utilement comme appareil de ventilation.

Par contre, les mouvements de l'air qui se précipite vers la cheminée (*vents coulis*) sont désagréables à ressentir. C'est pour les supprimer, sans nuire au tirage, qu'on a perfectionné les cheminées en leur adjoignant un tuyau passant derrière le foyer (*fig.* 142) et qui communique d'une part avec l'air extérieur, d'autre part avec la chambre. L'air du dehors passe dans ce conduit, s'échauffe au voisinage du foyer, et pénètre ensuite dans l'appartement, où il remplace l'air aspiré. Ainsi, du même coup, on supprime les vents coulis et on augmente la proportion de chaleur utilisée.

FIG. 142. — Coupe d'une cheminée à appel d'air canalisé.

POÊLES

282. Les poêles sont de formes très variées; ils comprennent, comme les cheminées, un foyer et une conduite de tirage; seulement le foyer est dans l'intérieur de la pièce, et contenu dans une enveloppe en fonte, en tôle ou en faïence (*fig.* 143). L'air nécessaire à la combustion pénètre dans le foyer par une ouverture inférieure, et le tirage se fait comme dans les cheminées. Le poêle chauffe la pièce par rayonnement tout autour du foyer et tout autour du tuyau; c'est dire que la proportion de chaleur utilisée est beaucoup plus considérable que dans une cheminée;

FIG. 143. — Coupe d'un poêle, du tuyau et du conduit de tirage.

aussi les poêles chauffent-ils mieux et plus économiquement.

Par contre, le tirage est plus faible que dans les cheminées, et ne détermine qu'une ventilation très imparfaite; aussi est-il nécessaire d'assurer d'une autre manière le renouvellement de l'air.

Les *poêles de fonte* échauffent très vite la pièce, mais ils se refroidissent rapidement. De plus, ils sont dangereux lorsque leurs parois rougissent, car la fonte rouge est perméable aux gaz, en particulier à l'oxyde de carbone, gaz très toxique qui se forme dans la combustion du charbon.

Les *poêles de faïence* échauffent beaucoup plus lentement la pièce; par contre, ils se refroidissent moins vite et donnent ainsi une température plus régulière. Leurs parois ne rougissent jamais, et, par suite, ce mode de chauffage n'est pas malsain.

283. Cheminées prussiennes.

On peut concilier les avantages des cheminées et des poêles par une combinaison de ces deux appareils, réalisée dans les cheminées prussiennes : le foyer est en effet à l'intérieur de la pièce, mais il est ouvert comme dans les cheminées ordinaires.

284. Poêles à combustion lente.

A propos des poêles, nous avons à parler de tout un ensemble d'appareils désignés sous le nom de *poêles à combustion lente* ou *poêles à feu continu* (Choubersky, salamandres, etc.). Ces poêles peuvent contenir une grande colonne de charbon capable d'alimenter le foyer pendant douze heures; un tuyau les fait communiquer avec une cheminée. En outre, le foyer ne peut recevoir qu'une très faible quantité d'air, réglable à volonté, au moyen d'ouvertures inférieures que l'on ferme plus ou moins. La combustion est donc lente et incomplète, le tirage extrêmement faible, et par suite les gaz expulsés par le tuyau sont très peu chauds, aussi presque toute la chaleur produite reste dans l'appartement. Ce mode de chauffage est donc très économique, car on use peu de charbon, et l'on utilise la presque totalité de la chaleur dégagée. En outre, ces poêles n'ont pas besoin d'être souvent rechargés, puisqu'on y introduit une grande provision de charbon.

Toutes ces qualités n'empêchent pas les poêles mobiles d'être les plus détestables appareils de chauffage qu'on puisse employer. Ils sont, non seulement malsains, mais dangereux : en effet, par suite de leur combustion lente, ils sont de véritables usines à oxyde de carbone et, comme le tirage est faible, ce gaz ne s'élève qu'asssez lentement et peut être refoulé dans la pièce par le moindre vent. Or nous connaissons les résultats de l'absorption d'oxyde de carbone par la respiration : intoxication chronique, se manifestant par des vertiges, maux de tête, anémie, etc., ou même intoxication aiguë, amenant la mort en moins d'une heure, lorsque la proportion d'oxyde de carbone contenue dans l'air est assez forte.

En résumé, adopter un poêle à combustion lente, c'est accepter, soit de s'empoisonner peu à peu, soit de vivre presque continuellement avec les fenêtres ouvertes, c'est-à-dire avec le froid.

DEUXIÈME GROUPE

285. Calorifères.

On peut se proposer, au moyen d'un seul foyer, de chauffer les différentes pièces d'une maison. Dans ce cas, la chaleur produite en un endroit doit être transportée en des lieux souvent éloignés. Ce transport peut se faire de plusieurs façons :

1° On emploie la chaleur produite à élever la température

d'un corps, et on envoie ce corps chaud dans les pièces à chauffer. C'est ce qu'on réalise dans les calorifères à eau chaude et à air chaud ;

2° On emploie la chaleur produite à changer l'état d'un corps, par exemple à vaporiser de l'eau. Si la vapeur formée se condense ensuite, elle libère sa chaleur de vaporisation; c'est ce principe que l'on applique dans les calorifères à vapeur d'eau. Les calorifères ne sont guère employés que dans les vastes maisons; aussi n'entrerons-nous pas dans le détail de leur description.

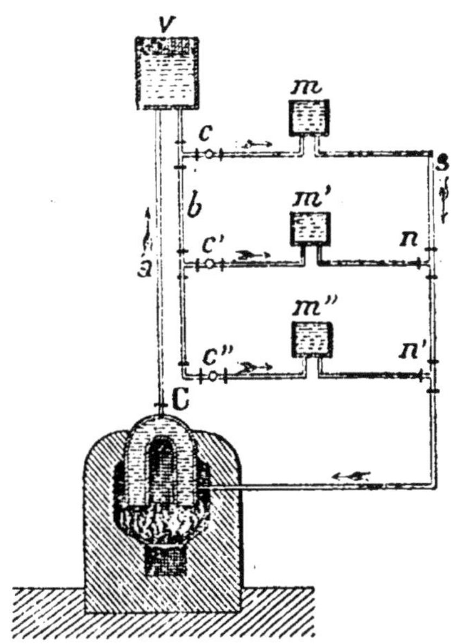

Fig. 144. — Calorifères à eau chaude (schéma).

La figure 144 représente un calorifère à eau chaude : l'eau de la chaudière C, entourant le foyer, s'échauffe rapidement, devient moins dense et s'élève dans une série de tuyaux **a** qu'elle échauffe en se refroidissant. Elle devient alors plus dense; et redescend par **b** puis par **s** pour revenir à la chaudière C où elle s'échauffe à nouveau et ainsi de suite. Il y a donc circulation continue d'eau. Les tuyaux **c'n**, **c"n'**, sont placés dans les pièces à chauffer et cèdent de la chaleur par rayonnement; l'échauffement des pièces est rendu plus grand au moyen de poêles **R**, **R'** formés d'une série de tubes **m**, **m'**, **m"** dans lesquels passe l'eau chaude. Une soupape de sûreté **V** empêche la vapeur produite de faire éclater les tuyaux.

Les calorifères à eau chaude donnent une température assez régulière, car l'eau ayant une grande chaleur spécifique, s'échauffe et se refroidit lentement. Mais, par contre, les pièces ne s'échauffent que plusieurs heures après l'allumage. Ce mode de chauffage est économique, mais l'installation de ces calorifères est coûteuse.

Dans les **calorifères à air chaud**, la chaleur du foyer sert à échauffer de l'air, qui vient du dehors en D (*fig.* 145); s'échauffe autour des tuyaux T et est envoyé dans les appartements où il pénètre par des bouches de chaleur. Ces calorifères s'échauffent très vite, car la chaleur spécifique de l'air est faible; aussi sont-ils fort employés dans les magasins, les musées où l'on a besoin d'une forte chaleur dès le début de la journée. Mais ils se refroidissent aussi très vite, et, de plus, la grande quantité d'air amenée sans cesse dans l'appartement introduit beaucoup de poussières; souvent même, ces poussières sont décomposées au contact des parois chaudes des tuyaux et produisent une odeur désagréable.

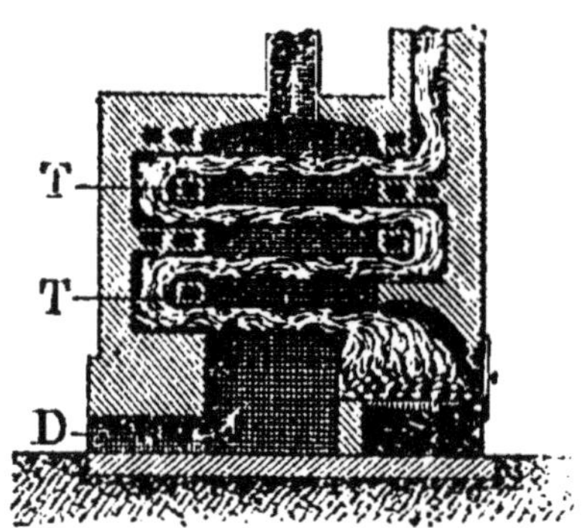

FIG. 145.
Calorifère à air chaud (coupe).

Les calorifères à vapeur d'eau sont bien supérieurs aux calorifères à air chaud; on fait bouillir de l'eau dans une chaudière dont la partie supérieure est munie de tuyaux où s'engage la vapeur; elle est ainsi conduite à d'autres tuyaux qui traversent les pièces à chauffer. La condensation de cette vapeur dégage une grande quantité de chaleur (§ 248), et l'eau qui en résulte est ramenée à la chaudière, où elle est de nouveau vaporisée, et ainsi de suite.

Pour que les pièces soient mieux chauffées, les tuyaux offrent une grande surface au rayonnement; à cet effet, ils portent des ailettes de fonte, de formes variées ; ou bien ils sont groupés de manière à former une sorte de poêle ou radiateur (*fig.* 146).

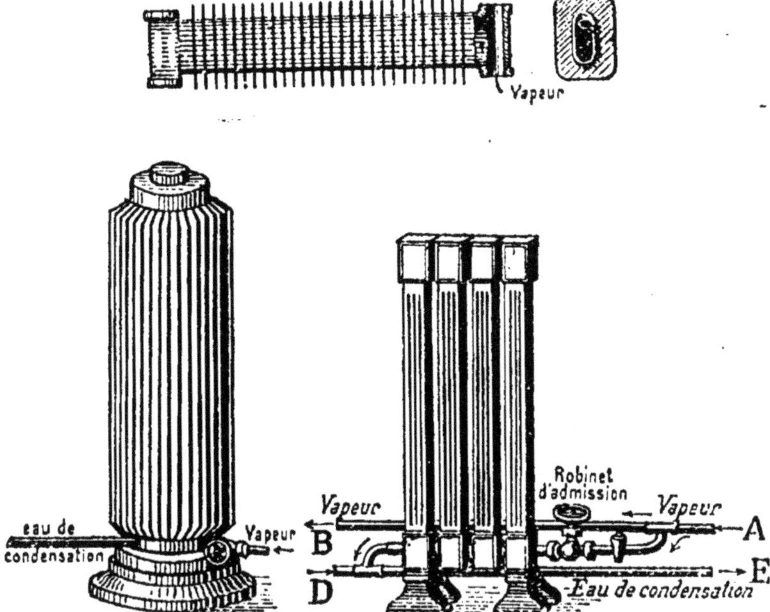

Fig. 146. — Poêles à vapeur d'eau.

Les calorifères à vapeur sont sains, économiques, et donnent une température régulière, mais leur installation est coûteuse.

286. Expériences. — On pourra faire observer les divers appareils de chauffage employés à l'école : diverses sortes de poêles, cuisinière, etc. — S'il est possible, visiter l'installation d'un calorifère dans un grand magasin.

CHAPITRE XXI

MÉTÉOROLOGIE

PLAN

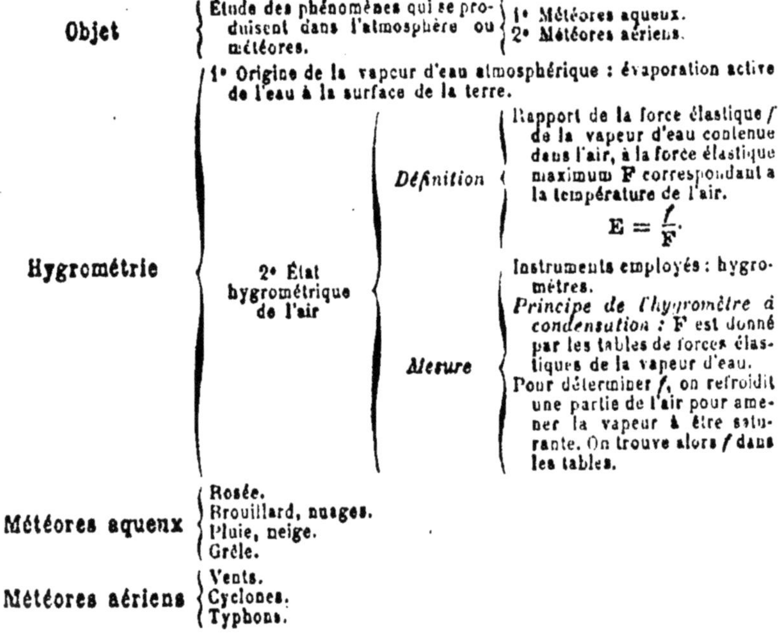

Objet — Étude des phénomènes qui se produisent dans l'atmosphère ou météores. — 1° Météores aqueux. 2° Météores aériens.

Hygrométrie

1° Origine de la vapeur d'eau atmosphérique : évaporation active de l'eau à la surface de la terre.

2° État hygrométrique de l'air :

- *Définition* — Rapport de la force élastique f de la vapeur d'eau contenue dans l'air, à la force élastique maximum F correspondant a la température de l'air.
$$E = \frac{f}{F}.$$
- *Mesure* — Instruments employés : hygromètres.
Principe de l'hygromètre à condensation : F est donné par les tables de forces élastiques de la vapeur d'eau.
Pour déterminer f, on refroidit une partie de l'air pour amener la vapeur à être saturante. On trouve alors f dans les tables.

Météores aqueux — Rosée. Brouillard, nuages. Pluie, neige. Grêle.

Météores aériens — Vents. Cyclones. Typhons.

287. Météores.

On appelle météores les phénomènes qui se produisent dans l'atmosphère ; leur étude constitue la météorologie.

Nous distinguerons les phénomènes dus à l'évaporation, à la condensation de la vapeur d'eau contenue dans l'air ou *météores aqueux :* nuages, brouillard, rosée, pluie, neige grêle, et les phénomènes dus aux dilatations de l'air ou *météores aériens.*

MÉTÉORES AQUEUX

288. Vapeur d'eau atmosphérique. — Hygrométrie L'air contient toujours de la vapeur d'eau provenant principalement de l'évaporation constante de l'eau de la mer, des cours d'eau, des lacs. Cette vapeur est en quantité variable suivant la température, le lieu, la direction du vent.

Le degré d'humidité de l'air n'est pas nécessairement en rapport avec la quantité de vapeur d'eau qu'il contient par mètre cube.

Un air est humide quand il suffit d'un faible abaissement de température pour amener une condensation partielle de sa vapeur d'eau, autrement dit quand la pression de cette vapeur est très voisine de la force élastique maxima à la même température (§ 230). Un air est sec, au contraire, quand la pression de sa vapeur est éloignée de la force élastique maxima.

Supposons, par exemple, qu'à un moment donné la force élastique de la vapeur d'eau contenue dans l'air soit $9^{mm},8$, la température étant de 15°. A cette température la force élastique maxima de la vapeur d'eau est 12,7 (Voir la table, § 289). Le degré d'humidité de l'air sera donc donné par le rapport :

$$\frac{9,8}{12,7} = 0,77.$$

Si, par suite d'un refroidissement de l'air, la température s'abaisse à 12°, comme à cette température la force élastique maxima de la vapeur d'eau est $10^{mm},46$, le degré d'humidité de l'air sera de :

$$\frac{9,8}{10,46} = 0,93,$$

valeur voisine de l'unité ; l'air sera très humide.

Le refroidissement s'accentuant, supposons que la température s'abaisse à 10°. Or à cette température, la force élastique maxima de la vapeur d'eau n'est plus que de 9mm,06; comme la tension de la vapeur contenue dans l'air ne peut être supérieure à cette valeur, une partie de la vapeur se condense et se dépose sur tous les objets, les murs, les vêtements, etc.

Si, par un phénomène inverse, la température eût remonté de 15° à 22°, comme à 22°, la force élastique maxima de la vapeur d'eau est de 19mm,6, le degré d'humidité n'eût plus été que :

$$\frac{9,8}{19,6} = \frac{1}{2},$$

l'air eût paru sec bien qu'il eût toujours contenu la même quantité d'eau.

On donne aux rapports précédents le nom d'*état hygrométrique*.

L'état hygrométrique *de l'air est donc le* **rapport** $\frac{f}{F}$ *qui existe entre la pression* actuelle *f de la vapeur d'eau qu'il contient, et la tension* maxima *F de cette vapeur à la même température.*

C'est aussi, peut-on dire, le rapport entre la quantité de vapeur d'eau que l'air *contient* et celle qu'il *pourrait contenir*, s'il était saturé à la même température.

289. Hygromètre.

La détermination de l'état hygrométrique de l'air se fait au moyen d'instruments appelés hygromètres; elle se réduit à trouver les deux valeurs F et f. Pour connaître F, il suffit de consulter la table donnant la valeur des forces élastiques maxima de la vapeur d'eau aux diverses températures, et de relever la force élastique maxima correspondant à la température du moment. Voici un extrait de cette table :

Températures	Tensions en millimètres de mercure	Températures	Tensions en millimètres de mercure
—2°	3,24	11°	9,79
—1	4,26	12	10,46
0	4,60	13	11,16
+1	4,94	14	11,91
2	5,30	15	12,70
3	5,69	16	13,54
4	6,10	17	14,42
5	6,53	18	15,36
6	7	19	16,35
7	7,49	20	17,39
8	8,02	21	18,49
9	8,57	22	19,66
10	9,16		

On détermine **f** à l'aide d'instruments appelés *hygromètres* dont les plus précis sont les hygromètres à condensation. Ils se composent en principe (*fig.* 147) d'un vase F contenant de l'éther où plonge un thermomètre. On fait passer un rapide courant d'air à travers l'éther, le liquide s'évapore rapidement, refroidit les parois du vase et par suite l'air au contact de ces parois; aussi arrive-t-il un moment où la vapeur contenue dans cet air devient saturante. Ce moment est marqué par un léger dépôt de rosée sur les parois du flacon.

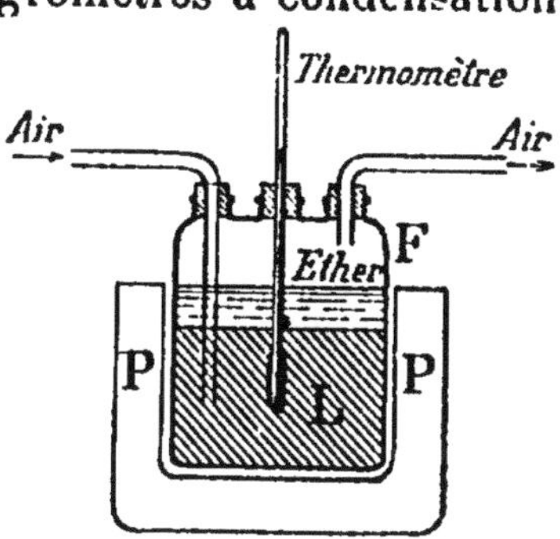

FIG. 147. — On refroidit le flacon en faisant évaporer l'éther qu'il contient jusqu'à ce que la plaque de laiton doré L qui forme l'une des parois se recouvre de rosée. Une autre plaque P, un peu éloignée du vase, garde son éclat et sert de terme de comparaison.

On note la température indiquée par le thermomètre : soit 10°; puis on consulte la table des forces élastiques maxima où l'on trouve que, pour 10° cette force est de 9^{mm},16.

Telle est donc la valeur de f. Si la température extérieure est de 17°, on a, d'après la table, $F = 14,42$; par suite

$$\frac{f}{F} = \frac{9,16}{14,42} = 0,63.$$

Dans la pratique, il n'est pas très facile de saisir le moment où la buée commence à se déposer (*point de rosée*) ; aussi l'une des parois du vase est-elle recouverte d'une plaque de laiton doré qui se ternit par le dépôt de rosée. On dispose en outre une autre plaque P au voisinage de la première, mais sans lui faire toucher le flacon. Cette seconde plaque conserve toujours son éclat ; il en résulte que, par contraste, le point de rosée est plus facilement perçu. Ajoutons qu'on observe l'instrument à distance afin que la respiration de l'opérateur ne vienne pas ternir la plaque.

APPLICATION A LA MÉTÉOROLOGIE

200. La condensation, sous des formes diverses de la vapeur d'eau contenue dans l'air est la cause de tous les météores aqueux, tels que : rosée, brouillard, nuages, neige, grêle.

201. Rosée.

On donne le nom de rosée au dépôt de gouttelettes d'eau qui se forme pendant les nuits, par un ciel pur et calme, à la surface de la plupart des corps à découvert sur le sol. Ce phénomène se produit de la même manière que le dépôt de buée sur la plaque d'un hygromètre à condensation, ou sur les parois d'une carafe d'eau froide placée dans une pièce un peu chaude.

Le sol, qui s'était échauffé pendant le jour sous l'action des rayons du soleil, se refroidit la nuit, en rayonnant de la chaleur à travers les espaces célestes. Mais le sol se refroidit plus vite que l'air et joue ainsi le rôle du récipient à éther de l'hygromètre à condensation. Lorsque la vapeur d'eau contenue dans l'air qui est à son contact est devenue saturante, elle se condense sous forme de rosée.

Si la température du sol descend au-dessous de zéro, la rosée se congèle : c'est la *gelée blanche*, si désastreuse aux bourgeons jeunes et aux plantes délicates et, qu'à tort, on attribue souvent dans les campagnes à l'influence de la lune (*lune rousse*).

Des abris posés au-dessus des plantes, ou bien encore les nuages remplissent le rôle d'écrans en modérant le refroidissement du sol, et empêchent la rosée de se former ; d'où la pratique, en pays vignobles, par les nuits claires du printemps, de faire brûler dans les vignes des corps gras qui dégagent une fumée épaisse. On produit de la sorte un nuage artificiel qui protège les jeunes pousses de la gelée blanche.

292. Brouillard.

La rencontre au voisinage du sol, d'un courant d'air froid et d'un courant d'air chaud et humide, donne naissance au *brouillard*, caractérisé par des gouttelettes d'une ténuité extrême en suspension dans l'air.

293. Nuages.

Les nuages résultent de la condensation de la vapeur d'eau dans les hautes régions de l'atmosphère. Sous l'influence de la pesanteur, les fines gouttelettes qui les composent tombent. Lorsqu'elles atteignent des régions plus chaudes, elles se vaporisent et s'élèvent pour se condenser dans les régions plus élevées, faisant ainsi retour au nuage.

294. Pluie.

La pluie est due à la chute de gouttes d'eau provenant

d'une brusque condensation de la vapeur d'eau. Ces gouttes tombent assez vite pour n'avoir pas le temps de se vaporiser en chemin.

295. Neige.

La neige a la même origine que la pluie, mais elle se forme dans les régions plus élevées. Les flocons de neige sont formés par une agglomération de fins cristaux étoilés aux formes variées.

296. Grêle.

La grêle est la chute de globules de glace compacts, plus ou moins volumineux, les grêlons, qui ont pris naissance dans les hautes régions de l'atmosphère où la température est très basse.

La grêle précède généralement les orages. La grosseur des grêlons varie de celle de tout petits pois à celle de noisettes; on a même observé des grêlons dont la masse atteignait 200 à 300 grammes.

MÉTÉORES AÉRIENS

297. Vents.

L'atmosphère n'est jamais au repos; ses mouvements ont pour cause l'inégale répartition de la chaleur solaire à la surface du sol. Dans les régions les plus échauffées, l'air se dilate, sa densité diminue, il s'élève et se trouve aussitôt remplacé par de l'air plus froid venu des régions voisines. Telle est la cause des mouvements de l'atmosphère désignés sous le nom de vents. On les distingue en *vents réguliers* (alizés contre-alizés, brises de terre et de mer moussons, etc.) (1) et en *vents irréguliers*.

(1) L'étude en est faite dans le *Cours de géographie*.

208. Cyclones, Typhons.

Parfois des masses considérables d'air sont animées d'un rapide mouvement de rotation autour d'un axe vertical, rappelant les tourbillons d'eau qui se produisent dans les rivières; ce sont les *cyclones*, appelés typhons dans les mers de Chine.

Les cyclones sont animés en outre d'un mouvement de translation qui les emporte avec une vitesse variable de 10 à 25 kilomètres à l'heure à des distances parfois de 600 lieues.

Les tempêtes européennes les plus violentes ne sauraient nous donner une idée de ces effrayants phénomènes qui bouleversent la mer, anéantissent en un instant des centaines de vaisseaux ou d'embarcations, rasent les maisons, les récoltes, et projettent la mer à l'intérieur des terres par des ras de marée gigantesques. Le 18 septembre 1906, un typhon bouleversa le port de Hong-Kong : 9 vapeurs furent coulés, 25 mis à la côte; 16 Européens, 2.500 Chinois furent noyés. A terre, les quais furent démolis sur plusieurs kilomètres, de nombreuses habitations détruites, des arbres arrachés.

CHAPITRE XXII

MACHINE A VAPEUR

PLAN

Principe : La force élastique de la vapeur d'eau est employée comme force motrice.

Parties essentielles	**Cylindre**	Pièce creuse dans laquelle la vapeur pénètre alternativement de part et d'autre d'un piston qui se meut ainsi d'un mouvement rectiligne.
	Chaudière	Deux types : 1° Chaudière à bouilleurs. 2° Chaudière tubulaire.
	Mécanisme de transmission	*a*) Comprend : 1° La tige du piston ; 2° Une manivelle calée sur l'axe d'un volant ; 3° Entre les deux, une tige de liaison articulée aux deux extrémités, la bielle. *b*) Transforme le mouvement rectiligne du piston en mouvement circulaire.
	Condensation	La vapeur qui a travaillé, au lieu de s'échapper dans l'atmosphère, est mise en relation avec un récipient vide d'air où circule un courant d'eau froide. Elle se condense en partie jusqu'à ce que sa force élastique prenne la valeur de la force élastique maxima correspondant à la température du récipient (paroi froide).

200. Cylindre.

Les machines à vapeur sont des machines où la force élastique de la vapeur d'eau est employée comme force motrice.

Considérons un cylindre **Cy** (*fig.* 148) dans lequel peut se mouvoir un piston **P**. La vapeur d'eau produite dans une chaudière où l'on entretient de l'eau en ébullition, arrive par le tube **V** dans la boite **B** ; par le conduit *a*, elle pénètre dans le cylindre en **D**, presse sur la face supérieure du piston (*position* I) et l'oblige à descendre.

Lorsque celui-ci est arrivé au bout de sa course, la pièce

métallique T (ou tiroir) s'est déplacée par un dispositif spécial et occupe la position II ; alors la vapeur arrive par l'ouverture *b* dans la partie E du cylindre, presse sur la face inférieure du piston, tandis que la vapeur en D est rejetée au dehors par le canal **a;** ce canal est maintenant, en effet, en communication avec l'atmosphère par l'intermédiaire d'un conduit dont on aperçoit l'orifice en O.

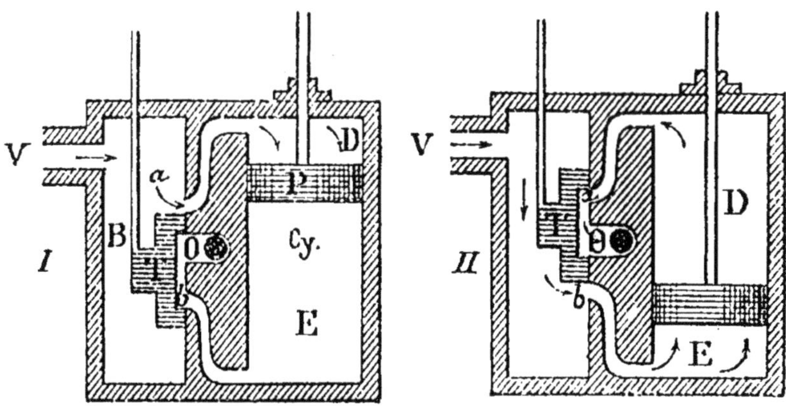

Fig. 148. — Cylindre d'une machine à vapeur. En I, le piston ne reçoit de la vapeur que sur sa face supérieure et il s'abaisse. En II, le piston ne reçoit de la vapeur que sur sa face inférieure et il s'élève.

Lorsque le piston est à fond de course, le tiroir est à nouveau amené dans la position I, tandis que la vapeur de la région E du cylindre est mise en communication avec l'atmosphère, par le canal **b** et le conduit O.

Ainsi, la vapeur d'eau presse successivement sur les deux faces du piston qui effectue de la sorte une suite de déplacements, alternativement dans un sens ou dans le sens opposé.

300. Chaudière.

Les chaudières, ou générateurs de vapeur, sont construites de manière à offrir une grande surface de chauffe afin d'utiliser le mieux possible la chaleur du foyer. Elles se ramènent à deux types : 1° la chaudière à bouilleurs; 2° la chaudière tubulaire.

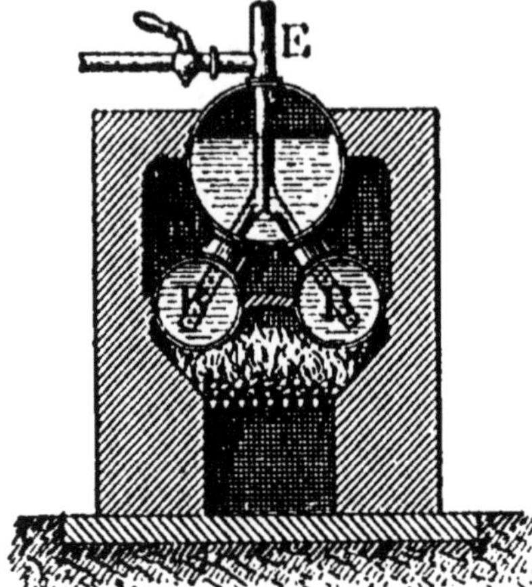

Fig. 149. — Coupe de la chaudière à bouilleurs.

1° *Chaudière à bouilleurs.* — Elle est formée d'un long cylindre de tôle (*fig.* 149) communiquant avec deux autres cylindres, les *bouilleurs*, moins gros et placés au-dessous.

Une disposition spéciale de la maçonnerie oblige la flamme à entourer les bouilleurs, puis à passer sur les flancs de la chaudière supérieure. Les chaudières à bouilleurs sont d'une construction et d'un entretien faciles. Les gaz chauds ont un long parcours à suivre, aussi la chaleur est-elle bien utilisée; par contre, en raison du grand volume occupé par l'eau, la pression de la vapeur d'eau augmente lentement dans ces appareils, et leurs grandes dimensions, nécessaires pour offrir une surface de chauffe suffisante, les rend encombrantes.

Fig. 150. — Coupe de la chaudière tubulaire.

2° *Chaudière tubulaire.* — Elle se compose d'un long cylindre formant réservoir d'eau (*fig.* 150) traversé de part en part, dans le sens de sa longueur, par de nombreux tubes d'acier ou de cuivre ouvrant sur le foyer; la flamme et les gaz chauds de la combustion parcourent ces tubes et chauffent ainsi l'eau de la chaudière en toutes ses parties. On comprend qu'une pareille disposition augmente considérablement la surface de chauffe. Les chaudières tubulaires sont surtout employées dans les machines mobiles (locomotives, bateaux à vapeur) où la place disponible est nécessairement restreinte.

301. Mécanisme de transmission.

La transmission des mouvements du piston se fait le plus souvent par un mouvement de rotation. C'est en communiquant son mouvement aux roues de la locomotive que le piston la fait avancer; de même, dans les usines, c'est en mettant en mouvement des poulies sur lesquelles passent des courroies qu'on peut transmettre le mouvement aux diverses machines-outils.

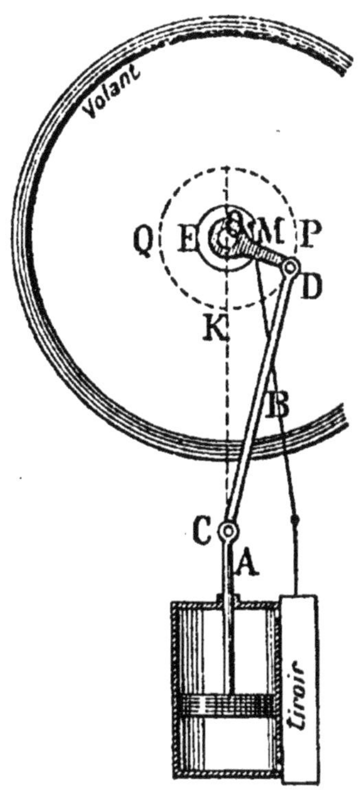

Fig. 151.
Mécanisme de transmission.

Le mouvement rectiligne de va-et-vient de la tige du piston est ordinairement transformé en mouvement circulaire par le moyen suivant :

La tige du piston s'articule avec une autre tige, la bielle **B** (*fig.* 151). Celle-ci s'articule également par son autre extrémité **D** avec une pièce métallique **M**, la **manivelle**, en relation fixe avec un cylindre métallique plein O, l'arbre de couche, qui forme l'axe d'une grande roue, appelée **volant**.

Lorsque le piston se déplace, il communique son mouvement à la bielle. Celle-ci, grâce à ses deux extrémités articulées, agit sur la manivelle qui se meut alors d'un mouvement de rotation en entraînant l'arbre de couche et, par suite, le volant. Le plus souvent, une courroie relie le volant à une poulie montée sur un axe qui entraîne à son tour un nombre variable d'autres poulies sur lesquelles passent autant de courroies de transmission.

302. Condensation.

Dans la description précédente, nous avons supposé que la vapeur, après avoir agi sur le piston, était rejetée dans l'atmosphère. Dans ces conditions, le piston supporte sur une face, la pression atmosphérique et, sur l'autre, la pression de la vapeur d'arrivée.

Supposons que cette pression par centimètre carré soit égale à 6 kilogrammes; la pression réelle qui agit sur chaque centimètre carré de la surface du piston est donc 6 kilogrammes, moins la pression atmosphérique, c'est-à-dire moins le poids d'une colonne de mercure d'environ 76 centimètres de hauteur ou :

$$6^{kg} - (13^{gr},6 \times 1 \times 76) \text{ ou } 6^{kg} - 1^{kg},03 = \text{environ } 5^{kg}.$$

On voit, par ce résultat numérique, qu'il serait avantageux de faire échapper la vapeur dans une enceinte où la pression fût inférieure à la pression atmosphérique. C'est ce qu'on réalise en mettant l'ouverture d'échappement de la vapeur en communication avec un espace clos, constamment refroidi par un courant d'eau froide, le *condenseur*, où l'on fait le vide au moyen d'une pompe à air. Dans ces conditions, la vapeur se condense instantanément et la pression qui fait résistance à la marche du piston n'est plus que la force élastique maxima de la vapeur d'eau à la température du condenseur. Par exemple à 20°, la valeur de cette force élastique est égale à la pression d'une colonne de mercure de 25 millimètres, c'est-à-dire au poids d'une masse de :

$$13^{gr},6 \times 1 \times 2,5 = 34^{gr}.$$

Donc, si la force élastique de la vapeur d'arrivée est de 6 kilogrammes par centimètre carré, la pression réelle est cette fois :

$$6^{kg} - 0^{kg},034^{gr} = 5^{kg},966.$$

En supposant que la surface du piston soit de 400 centimètres carrés, on voit qu'en faisant échapper la vapeur dans le condenseur, on a augmenté la pression efficace de :

$$(5^{kg},966 - 5^{kg}) \times 400 = 386^{kg},4.$$

Les locomotives, et en général les machines mobiles, n'ont pas de condenseur à cause de l'impossibilité de renouveler l'eau nécessaire à son refroidissement; la vapeur est dirigée dans la cheminée où elle détermine un tirage actif. Par contre, le condenseur est d'un emploi général dans les machines fixes et dans les machines marines.

Nous n'entrerons pas dans la description des autres organes plus ou moins importants d'une machine à vapeur : *manomètre*, *niveau d'eau*, *soupape de sûreté*, etc., limitant uniquement à l'essentiel les notions sur le fonctionnement d'une machine à vapeur.

CHAPITRE XXIII

TRAVAIL — PUISSANCE — ÉNERGIE

PLAN

- **Travail**
  - **Définition du travail** : Une force produit du travail lorsqu'elle déplace son point d'application.
  - **Sa mesure** :
    - Elle est égale au produit de la force par le déplacement de son point d'application dans la direction du déplacement.
    - Dans le système *C. G. S.*, l'unité de travail est l'*erg* ; on emploie une unité secondaire, le *joule* qui vaut $10.000.000 = 10^7$ ergs.
    - Dans l'industrie, l'unité de travail usitée est le *kilogrammètre*.
- **Puissance d'une machine**
  - **Définition** : C'est le travail qu'elle peut effectuer par seconde.
  - **Sa mesure**
    - *Dans le système C. G. S.*
      - L'unité de puissance est l'*erg-seconde*.
      - On emploie une unité secondaire : le joule-seconde appelé *watt* ;
      - Dans l'industrie électrique, on emploie aussi l'hectowatt et le kilowatt.
    - *Dans l'industrie*
      - L'unité de puissance usitée est le *kilogrammètre-seconde* ou, plus souvent, le *cheval-vapeur* qui représente un travail de 75 kilogrammètres par seconde.
  - **Travail effectué par une machine** : Il est égal au produit de la puissance par la durée du fonctionnement évaluée en secondes. Dans l'industrie électrique, on compte également par watt-heure (3.600 joules), hectowatt-heure (360.000 joules), kilowatt-heure (3.600.000 joules) [3.600 = nombre de secondes contenues dans une heure].
- **Énergie**
  - **Définition** : C'est la capacité que possède un corps de pouvoir produire du travail.
  - **Énergie cinétique** : Énergie acquise par les corps en mouvement.
  - **Énergie potentielle** : Énergie possédée par certains corps au repos ; peut passer à l'état d'énergie cinétique à un moment donné.
  - **Diverses formes** : Énergie calorifique, chimique, lumineuse, électrique, etc.
  - **Conservation et dispersion**
    - L'énergie ne peut jamais être détruite (conservation de l'énergie).
    - Elle tend toujours à passer sous la forme finale d'énergie calorifique (dispersion).
  - **Équivalent mécanique de la chaleur** : 1 calorie équivaut à 0,426 kilogrammètre ou encore 1 calorie équivaut à 4 joules 18 (système C. G. S.).
  - **Mesure d'une quantité d'énergie** : On mesure le travail qu'elle peut fournir, soit directement, soit en la convertissant d'abord en énergie calorifique.

TRAVAIL. — PUISSANCE

303. Travail.

Lorsque nous soulevons une certaine masse, nous accomplissons un travail; un cheval qui tire une voiture, la vapeur qui pousse le piston du cylindre d'une machine à vapeur, produisent aussi du travail. La production de tout travail peut être rapportée à l'action d'une force sur un corps. Aussi dit-on d'une manière générale, qu'*une force effectue un travail lorsqu'elle déplace son point d'application.*

304. Évaluation du travail d'une force.

Supposons deux hommes chargés de transporter des sacs de farine pesant 100 kilogrammes, l'un au premier étage d'un magasin, à 4 mètres de hauteur, l'autre au deuxième étage, à 8 mètres. Il est clair que, si ces deux hommes ont la même activité, le premier montera deux fois plus de sacs que le deuxième pendant le même temps, mais il ne serait pas exact de dire que le premier a travaillé deux fois plus que le second, car il faut tenir compte du chemin parcouru. Le travail accompli par chacun d'eux sera équitablement évalué si nous l'exprimons par le produit obtenu en multipliant le poids des sacs par la longueur du chemin parcouru. Si le premier ouvrier a transporté 5.000 kilogrammes et le second 2.500 kilogrammes, le travail du premier sera exprimé par :

$$5.000 \times 4 = 20.000$$

celui du second par :

$$2.500 \times 8 = 20.000.$$

Ces deux produits étant égaux, le travail accompli par ces deux hommes est donc le même.

On évalue d'une manière analogue le *travail d'une force quelconque; on le mesure en multipliant l'intensité de la force par le déplacement de son point d'application* dans la direction du déplacement (travail = force × longueur).

Dans le système C. G. S., l'*unité de travail est le travail accompli par une force égale à 1 dyne* (§ 13), *déplaçant son point d'application de 1 centimètre dans sa propre direction;* on l'appelle **erg** (du grec *ergon* = travail). Cette unité est très petite : ainsi une mouche d'une masse de $1^{gr},5$ a un poids de

$$0{,}015 \times 981 = 14^{dy},7$$

et effectue, pour s'élever de 10 centimètres le long d'une vitre, un travail de

$$14^{dy},7 \times 10^{cm} = 147 \text{ ergs}.$$

Aussi se sert-on, comme pour la mesure des forces, d'unités secondaires : la plus employée est le joule, qui vaut 10 millions d'ergs.

Dans l'industrie, où l'on continue à prendre comme unité de force le poids *de la masse du kilogramme*(¹) primitivement adoptée en système métrique, l'*unité de travail est le travail nécessaire pour soulever un poids de 1 kilogramme à 1 mètre de hauteur;* on l'appelle le **kilogrammètre**. Évalué en unités C. G. S. le kilogrammètre vaut à Paris :

$$981.000^{dynes} \times 100^{cm} = 98.100.000 \text{ ergs ou } 9^{joules},81.$$

APPLICATIONS. — I. *Quel travail un touriste pesant 75 kilogrammes a-t-il effectué pour s'élever, en pays de montagnes, d'une hauteur de 1.600 mètres ?*

1° *En kilogrammètres.* — Réponse :

$$75^{kg} \times 1.600^{m} = 120.000 \text{ kilogrammètres}.$$

(¹) On ne tient pas compte de la faible variation de poids due au changement de lieu, variation pratiquement négligeable.

2° *En unités C. G. S. à la latitude de Paris.* — Réponse :

$$9^{\text{joules}},81 \times 120.000 = 1.117.200 \text{ joules.}$$

II. *La surface d'un piston de machine à vapeur est de* 400 *centimètres carrés, sa longueur de course* 75 *centimètres; quel est le travail effectué par la vapeur à chaque coup de piston, sachant que sa force élastique est de* 4 *kilogrammes et que la température de l'eau du condenseur est de* 26°? (*La force élastique de la vapeur d'eau à* 26° *est de* $32^{\text{gr}},5$.)

Solution. — Valeur de la poussée réelle exercée sur toute la surface du piston :

$$(4^{\text{kg}} - 0^{\text{kg}},0325) \times 400 = 1.587 \text{ kilogrammes.}$$

Valeur du travail :

$$1.587^{\text{kg}} \times 0^{\text{m}},75 = 1.190^{\text{kgm}},25.$$

305. Puissance.

Pour comparer le travail de deux forces, il est nécessaire de considérer un nouvel élément : la durée de ce travail. Ainsi un enfant et un homme peuvent transporter un même nombre de briques, mais le premier mettra plus de temps que le second. De même, une faible machine, travaillant dix jours, produira autant de travail qu'une machine, dix fois plus forte, travaillant un jour. Aussi considère-t-on le travail effectué dans l'unité de temps, on l'appelle puissance. L'unité de temps étant la seconde, *la puissance d'une machine est le travail qu'elle peut effectuer en une seconde.*

Dans le système C. G. S., l'unité de puissance est l'erg-seconde ou plus pratiquement le joule-seconde ou watt. Une machine ayant une puissance de 20 kilowatts fournit donc un travail de 20.000 joules par seconde. Dans l'industrie électrique, on fait un usage courant du watt et surtout de l'hectowatt et du kilowatt.

Pour évaluer la puissance des machines à vapeur, des moteurs à essence, à pétrole, etc., l'unité de puissance employée dans l'industrie est le **kilogrammètre-seconde** et, plus fréquemment, le **cheval-vapeur**, qui est la puissance d'une machine pouvant effectuer un travail de 75 *kilogrammètres par seconde* (1). Dire par exemple qu'une machine à vapeur a une puissance de 20 chevaux c'est dire qu'elle peut élever en une seconde

$$75^{kg} \times 20 = 1.500 \text{ kilogrammes}$$

à 1 mètre de hauteur. On dit : une automobile forte de 24 chevaux ; la puissance d'une locomotive est de 300 chevaux ; dans l'industrie, on emploie des moteurs de 200, 500 chevaux ; les machines des énormes paquebots transatlantiques ont une puissance qui atteint, pour quelques-uns, 68.000 chevaux-vapeur (*Mauretania*, Comp[ie] Cunard).

ÉNERGIE

300. Notion d'énergie.

La notion d'énergie est une notion tout intuitive comme celle d'espace, de masse, de temps (§ 10). Quand nous déplaçons un objet, nous devons produire un *effort musculaire soutenu* pour vaincre la résistance opposée par sa masse, et nous acquérons ainsi la conception d'énergie. L'*idée d'énergie* se trouve donc intimement liée à celle du *travail*, c'est d'ailleurs ainsi qu'elle est rigoureusement comprise en physique. Nous savons, par exemple, qu'un

(1) Cette expression de cheval-vapeur a été créée au XVIIIe siècle, par suite d'une comparaison faite entre la puissance des chevaux et celle des machines à vapeur. Mais, si un bon cheval peut produire un travail régulier de 75 kilogrammètres par seconde, il ne peut guère soutenir son effort plus de 8 heures par jour, tandis qu'une machine à vapeur peut fonctionner 24 heures ; aussi une machine de 10 chevaux-vapeur peut-elle, en réalité, produire un travail journalier qui surpasse celui de 30 chevaux.

corps en mouvement peut accomplir du travail. Si on laisse tomber d'une hauteur de 1 mètre une masse de fonte du *poids* de 2 kilogrammes sur un clou planté légèrement dans une planche, cette masse, en atteignant le clou, l'enfonce d'une certaine longueur dans la planche : on dit qu'elle possédait une certaine énergie. Les sources d'énergie sont innombrables : l'eau en tombant d'une certaine hauteur peut produire du travail, être employée par exemple à faire tourner une roue, à mettre en mouvement les machines d'une usine : minoterie, scierie, station d'électricité, etc. Une chute d'eau est donc une source d'énergie. Le vent qui presse sur les voiles d'un navire et le fait avancer possède de l'énergie. La chaleur, qui transforme l'eau en vapeur dont la force élastique actionne des moteurs, est de l'énergie ; tous les combustibles sont donc des sources d'énergie.

D'une manière générale, l'énergie est la capacité que possède un corps de pouvoir produire du travail, et nous verrons par la suite que le son, la lumière, l'électricité, sont aussi des formes d'énergie.

307. Énergie cinétique. — Énergie potentielle.

L'énergie mécanique peut être considérée à deux points de vue différents :

1° L'énergie acquise par les corps en mouvement (pierre qui tombe, piston d'une machine à vapeur en marche, etc.), appelée **énergie cinétique** ou de *mouvement ;*

2° L'énergie possédée par certains corps au repos, énergie résidant pour ainsi dire en réserve, en puissance, appelée **énergie potentielle**, qui peut passer à l'état d'énergie cinétique à un moment donné.

Une pierre posée sur une planche élevée possède de l'énergie potentielle; un morceau de charbon possède aussi de l'énergie potentielle. Brûlons ce charbon dans le foyer d'une machine à vapeur, la chaleur qu'il produit transforme l'eau en vapeur qui, en agissant sur le piston, effectue un certain travail : l'énergie latente possédée par le morceau de charbon est devenue apparente, autrement dit a passé à l'état d'énergie cinétique. Une charge de poudre, une cartouche de dynamite renferment une grande quantité d'énergie potentielle.

308. Transformations de l'énergie.

Frottons rapidement une règle de bois, un porte-plume métallique contre une table, au bout de peu de temps nous constatons que la règle, le porte-plume se sont échauffés. La chaleur ainsi produite est de l'énergie, elle n'a d'autre origine que l'énergie musculaire dépensée à produire le frottement. On exprime ce fait en disant que l'énergie musculaire s'est transformée en énergie calorifique.

Frottons une allumette sur une table, la chaleur produite est suffisante pour enflammer la pâte phosphorée. L'*énergie chimique*, concentrée à l'état potentiel dans cette pâte, se disperse en des états divers d'énergie, sous formes d'*énergie vibratoire* (bruit de l'explosion), d'*énergie lumineuse* (flamme), d'*énergie calorifique* qui enflamme le soufre.

Lorsqu'on sonne une cloche, l'énergie musculaire dépensée est surtout employée à mettre le métal de la cloche en vibrations ; elle est, par suite, transformée en énergie vibratoire qui se transmet à l'air environnant (phénomène du son) ; une petite partie se retrouve sous forme de chaleur due au frottement des axes sur leur support.

309. Conservation et dispersion de l'énergie. — On démontre en physique que, lorsque de l'énergie potentielle passe à l'état de formes diverses d'énergie, la somme des quantités de ces différentes énergies est rigoureusement égale à la valeur de l'énergie potentielle primitive ; en d'autres termes, l'énergie est indestructible, elle ne peut subir que des transformations. C'est là un principe fondamental désigné en physique sous le nom de principe de la conservation de l'énergie. Toutefois cela ne veut pas dire que l'énergie dispersée conserve la même valeur utilisable. Ainsi, lorsqu'on frotte une allumette, l'énergie potentielle concentrée dans la pâte phosphorée se trouve émiettée sous des formes diverses d'énergie qu'il est impossible de réunir ensuite pour récupérer l'énergie totale.

En particulier, l'énergie calorifique enflamme le soufre, mais elle échauffe aussi l'air environnant, se transmet aux meubles voisins, aux murs de la pièce, gagne l'atmosphère et de là se répand dans tout l'univers.

De même, de toute l'énergie chimique transformée par la combustion d'un morceau de houille en énergie calorifique, une faible partie, 8 à 10 0/0 environ, est utilisée dans une machine à vapeur sous forme de travail (3 0/0 à 8 0/0 seulement dans les locomotives. Le reste disparaît dans les frottements divers, ou bien échauffe la machine, ou l'eau du condenseur, puis finalement se disperse dans l'espace par conductibilité ou par rayonnement ; les moteurs à gaz pauvre (gazogènes) utilisent 15 à 21 0/0 de l'énergie calorifique produite. Ils ont donc un rendement supérieur aux machines à vapeur.

L'énergie, quelle que soit sa forme (électrique, lumineuse, chimique, etc.), tend toujours à devenir de la chaleur ; celle-ci, d'autre part, se disperse fatalement dans tout l'univers en une poussière d'énergie calorifique qu'il est impossible de récupérer.

310. Équivalent mécanique de la chaleur.

Des expériences ont montré que, chaque fois que de la chaleur est employée à produire du travail, ou inversement que du travail disparaît avec dégagement de chaleur, *une même quantité de chaleur correspond toujours à la même quantité de travail.* On donne, au rapport constant entre la quantité de travail et la quantité de chaleur correspondante, le nom d'équivalent mécanique de la chaleur. Sa valeur est de $0^{kgm},425$, ce qui signifie que *la même quantité d'énergie peut élever de 1° centigrade la temperature de 1 gramme d'eau,* (§ 204) ou bien *élever ce gramme d'eau à 425 mètres de hauteur.*

Comme 1 kilogrammètre vaut 9,81 joules (§ 304), l'équivalent mécanique de la chaleur est, en unités C. G. S. :

$$9^{\text{joules}},81 \times 0{,}425 = 4^{\text{joules}},17.$$

311. Mesure d'une quantité d'énergie.

On mesure une quantité d'énergie par la quantité de travail qu'elle peut fournir.

Premier exemple. — Soit à mesurer l'énergie potentielle d'une pierre, ayant une masse de 2 kilogrammes, posée sur le rebord d'une fenêtre, à 4 mètres de hauteur. Le travail que cette pierre peut accomplir en tombant sur le sol, et, par suite, l'énergie de cette pierre, est égal au produit de son poids par le chemin parcouru.

$$2^{\text{kg}} \text{ (poids)} \times 4^{\text{m}} = 8 \text{ kilogrammètres},$$

ou en unités C. G. S.

$$9^{\text{joules}},81 \times 8 = 78^{\text{joules}},48.$$

Deuxième exemple. — Un corps en mouvement est susceptible de produire un certain travail; c'est ainsi qu'une pierre lancée peut briser une vitre; un obus projeté par un canon contre un obstacle (maçonnerie, paroi d'un vaisseau) produira des effets mécaniques plus ou moins puissants. On démontre aisément, en s'appuyant sur les lois de la chute des corps (lois des espaces et des vitesses) et sur la définition du travail que l'énergie d'un corps en mouvement est donnée par la relation :

$$T^{\text{ergs}} = \frac{1}{2} m^{\text{gr}} \times v^{\text{cm}^2}.$$

Ainsi une balle de fusil pesant 7 grammes et lancée à la vitesse initiale de 700 mètres possède au départ une énergie cinétique de :

$$T^{ergs} = \frac{(7 \times 70000)^2}{2} = \frac{34.300.000.000^{ergs}}{2}$$

$$= 1715^{joules} = \frac{1715^{j}}{9^{kgm},81} = 174^{kgm}$$

c'est-à-dire la même énergie qu'une masse de 174^{kg} suspendue à 1^{m} de hauteur.

Troisième exemple. — Soit à mesurer l'énergie potentielle d'une masse de 1^{kg} d'essence de pétrole. En brûlant une quantité déterminée de cette essence dans un vase placé dans un calorimètre, on trouve que la combustion complète de 1^{kg} d'essence produit 11 millions de calories.

Or, une calorie équivaut à $0^{kgm},425$, donc le travail que pourrait fournir *intégralement* toute l'énergie potentielle représentée par 1^{kg} d'essence de pétrole est mesuré par :

$$0^{kgm},425 \times 11.000.000 = 4.686.000 \text{ kilogrammètres,}$$

ou bien, en unités C. G. S. :

$$4^{joules},17 \times 11.000.000 = 45.870.000 \text{ joules.}$$

Le plus généralement, lorsqu'on veut mesurer différentes quantités d'énergie de formes diverses, on utilise le moyen employé dans le dernier exemple, et l'on transforme toutes ces énergies en énergie calorifique qui sert à échauffer l'eau d'un calorimètre. Il suffit de multiplier l'équivalent mécanique de la chaleur par le nombre de calories obtenues, pour avoir la valeur du travail correspondant à l'énergie *totale* considérée et, par suite, la mesure même de cette énergie.

LIVRE V

ACOUSTIQUE

CHAPITRE XXIV

PRODUCTION ET PROPAGATION DU SON

PLAN

- **I — Conditions pour qu'il y ait un son**
  - 1° Existence d'organes de l'ouïe et d'un centre nerveux pour recueillir la sensation.
  - 2° Existence d'un corps en vibration.
    - **A. Tout corps qui rend un son est en vibration**
      - a) Vibrations observées par la vue : lame élastique ; fil de caoutchouc.
      - b) Vibrations produisant le déplacement de corps légers : cloche munie d'un pendule ; verre plein d'eau ; plaque de cuivre recouverte de sable ; cavaliers de papier sur une corde vibrante.
      - c) Vibrations observées par le toucher : diapason approché de la peau.
      - d) Vibrations inscrites sur une plaque de verre ou un papier : expérience avec un diapason.
    - **B. Inversement tout corps en vibration ne rend pas nécessairement un son**
      - 3° Existence d'un milieu élastique entre le corps et nous.
      - a) Le son ne se transmet pas dans le vide : expérience avec ballon muni d'une cloche, dans laquelle on a fait le vide.
      - b) Le son se transmet par les solides, les liquides, les gaz.
- **II — Mode de propagation du son dans l'air**
  - Analogie avec la propagation, à la surface de l'eau, du mouvement vibratoire produit par une pierre qu'on jette.
  - a) Les mouvements vibratoires du corps sonore se transmettent aux couches d'air voisines.
  - b) Il n'y a pas transport des couches d'air, mais compression et dilatation successives de chaque couche.
- **III — Vitesse de propagation du son**
  - 1° Dans l'air : Expérience entre Villejuif et Montlhéry.
  - 2° Dans les liquides : Expérience sur le lac de Genève.
  - 3° Dans les solides : Expérience avec les tuyaux de fonte posés entre Arcueil et Paris.

312. Conditions pour qu'il y ait un son.

Le son est une sensation reçue par l'organe de l'ouïe et transmise au cerveau. Une condition essentielle du son est donc l'existence d'un organe et d'un centre nerveux pour le recueillir; autrement dit le son n'existe que par rapport à nous, et, si nous n'avions pas d'organe de l'ouïe, la notion de son n'existerait pas pour nous.

Cette condition étant réalisée, cherchons ce qu'il faut pour que notre oreille perçoive un son.

Frappons légèrement sur un verre, sur une table, nous entendons un son; mais frappons sur un fichu de laine, un morceau d'ouate, et nous n'entendons rien. Il y a donc des corps sonores et des corps non sonores. D'autre part, nous entendons parfaitement la voix de personnes placées dans une pièce voisine; mais recouvrons de tentures le mur de séparation et nous n'entendons plus rien. Tous les corps ne transmettent donc pas également bien les sons.

Ainsi, deux conditions sont nécessaires pour que nous entendions un son : **1° l'existence d'un corps sonore ; 2° l'existence de milieux capables de transmettre le son.**

313. Corps sonores.

Un corps sonore ne rend pas un son de façon continue : une corde de mandoline ou de violon ne produit un son que si on la pince ou si on la frotte; en même temps, on la voit agitée d'un mouvement rapide : on dit qu'elle **vibre.** Nous allons étudier un mouvement vibratoire à l'aide d'un exemple simple, puis montrer que **tout corps, rendant un son, est en vibration.**

314. Étude d'un mouvement vibratoire.

Prenons une verge métallique serrée en D dans un étau (*fig.* 152) et éloignons en B l'extrémité A. Si nous abandonnons alors la tige à elle-même, nous la voyons revenir en A par suite de son élasticité, dépasser ensuite cette position et arriver jusqu'en C, grâce à sa vitesse acquise dans le chemin BA; puis elle revient en A et en B pour les mêmes raisons que précédemment, et ainsi de suite; mais le mouvement diminue peu à peu, à cause de la résistance de l'air, et finit par s'arrêter.

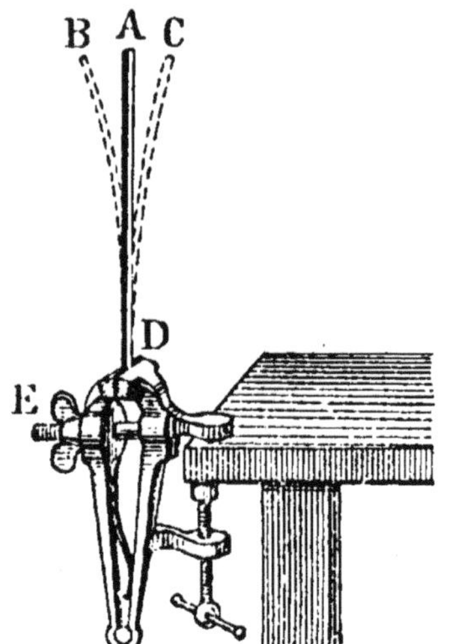

Fig. 152 — La lame élastique ayant été dérangée de sa position d'équilibre y revient en effectuant une série de vibrations.

Les mouvements exécutés par la tige, de part et d'autre de sa position d'équilibre, sont appelés **oscillations** ou **vibrations** : le mouvement de C en B ou de B en C s'appelle *vibration simple;* celui d'aller et de retour s'appelle *vibration double* ou *complète.* L'angle CDB porte le nom d'**amplitude** de la vibration. L'amplitude diminue donc du début à la fin de l'expérience.

315. Expériences montrant que tout corps qui rend un son est en vibration.

Un corps qui rend un son vibre avec trop de rapidité pour qu'on puisse facilement observer ses vibrations. On les met en évidence de diverses manières.

316. Premier groupe d'expériences.

Reprenons la verge précédente : si elle est très longue, on voit les vibrations et on n'entend pas de son. Mais si on la raccourcit de plus en plus, les vibrations augmentent de rapidité, si bien qu'à un moment donné, on ne les distingue plus, et que la lame paraît seulement élargie à la partie supérieure à cause de la persistance des impressions lumineuses. On entend alors un son d'abord grave, puis de plus en plus aigu à mesure que la lame est plus courte.

317. Deuxième groupe d'expériences.

a) Les vibrations d'un corps sonore peuvent être mises en évidence par le *déplacement de corps très légers* placés à son contact. Ainsi, frottons avec un archet la cloche C (*fig.* 153), elle rend un son, et un petit pendule, approché de ses bords, est vivement repoussé.

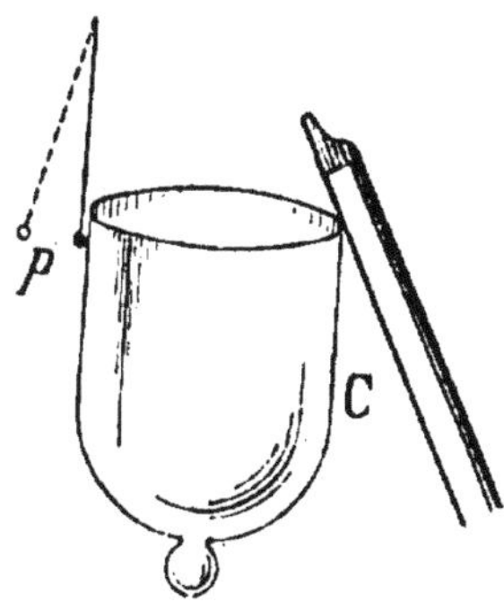

Fig. 153. — Lorsqu'on frotte le bord de la cloche elle rend un son et le petit pendule p est vivement repoussé.

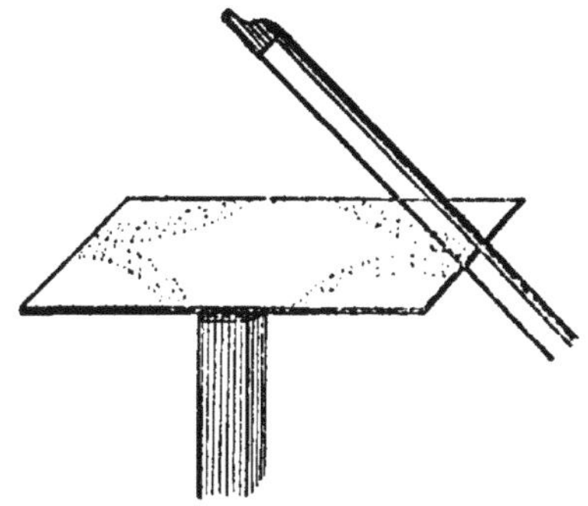

Fig. 155. — Vibration d'une plaque métallique : les grains de sable sautillent.

b) De même un verre empli d'eau (*fig.* 154) et frotté avec un archet, rend un son, en même temps que la surface de l'eau se plisse par suite des vibrations que lui transmet le verre.

Fig. 154. — Mouvement vibratoire d'un verre rendant un son.

c) Une plaque de cuivre, fixée en son centre (*fig.* 155) et saupoudrée de sable, est frottée en A par un archet; elle produit une série de sons, tandis que le sable sautille vivement.

d) Des petites bandes de papier pliées et placées à cheval sur une corde tendue sont projetées dès qu'on lui fait rendre un son.

e) Les gaz peuvent, aussi bien que les solides, produire des sons (instruments à vent). Ils sont alors en vibration, comme le montre l'expérience suivante : on envoie un courant d'air rapide dans un tube de verre (*fig.* 156) ; il rend un son, et, si l'on descend dans ce tube une membrane tendue, saupoudrée de sable fin, on voit le sable sautiller sous l'influence des vibrations de l'air intérieur.

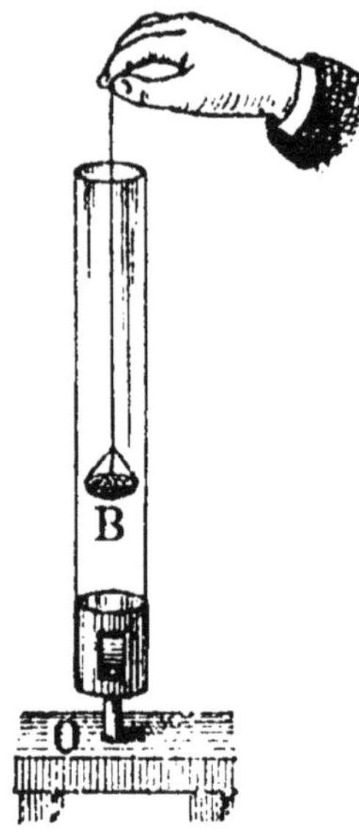

Fig. 156.— Vibrations des corps gazeux.

318. Troisième groupe d'expériences.

On peut se rendre compte, par le *toucher*, des vibrations d'un corps sonore. Si, après avoir frappé sur les branches d'un diapason, on les approche du doigt ou de la joue, on éprouve une sensation de fourmillement due à leurs mouvements vibratoires.

319. Quatrième groupe d'expériences.

On peut même *inscrire les vibrations* d'un corps sonore tel qu'un diapason. Il suffit de munir l'une de ses branches d'un stylet, qui vient affleurer à la surface d'une plaque de verre enduite de noir de fumée. On met l'instrument en vibration, en même temps qu'on déplace la plaque de verre ; le stylet enlève le noir de fumée aux endroits où il passe, et le verre porte, après l'expérience, une ligne transparente semblable à celle de la figure 157. Chacune des dents formées indique une vibration ; leur profondeur ab correspond à l'amplitude, et leur largeur nm à la rapidité des vibrations.

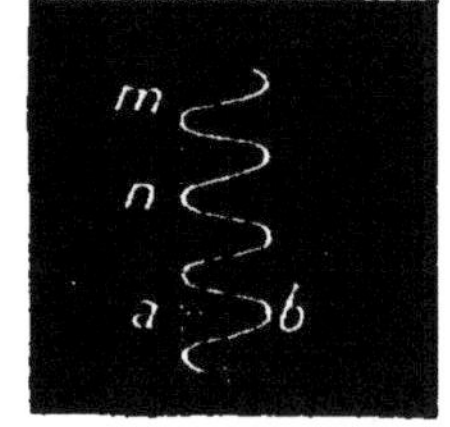

Fig. 157. — Graphique du mouvement vibratoire d'un diapason.

Cette méthode graphique est très importante ; elle permet l'étude de la vitesse ou de l'amplitude des vibrations, et elle est, nous le verrons plus loin, le principe même du phonographe.

320. Conclusion des expériences précédentes.

Toutes les expériences précédentes nous conduisent à cet énoncé : **Pour qu'un corps rende un son il faut qu'il soit en vibration.**

La condition est nécessaire, mais non suffisante, car un corps peut très bien être en vibration sans rendre de son; c'est ce qui arrive pour la lame élastique de la figure 152, lorsqu'elle est trop longue et vibre, par suite, trop lentement. De même, les vibrations trop rapides ne donnent pas lieu à des sons; seules les vibrations complètes dont le nombre est compris entre 8 et 30.000 par seconde produisent des sons; encore, les sons extrêmes ne sont-ils entendus que par quelques oreilles très exercées.

Les corps non sonores sont ceux qui, n'étant pas élastiques, ne peuvent pas vibrer (étoffes).

321. Nœuds et ventres de vibrations.

Répétons l'expérience faite avec la plaque de cuivre (*fig.* 155); lorsqu'on frotte cette plaque, le sable saute, mais on remarque que tous les grains viennent se grouper en certains endroits, suivant des lignes ou des surfaces déterminées sur lesquelles ils restent ensuite immobiles. C'est donc que ces régions ne vibrent pas ; elles constituent les **nœuds** de vibrations, et celles qui vibrent, les **ventres** de vibrations. Remarquons d'ailleurs qu'en fixant avec les doigts divers points de la plaque, on modifie la position des nœuds.

Toutes les fois qu'un corps vibre, il présente de même des nœuds et des ventres de vibration.

322. Étude des milieux capables de transmettre le son.

Il ne suffit pas qu'un corps sonore vibre pour que nous entendions un son; il faut encore que ses mouvements vibratoires soient transmis jusqu'à notre oreille, ce qui nécessite l'intermédiaire d'un milieu élastique.

Le son ne se transmet pas dans le vide. — Le son, en effet, ne se transmet pas dans le vide, comme le montre l'expérience suivante: un ballon contenant une petite cloche (*fig.* 158) est vissé sur une machine pneumatique, et on y fait le vide. On ferme ensuite le robinet R, on retire le ballon; si on l'agite alors, on n'entend plus la clochette. Donc le son ne se propage pas dans le vide. On ouvre légèrement le robinet; un peu d'air rentre, le son arrive très faible, et devient plus intense à mesure qu'on fait rentrer plus d'air. Les mouvements vibratoires sont alors transmis par l'air et le verre de la cloche.

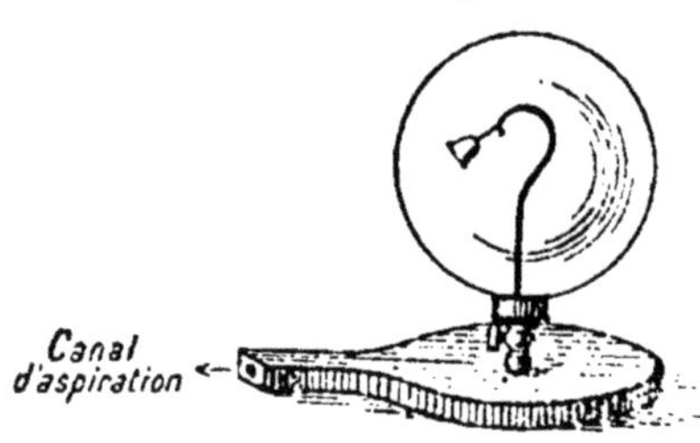

FIG. 158. — Le son ne se propage pas dans le vide.

Cette expérience explique pourquoi, sur les montagnes, les sons paraissent plus faibles qu'en plaine.

Le son se transmet à travers les milieux élastiques. — D'une manière générale, le son se propage à travers tous les milieux élastiques; les gaz le transmettent facilement, en particulier l'air, qui est presque toujours l'intermédiaire entre le corps sonore et nous. Les liquides le transmettent mieux encore que les gaz : un plongeur entend fort bien les bruits du rivage, même éloignés.

Enfin, les solides élastiques sont les corps qui propagent le mieux les mouvements vibratoires : en appliquant l'oreille à l'extrémité d'une table, on perçoit les plus légers chocs produits à l'autre extrémité; en se couchant sur la terre, on entend le galop des chevaux ou le roulement des voitures à une distance de plusieurs kilomètres. Les solides mous tels que les tissus, les tapis, le plomb, la cire, ne transmettent pas les sons.

323. Mode de propagation du son.

Comment les mouvements vibratoires sont-il transmis par les milieux élastiques? Par la vibration de ces milieux, vibration mise en évidence par divers phénomènes, tels que l'ébranlement des vitres d'une maison.

Fig. 159. — Coupe montrant la forme des ondes superficielles. E, centre d'ébranlement. AB, BC, CD, longueurs d'ondes; elles sont égales entre elles, mais leur amplitude décroît à mesure qu'elles s'éloignent du centre.

Pour comprendre ce mode de propagation, rapprochons-le d'un phénomène facile à observer : la formation d'ondes à la surface de l'eau. Une pierre est jetée sur l'eau d'un étang. Sitôt qu'elle pénètre dans le liquide, des séries de cercles concentriques, appelés ondes, se forment tout autour du point frappé; ils sont alternativement en relief et en creux, et paraissent s'éloigner du centre (*fig.* 159).

Il semble qu'il y ait sans cesse déplacement de l'eau du point frappé vers la périphérie. Il n'en est rien, car un brin de paille, un bouchon de liège jetés sur l'onde, *se soulèvent et s'abaissent* de façon continue, mais ne sont pas entraînés; ils restent à la même distance du centre. Ainsi, *un ensemble de mouvements de bas en haut et de haut en bas, donne l'apparence d'un déplacement horizontal.* Le phénomène s'explique ainsi : la pierre déprime l'eau sous elle ; le liquide dérangé de sa position d'équilibre y revient, mais il la dépasse à cause de sa vitesse acquise, puis, il redescend sous l'action de la pesanteur et le même phénomène recommence.

Il y a donc vibration de cette partie du liquide. Cette vibration se transmet à la tranche superficielle voisine, qui se soulève et s'abaisse aussi de façon continue, mais en

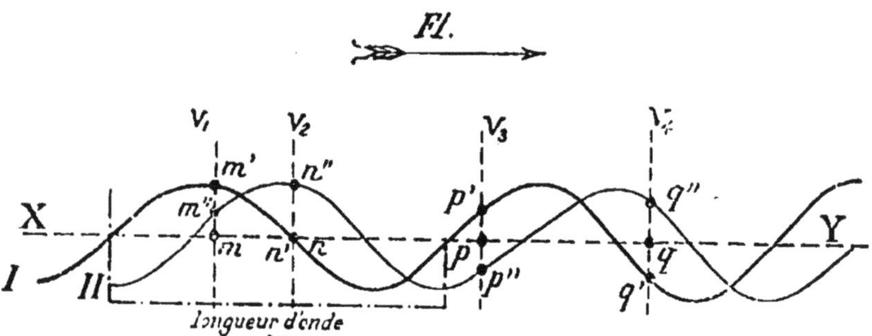

Fig. 160. — Propagation d'un mouvement ondulatoire.
XY, trace du plan horizontal.

Les molécules superficielles telles que *m, n, p, q*, oscillent verticalement de part et d'autre de leur position d'équilibre, mais n'ont pas la même situation au même moment.

En I, ces molécules ont les positions *m', n', p', q'*. En II, elles se sont déplacées sur leurs verticales respectives v_1, v_2, v_3, v_4, et sont en *m'', n'', p'', q''*.

La ligne sinueuse I représente l'ensemble des positions occupées simultanément par tous les points de la droite *xy* à un certain moment.

La ligne sinueuse II représente l'ensemble des positions occupées simultanément par les *mêmes* points un instant après.

La flèche F indique la direction de la propagation du mouvement.

sens inverse de la première tranche ; la seconde tranche communique sa vibration à la suivante, et ainsi de suite. Donc, toutes les molécules superficielles vibrent de bas en haut et de haut en bas, mais sans avoir la même position *au même moment :* par exemple, les molécules **m, n, *p*, *q*,...** du plan horizontal primitif ***xy*** (*fig.* 160, I), occupent les positions m', n', p', q', ... L'instant d'après, la vibration de ces molécules les amène dans les positions m'', n'', p'', q'' (*fig.* 160, II).

La propagation du son, dans l'air, se fait d'une manière toute semblable. Supposons, pour simplifier, qu'au lieu d'un corps sonore, on ait une sphère, telle qu'un ballon en caoutchouc mince, qui éprouve périodiquement des augmentations et des diminutions de volume : la surface de ce ballon sera en vibration. Supposons que le nombre des vibrations simples soit de 1.000 par seconde.

1° La sphère se dilate; elle repousse la couche d'air située tout autour d'elle, et, comme l'air est compressible, cette couche se comprime, augmente de force élastique, et, par suite, repousse la couche d'air voisine, en revenant elle-même à son volume primitif. La deuxième couche se comprime à son tour, puis reprend son premier volume en comprimant la troisième couche et ainsi de suite. Donc la dilatation de la sphère a pour effet de comprimer successivement toutes les couches d'air situées autour d'elle; on dit qu'il y a formation d'une onde condensée, analogue à celle que produit la pierre en s'enfonçant dans l'eau.

2° La sphère se contracte ensuite; aussitôt, la couche d'air qui l'entoure se dilate, diminue de force élastique, et est ramenée à son volume primitif par la couche voisine dont la pression est supérieure, mais alors celle-ci se dilate. Et de proche en proche, la dilatation des couches d'air se propage comme la compression précédente, on dit qu'il y a formation d'une onde dilatée, analogue à celle que produit l'eau déprimée par la pierre quand elle se relève.

Ainsi : 1° *Les mouvements vibratoires de la sphère sont transmis à l'air*, dont les couches concentriques se compriment et se dilatent successivement, comme cela a lieu pour les cercles concentriques de la surface de l'eau. Ces mouvements vibratoires de l'air se font dans le même sens que ceux de la sphère, c'est-à-dire du centre vers l'extérieur.

2° *Il n'y a pas de transport de couches d'air*, pas plus qu'il n'y avait transport des couches d'eau. Mais à un moment donné *t*, l'air est formé de sphères concentriques alternativement comprimées et dilatées. Puis l'instant d'après, *t'*, tout l'air est encore en vibration, mais la couche comprimée est maintenant dilatée et inversement. De sorte qu'une même couche subit des oscillations continuelles de part et d'autre de sa position d'équilibre et qu'il se forme dans l'air des ondes analogues aux ondes liquides. Lorsque le nombre de vibrations complètes est compris entre 8 et 30.000 par seconde, ces ondes sont sonores.

Remarquons toutefois une différence entre les ondes sonores et les ondes liquides : les *premières se propagent* dans le sens même *où se fait la vibration*, *c'est-à-dire du centre* S *de la sphère à l'extérieur. Les secondes se propagent dans une direction horizontale*, perpendiculaire *à la direction du mouvement vibratoire.*

324. Vitesse de propagation du son dans l'air.

Nous savons comment le son se propage dans un milieu élastique. Il nous reste à voir si tous les sons se propagent avec la même vitesse et quelle est cette vitesse.

a) Observations. — Lorsque nous observons à distance un chasseur tirant un coup de fusil, nous voyons la fumée un instant avant d'entendre le son. De même, si nous regardons au loin un bûcheron abattre du bois, nous voyons la hache frapper l'arbre avant d'entendre le bruit.

Conclusion. — *Le son se propage avec une vitesse bien inférieure à celle de la lumière.*

D'autre part, écoutons, de près ou de loin, un même air joué par un orchestre ; l'air n'est pas modifié par la distance, donc les sons joués en *même temps*, qu'ils soient graves ou aigus, nous sont arrivés en *même temps.*

Conclusion. — *Tous les sons se propagent également vite.*

Pour connaître la vitesse du son, on peut donc opérer

sur des sons quelconques, le résultat sera toujours le même.

b) Expériences. — **1° Le son se propage d'un mouvement uniforme.** — Si un observateur, placé à 1 kilomètre d'un endroit où l'on tire un coup de canon, entend la détonation t secondes après le départ du coup, plusieurs observateurs placés à 2, 3, 4, ... kilomètres, entendront le son au bout de $2t$, de $3t$, de $4t$, ... secondes. Donc le mouvement de propagation du son est uniforme (§ 12), et l'on peut définir sa vitesse, l'espace parcouru par le son pendant une seconde.

2° **Mesure de la vitesse du son dans l'air.** — L'expérience précédente pourrait permettre de déterminer la vitesse du son dans l'air ; il suffirait de connaître la valeur de t.

Parmi les expériences faites, citons celle de 1822, effectuée par des membres du Bureau des longitudes : trois observateurs étaient placés sur les hauteurs de Villejuif, près de Paris, et trois autres sur celles de Montlhéry à 18 kilomètres. On tirait des coups de canon alternativement à chaque station, afin de n'avoir pas à tenir compte de l'influence du vent sur la vitesse du son. A chaque coup de canon, les observateurs de l'autre station voyaient d'abord une flamme, à un instant qu'ils notaient, puis quelque temps après, ils entendaient le son.

A cause de la vitesse prodigieuse avec laquelle la lumière se propage (300.000 kilomètres à la seconde), la vue de la lumière indiquait le moment du départ du coup. On pouvait donc savoir exactement la durée comprise entre le départ et l'arrivée du son. La moyenne de toutes les expériences faites donna, pour ce temps, 54^{sec},6. La distance étant exactement 18.613 mètres, l'espace parcouru par le son en 1 seconde fut trouvé égal à :

$$\frac{18.613^{m}}{54{,}6} = 340^{m},9$$

(la température était : 16°).

D'autres expériences faites depuis, dans des circonstances variées, ont donné les résultats suivants :

1° La vitesse du son est indépendante de la pression atmosphérique;

2° Elle augmente avec la température d'environ 0m,62 pour 1°. A 0°, elle est de 331 mètres, et à 32° de 350 mètres.

Problème. — *Le bruit d'un roulement de tonnerre est entendu 4 secondes après l'apparition de l'éclair. A quelle distance a eu lieu la décharge si la température était 16°?*

Solution. — Vitesse du son à 16° : 340m,9.

Espace parcouru par le son : 340m,9 $\times$ 4 = 1.363m,6.

325. Vitesse du son dans les autres milieux.

1° *Gaz.* — La vitesse du son varie avec les gaz, en raison inverse du carré de leur densité.

2° *Liquides.* — On détermine la vitesse du son dans l'eau

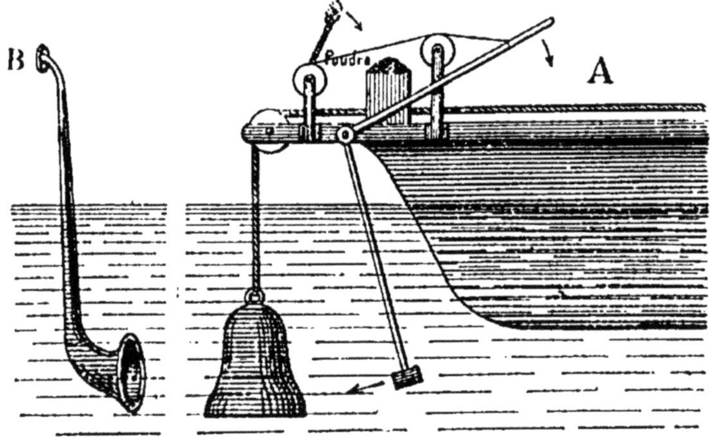

Fig. 161. — Détermination de la vitesse du son dans l'eau.

en appliquant le même principe que pour la mesure de la vitesse dans l'air.

Sur un bateau, en A (*fig.* 161), on fait sonner une cloche plongeant dans l'eau, de telle sorte qu'au moment précis où elle résonne, une flamme paraisse sur le bateau. En B, à une distance connue, on place un cornet acoustique qui permet de recueillir le son transmis par l'eau. On note le moment où l'on voit la lueur et celui où l'on entend le son.

L'expérience a été faite sur le lac de Genève en 1827; elle a donné les résultats suivants :

Distance AB : 13.487 mètres.

Temps mis par le son pour parcourir cette distance : $9^{sec},8$.

Espace parcouru en 1 seconde : 1.435 mètres, soit 4 fois $\frac{1}{2}$ plus que dans l'air.

3° *Solides.* — Dans les solides, la vitesse est encore plus grande que dans les liquides. Elle est de 3.480 mètres dans la fonte, de 10 à 17 fois celle de l'air dans le bois, etc. Le problème suivant va nous faire comprendre comment on a déterminé la vitesse du son dans la fonte. (Biot a utilisé, à cet effet, les tuyaux qu'on installait d'Arcueil à Paris pour amener l'eau de la Vanne.)

Problème. — *Un tuyau de conduite d'eau a* $951^m,25$ *de long. On frappe sur un timbre à une de ses extrémités. A l'autre extrémité s'entendent deux sons : 1° le son transmis par la fonte; 2° le son transmis par l'air du tuyau. L'intervalle de temps écoulé entre ces deux sons est* $2^{sec},5$. *Quelle est la vitesse du son dans la fonte ?*

Solution. — Il faut connaître le temps mis par le son pour parcourir la fonte.

Or, le temps mis par le son pour parcourir l'air du tuyau est :

$$1^{sec} \times \frac{951.25}{340} = 2^{sec},79.$$

Comme le son transmis par la fonte arrive $2^{sec},5$ avant, c'est qu'il a mis pour arriver :

$$2^{sec},79 - 2^{sec},5 = 0^{sec},29.$$

En $\frac{29}{100}$ de seconde le son parcourt $951^m,25$.

En 1 seconde, il parcourt :

$$\frac{951^m,25 \times 100}{29} = 3.280 \text{ mètres.}$$

320. Expériences. — Expérience avec une lame d'acier dont une extrémité peut être fixée dans une rainure de table, par exemple. — Employer des lames de diverses longueurs et faire observer les différences entre les sons produits. — Expérience avec un fil de caoutchouc tendu. — Réaliser les diverses expériences montrant que tout corps qui rend un son est en vibration. — Pour recouvrir de noir de fumée une plaque de verre, on la passe dans la flamme d'une bougie ; ou mieux dans la flamme de l'essence de térébenthine qu'on fait brûler dans une assiette ; le dépôt est plus régulier. — Pour munir le diapason d'un stylet, il suffit, par exemple, d'y attacher un poil de brosse à l'aide d'un fil ou de cire à cacheter.

Pour montrer que les solides transmettent les sons, on attache un objet métallique (pincettes, couverts) au milieu d'une ficelle assez longue dont on applique les deux extrémités contre les oreilles. On prie une personne de frapper sur l'objet ; on entend alors le son considérablement renforcé (avoir soin, en appliquant la ficelle contre l'oreille, d'appuyer avec le doigt de manière à empêcher l'arrivée du son par l'air).

Au cours d'une promenade au bord d'une rivière, d'un canal, etc., faire observer les ondes liquides formées par une pierre qu'on jette dans l'eau. — Faire remarquer, quand l'occasion s'en présentera, que le son ne se transmet pas instantanément (temps d'orage, locomotive qui siffle dans le lointain).

CHAPITRE XXV

RÉFLEXION DU SON, ÉCHO

PLAN

- **I Réflexion du son**
  - Les ondes sonores se réfléchissent, comme les ondes liquides, lorsqu'elles rencontrent un obstacle.
  - a) Définition d'un rayon sonore.
  - b) Analogie entre la réflexion du son et celle de la lumière ou de la chaleur.
    - Expérience avec miroirs concaves.
    - Le son se réfléchit comme s'il provenait d'un point A' symétrique du point sonore par rapport à l'obstacle.
  - c) Conséquences de la réflexion du son
    - Écho.
    - Résonance.
- **II Écho**
  - a) Conditions pour qu'il y ait écho
    - 1° Son bref : distance d'au moins 17 mètres entre l'observateur et l'obstacle.
    - 2° Son articulé : distance d'au moins 34 mètres entre l'observateur et l'obstacle.
  - b) Différentes sortes d'échos
    - Écho polysyllabique : répète plusieurs syllabes.
    - Écho multiple : répète plusieurs fois la même syllabe.
- **III Résonance**
  - a) *Définition*
    - Le son réfléchi prolonge le son direct sans en être complètement distinct.
  - b) *Moyens d'empêcher la résonnance*
    - Disperser le son dans toutes les directions (ornements en relief).
    - Empêcher le son d'être réfléchi en recouvrant les murs de tentures.

327. Réflexion du son.

Nous avons vu l'analogie entre le mode de propagation du son et le phénomène produit dans l'eau par une pierre qui tombe. Cette analogie se poursuit plus loin : supposons que les ondes liquides formées autour du point frappé par la pierre rencontrent un obstacle tel que les bords d'un canal ou d'un bateau; on les voit revenir sur elles-mêmes en changeant de direction; elles forment des cercles concentriques dont le centre serait en un point A' symétrique du point A par rapport à l'obstacle (*fig.* 162) (1).

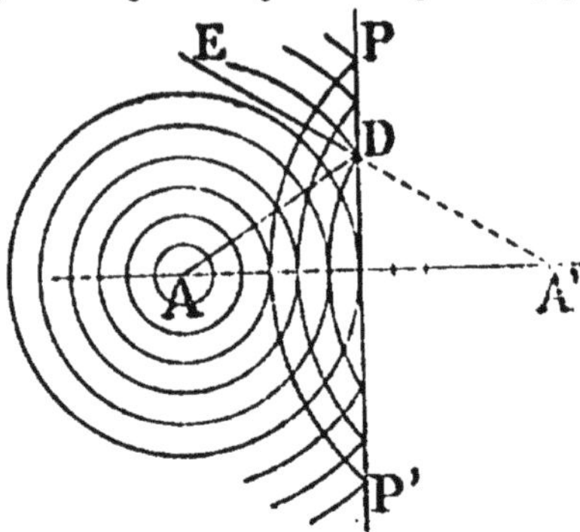

Fig. 162. — Réflexion du son. Les ondes sonores émises en A sont réfléchies par le mur PP'. Elles se propagent alors comme si leur centre d'émission était le point A' symétrique de A par rapport à PP'.

De même les ondes sonores provenant d'un point A et rencontrant un mur, une colline, etc., se réfléchissent et paraissent provenir de A'. La réflexion du son est analogue à celle de la chaleur et de la lumière (voir cours de deuxième année); on appelle rayon sonore la droite AB suivant laquelle le son se propage de A en B. Il y a une infinité de rayons sonores partant de A; et les lois de la réflexion du son sont les mêmes que celles de la lumière (cours de deuxième année). Cette analogie est mise en évidence de la même manière que pour la chaleur (§ 269). Au foyer F de l'un des miroirs concaves (*fig.* 163),

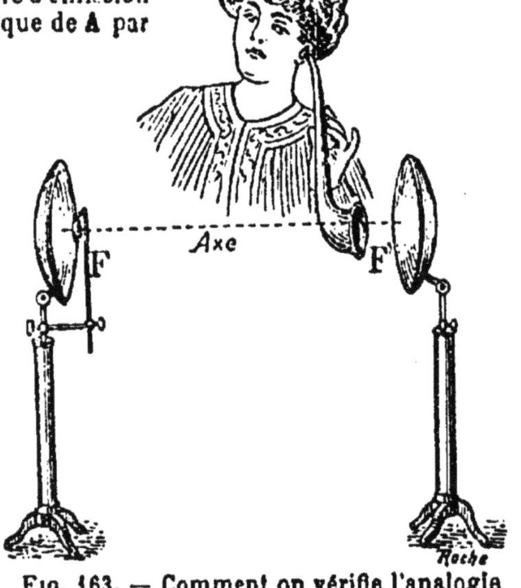

Fig. 163. — Comment on vérifie l'analogie de la réflexion du son avec celle de la lumière.

(1) Un point A est symétrique d'un autre A' par rapport à un plan quand la droite AA' est perpendiculaire au plan et coupée par lui en son milieu.

on place un corps sonore tel qu'une montre; au foyer F' du second miroir, on place le pavillon d'un cornet acoustique dont l'autre extrémité est près de l'oreille et l'on entend distinctement le tic-tac de la montre, tandis qu'on ne perçoit rien des autres points. Donc les rayons sonores ont suivi le même chemin que les rayons calorifiques ou lumineux.

Les lois de la réflexion du son expliquent ce qui se passe dans certaines salles à voûte elliptique, telles qu'une des salles du Conservatoire des Arts et Métiers, une du Louvre à Paris; deux personnes placées en deux points déterminés de la salle (les foyers de l'ellipse) peuvent parler à voix basse et s'entendre distinctement, alors qu'on ne les entend pas des autres régions de la salle. C'est que les rayons sonores provenant de l'un des foyers convergent, après réflexion, à l'autre foyer.

328. Echo.

Les conditions de la réflexion du son expliquent le phénomène de l'écho. Soit un mur MN (*fig.* 164) et un corps sonore en A. Si A produit un son, un observateur B pourra entendre deux sons, l'un *direct*, qui aura parcouru le chemin AB, l'autre *réfléchi* (écho) qui aura parcouru le chemin ACB, et semblera provenir d'un point A' symétrique de A par rapport au mur. Comme le chemin ACB est plus long que la droite AB, le son réfléchi est toujours entendu après le son direct, mais les deux sons ne sont pas toujours entendus séparément; si le corps sonore et l'observateur sont tout près du mur, le son réfléchi arrive presque en même temps que le son direct, et le prolonge légèrement : on dit qu'il y

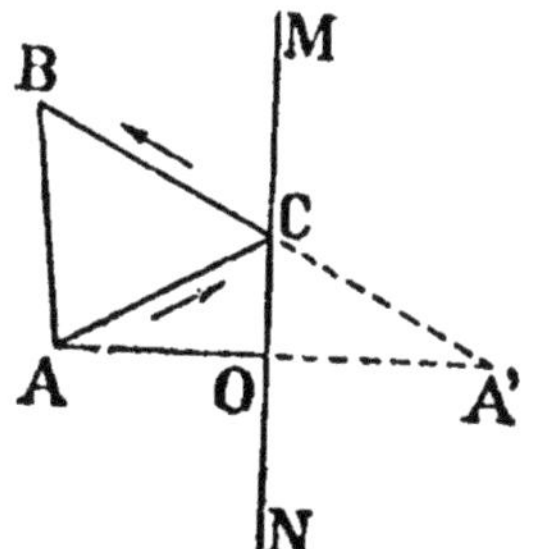

FIG. 164. — Écho. Un observateur placé en B entend d'abord directement suivant le rayon AB, un son produit en A, et ensuite le même son réfléchi par le mur MN, suivant la droite CB.

a résonance. Quelle doit être la distance à l'obstacle pour qu'il y ait écho? Supposons pour simplifier que l'observateur et le corps sonore soient au même endroit; par exemple, c'est l'observateur lui-même, placé en A qui pousse un cri; il entend aussitôt le son direct, puis le rayon sonore AO, perpendiculaire au mur, revient sur lui-même comme s'il provenait de A' et produit un son réfléchi; ce son arrive donc quand il a parcouru deux fois la distance AO. Or l'oreille ne peut distinguer deux sons brefs rapprochés de plus de $\frac{1}{10}$ de seconde. Il faut donc que le son réfléchi soit entendu au moins $\frac{1}{10}$ de seconde après le son direct; et comme en $\frac{1}{10}$ de seconde il parcourt $\frac{340^m}{10}$, il faut que le double de AO soit au moins 34 mètres et que AO soit au moins 17 mètres.

Toutes les fois que AO sera au moins égal à 17 mètres, il y aura écho pour les sons brefs.

329. Sons articulés.

L'oreille ne peut distinguer deux sons articulés, rapprochés de plus de $\frac{1}{5}$ de seconde. Il faut donc que le son réfléchi se fasse entendre $\frac{1}{5}$ de seconde au moins après le son direct, c'est-à-dire parcoure $\frac{340^m}{5} = 68$ mètres. Donc AO doit être au moins égal à $\frac{68}{2} = 34$ mètres.

Toutes les fois que AO sera au moins égal à 34 mètres, il y aura écho pour tous les sons.

330. Echo polysyllabique.

Supposons qu'à 34 mètres d'un obstacle on prononce le mot *voilà*. De même qu'on ne peut entendre plus de cinq syllabes en une seconde, on ne peut en prononcer plus de cinq. On prononce d'abord *voi*, dont le son réfléchi est entendu $\frac{1}{5}$ de seconde après, en même temps que la syllabe *là* est prononcée; puis, $\frac{1}{5}$ de seconde plus tard, le son *là* réfléchi est entendu. On n'entend donc distinctement que l'écho de la dernière syllabe, l'écho est monosyllabique.

Mais, si la distance est deux fois 34 mètres, on a le résultat suivant :

aux temps	t	$t + \frac{1^s}{5}$	$t + \frac{2^s}{5}$	$t + \frac{3^s}{5}$
on entend	voi son direct	là son direct	voi réfléchi	là réfléchi

Quel que soit le mot prononcé, on entend toujours l'écho des deux dernières syllabes.

Si la distance était 3, 4 fois 34 mètres, on entendrait l'écho des 3, 4 dernières syllabes (écho polysyllabique, fréquent dans les montagnes : écho de Ramberchamp, dans les Vosges).

331. Echo multiple.

Si l'observateur est placé entre plusieurs obstacles suffisamment éloignés, *chacun des obstacles* réfléchit le son produit et, outre le son direct, l'observateur peut entendre plusieurs fois le même son réfléchi : c'est ce qui arrive souvent lorsqu'on est enfermé entre plusieurs montagnes; en prononçant le mot *voilà* par exemple, on l'entend répéter deux, trois, quatre fois ou plus (écho du lac de Retournemer, dans les Vosges). Mais si le nombre des réflexions augmente beaucoup, le son est de moins en moins intense, et finit par s'éteindre.

332. Résonance.

Il y a résonance lorsque l'obstacle est trop près du corps

sonore. Dans les appartements, la résonance est fréquente; si la salle est de petites dimensions, le son réfléchi se confond sensiblement avec le son direct et le renforce. Mais, si la salle est assez grande (église, salle d'audiences, de conférences), le son réfléchi prolonge le son direct et masque en partie le son suivant, de sorte que la parole est confuse. On supprime ce phénomène en recouvrant les murs de tentures qui amortissent le son ou d'ornements en relief, tels que des colonnes, des sculptures, etc., qui le diffusent dans toutes les directions.

333. **Expériences.** — Chercher, au cours des promenades à la campagne, des endroits où il puisse y avoir écho. Quand on a trouvé un de ces endroits, observer ce qui se passe quand on s'en écarte dans diverses directions. Chercher à obtenir un écho polysyllabique.

Faire observer les phénomènes acoustiques qui se produisent sous un pont, la résonance dans une église, etc.

CHAPITRE XXVI

QUALITÉS DU SON

PLAN

I Intensité	1° **Définition** :	Qualité qui distingue un son fort d'un son faible.
	2° **De quoi elle dépend**	*A*. Amplitude des vibrations. *B*. Distance du corps sonore à l'observateur. *C*. Voisinage de corps qui vibrent de la même façon : renforcement des sons.
II Hauteur	1° **Définition** :	Qualité qui distingue un son grave d'un son aigu.
	2° **De quoi elle dépend**	Nombre de vibrations par seconde. Plus le nombre de vibrations est grand, plus le son est élevé. A un nombre de vibrations déterminé correspond un son d'une hauteur déterminée.
	3° **Détermination de la hauteur d'un son par le nombre de vibrations produites en 1 seconde**	Méthode graphique : il suffit d'inscrire les vibrations du corps sonore et de diviser le nombre obtenu par le temps pendant lequel les vibrations se sont inscrites.
	4° **Application de la méthode graphique : phonographe**	Principe : après avoir inscrit les vibrations de la voix ou d'un corps sonore sur de la cire, on fait repasser le stylet par tous les creux et les saillies qu'il a tracés ; ce stylet étant adapté à une mince plaque élastique, celle-ci reproduit toutes les vibrations enregistrées, c'est-à-dire les sons eux-mêmes.
III Timbre	1° **Définition**	Qualité qui distingue 2 sons de même intensité et de même hauteur.
	2° **De quoi il dépend**	Nature et nombre des sons secondaires qui accompagnent le son fondamental : ce sont toujours des harmoniques du son fondamental, c'est-à-dire des sons correspondant à 2, 3, 4 fois plus de vibrations. Analyse des sons au moyen de résonnateurs sphériques. Résultat : Plus il y a d'harmoniques, plus le son a d'éclat.

334. Qualités d'un son.

Les études précédentes se rapportent à tous les sons indistinctement. Or le son d'un piano ne ressemble pas à celui du violon ou du violoncelle; de plus, les sons donnés par un même instrument ne produisent pas tous la même impression sur notre oreille : les uns sont graves, les autres aigus, les uns forts, les autres faibles. Il nous faut donc étudier les qualités qui distinguent les sons les uns des autres. Elles sont au nombre de trois :

1° La **hauteur**, qualité qui distingue un son grave d'un son aigu ;

2° L'**intensité**, qualité qui distingue un son fort d'un son faible ;

3° Le **timbre**, qualité permettant de distinguer deux sons de même hauteur, de même intensité, produits par des instruments différents.

335. Intensité.

L'intensité d'un son varie avec diverses circonstances dont les principales, sont : 1° l'*amplitude ;* 2° la *distance* du corps sonore ; 3° le *voisinage d'autres corps sonores.*

1° *Influence de l'amplitude.* — Reprenons la lame métallique serrée dans un étau qui nous a servi dans une expérience antérieure (*fig.* 152) et écartons-la de sa position d'équilibre ; le son, d'abord très fort, va en s'affaiblissant peu à peu et finit par s'éteindre, en même temps que l'amplitude des vibrations diminue. Il en est de même pour une corde ou un fil de caoutchouc tendus. L'intensité du son et l'amplitude des vibrations varient donc dans le même sens. Il est d'ailleurs facile de comprendre que plus les vibrations sont amples, plus le son est intense ; car l'air, et, par suite, la membrane du tympan, sont fortement ébranlés.

2° *Influence de la distance.* — C'est un fait d'observation courante que plus on est éloigné d'un corps sonore, moins le son entendu est intense ; à une distance suffisante, on n'entend plus rien. Donc l'intensité d'un son diminue avec la distance. Il n'en est pas de même si le son, au lieu de se propager tout autour du corps sonore, se propage dans une seule direction, dans l'intérieur d'un tuyau cylindrique par exemple; l'amplitude des vibrations, et, par suite, l'intensité du son reste sensiblement constante, quelle que soit la longueur du tuyau.

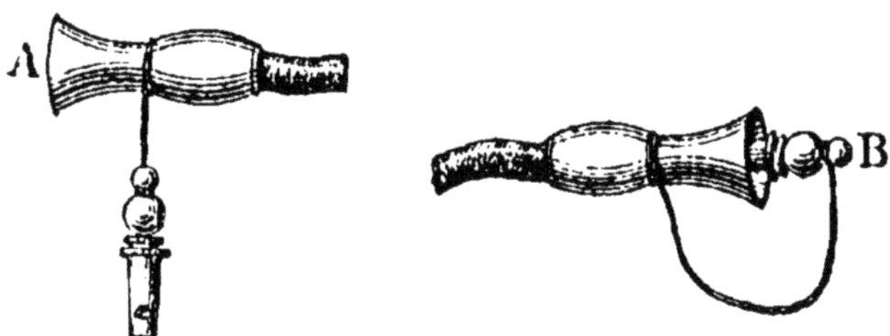

FIG. 165. — Tube acoustique.

Cette propriété est appliquée dans les tubes acoustiques, employés dans les maisons de commerce pour transmettre les ordres d'une pièce dans une autre (*fig.* 165). Ces tubes sont en caoutchouc et munis à leurs extrémité d'embouchures AB, fermées par un sifflet. Si une personne souffle dans l'embouchure A, elle fait résonner le sifflet en B. L'employé ainsi prévenu enlève ce sifflet, met l'embouchure B à son oreille et entend distinctement les paroles prononcées à l'extrémité A.

3° *Voisinage d'autres corps sonores.* — On peut augmenter l'intensité d'un son par le voisinage de corps qui vibrent de la même façon que le corps sonore.

FIG. 166. — Renforcement du son d'un diapason par une colonne d'air.

Ainsi, frappons un diapason et tenons-le par la tige; nous entendons un son peu intense. Mais posons-le debout sur une table : le son est renforcé. Les vibrations du diapason se sont transmises à la table ; l'air vibre donc avec avec plus d'amplitude sous l'influence de ces deux corps sonores, et l'oreille entend un son plus intense.

On peut aussi faire l'expérience suivante : un diapason vibre au-dessus d'une éprouvette à pied (*fig.* 166), le son n'est pas renforcé; mais, en versant dans l'éprouvette des quantités croissantes d'eau, on arrive par tâtonnements à laisser une colonne d'air qui renforce considérablement le son. D'une manière générale, tout corps capable de produire un son donné entre en vibration dès que ce son est produit à son voisinage par un instrument quelconque ; on donne à ce phénomène le nom de **résonance.**

On renforce les sons dans les pianos, violons, violoncelles, etc., par une caisse de résonance placée sous les cordes vibrantes.

336. Hauteur d'un son.

La hauteur est la qualité qui nous fait distinguer un son grave d'un son aigu. Frappons successivement sur toutes les touches d'un piano en commençant par la gauche. Nous produisons des sons qui vont en s'élevant de plus en plus; on dit que les sons entendus n'ont pas la même hauteur.

La hauteur d'un son dépend du nombre de vibrations effectuées par le corps en une seconde. Plus le nombre de vibrations par seconde est grand, plus le son est aigu.

Cet énoncé est vérifié à l'aide de l'expérience faite avec la lame vibrante (§ 314). Plus la lame est courte, plus les vibrations sont rapides et plus le son produit est aigu.

Donc, pour caractériser la hauteur d'un son, il suffit de déterminer le nombre de vibrations effectuées en une seconde. On y arrive en employant la méthode graphique décrite au paragraphe 310. Toutefois, si la plaque de verre était mue à la main, son déplacement serait irrégulier et le résultat inexact. Aussi emploie-t-on le dispositif suivant. Un cylindre mobile autour d'un axe horizontal (*fig.* 167) est recouvert d'une feuille de papier enduite de noir de fumée. Ce cylindre, en même temps qu'il tourne autour de l'axe, se déplace latéralement, et avance d'une même quantité à chaque tour. De cette façon, le stylet du diapason ne rencontre jamais deux fois le même point du cylindre.

Le mouvement de ce cylindre est uniforme, et produit par un mécanisme d'horlogerie.

FIG. 167. — Inscription des vibrations d'un diapason.

On met le cylindre en marche. Tant que le diapason est immobile son stylet trace sur le cylindre une ligne enroulée en hélice. Quand il vibre, cette ligne est sinueuse et chacune des dents correspond à une vibration double.

Si N est le nombre de vibrations inscrites, et t le nombre de secondes pendant lesquelles le diapason a vibré, le nombre de vibrations par seconde est $\frac{N}{t}$. Cette méthode, pour déterminer la hauteur d'un son, est générale; elle permet de déterminer le nombre de vibrations des corps qui ne peuvent les inscrire directement, tels que des tuyaux sonores; il suffit en effet de chercher un diapason qui rende exactement le même ton, et de faire inscrire ses vibrations sur le cylindre enfumé.

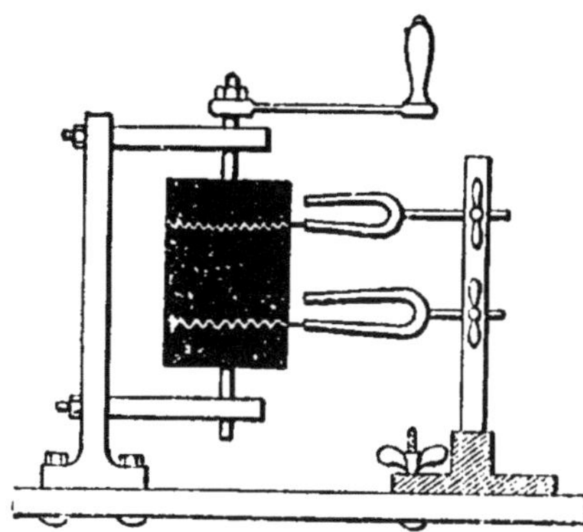

FIG. 168. — On détermine le son produit par un diapason en comparant le graphique qu'il fournit avec celui d'un diapason connu.

Enfin, on détermine exactement la durée de l'expérience en comparant le nombre de vibrations du corps étudié au nombre de vibrations inscrites, dans le même temps, par un autre diapason dont on connaît le nombre de vibrations par seconde (*fig.* 168).

EXEMPLE. — Le diapason à étudier inscrit 32 vibrations pendant que l'autre, qui effectue 435 vibrations à la seconde, en inscrit 58.

Quand celui-ci en produit 58, le premier en effectue 32; quand il en produit 435, le premier en effectue

$$\frac{32 \times 435}{58} = 240.$$

En résumé :

1° Un son d'une hauteur déterminée correspond à un nombre de vibrations déterminé ;

2° A un son plus aigu qu'un autre, correspond un plus grand nombre de vibrations par seconde ;

3° *L'amplitude des vibrations n'a aucune influence sur la hauteur d'un son ;* ainsi une lame d'acier effectue des vibrations de moins en moins amples, cependant elle produit un son d'une hauteur constante. Il faut en conclure que les vibrations, quelle que soit leur amplitude, ont même durée, ou, comme on dit, sont isochrones.

337. Phonographe.

Le phonographe est une application de la méthode graphique précédente. Inventé par Scott en 1878, transformé par Edison, perfectionné depuis, il enregistre les vibrations de la voix ou d'un corps sonore quelconque, et il utilise ensuite le graphique obtenu pour reproduire les sons enregistrés.

Description. — Nous retrouvons, comme parties essentielles, un cylindre et un stylet : le cylindre est animé d'un simple mouvement de rotation autour de son axe, et c'est le stylet qui se déplace le long du cylindre ; le résultat final est le même que dans la méthode graphique précédente. Les mouvements sont produits par un moteur électrique ou par un mécanisme d'horlogerie. L'inscription se fait sur un manchon de cire qui entoure le cylindre et qu'on peut retirer facilement une fois l'expérience terminée. L'appareil décrit porte aussi le nom de *graphophone*.

FIG. 169. — Phonographe d'Edison.

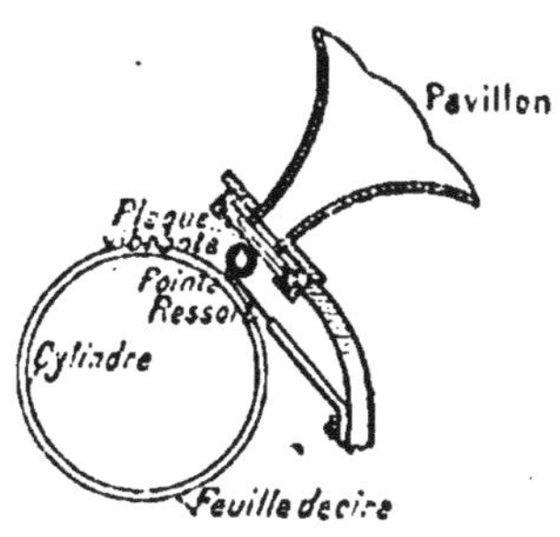

FIG. 170. — Coupe schématique de l'appareil.

Enregistrement. — Afin de pouvoir enregistrer les vibrations de sons quelconques (voix, orchestre, etc.), on a adapté au style une plaque élastique de mica ou de verre (*fig.* 169-170-171), formant le fond d'un tuyau acoustique. L'ensemble constitue le diaphragme enregistreur dont le diamètre est de 2^{cm},5 environ.

Les vibrations sonores se transmettent à la plaque, puis au style, qui s'enfonce inégalement dans la cire, et y produit un sillon hélicoïdal plus ou moins profond; après l'inscription, la cire paraît recouverte d'un fin gaufrage irrégulier.

FIG. 171. — Phonographe vendu dans le commerce.

Reproduction du son enregistré. — Pour reproduire le son enregistré, on remplace le diaphragme précédent par un diaphragme reproducteur ; il est à peu près analogue au premier, mais la plaque est beaucoup plus sensible, et le style est une pointe mousse qui ne détériore pas le tracé. Cette pointe est amenée au contact du premier sillon formé, et l'appareil est mis en mouvement. Le style, obligé de suivre toutes les saillies et tous les creux de la ligne inscrite, reproduit les vibrations enregistrées et les transmet à la lame élastique ; celle-ci, en vibrant, reproduit les sons primitifs.

On adjoint au diaphragme un pavillon qui renforce les sons produits, et permet de les mieux entendre de toutes les parties d'une salle. Avec les graphophones perfectionnés, les sons obtenus sont d'une grande netteté.

338. Timbre.

Produisons deux sons de même hauteur et de même intensité avec deux instruments différents, tels qu'un piano et une flûte. Ces deux sons diffèrent entre eux ; on dit qu'ils n'ont pas le même timbre. Quelle peut être la cause de cette différence, puisque les vibrations ont même vitesse et même amplitude ? Un savant allemand, Helmholtz, l'a trouvée par l'expérience ; il a montré qu'un son est rarement simple, qu'il se compose le plus souvent d'un son fondamental, accompagné de sons secondaires beaucoup moins intenses que le premier, tous plus aigus, et dont les nombres de vibrations sont 2, 3, 4, 5 fois plus grands que le nombre des vibrations du son fondamental ; on les appelle les harmoniques de ce son. Suivant qu'ils sont plus ou moins nombreux, plus ou moins intenses, leur ensemble produit sur l'organe de l'ouïe des sensations différentes qui donnent la notion du timbre

339. Résonnateurs sphériques.

Une oreille exercée arrive à distinguer quelques harmoniques dans le son grave d'un piano, d'une cloche, etc.

Mais il faut des expériences plus précises et plus sûres pour déterminer tous les sons secondaires avec leur hauteur.

Les expériences d'Helmholtz sont une application du renforcement des sons. Nous avons vu (§ 335, 3°) que le son d'un diapason peut être renforcé par une colonne d'air déterminée. De même, faisons vibrer un diapason fixé sur une caisse sonore, au voisinage d'un autre diapason identique et disposé de la même façon ; celui-ci vibre sous l'influence du premier, et on entend le son qu'il produit, même quand le premier a cessé de vibrer.

Chantons fortement une note de la gamme devant un piano dont on aura éloigné les étouffoirs en appuyant sur la pédale de droite, la corde du piano, correspondant à la même note, vibre en produisant le même son.

D'une manière générale, *un corps vibre lorsqu'on produit dans son voisinage le son qu'il est capable d'émettre;* et, par suite, un *corps renforce les sons qu'il produit lui-même quand il résonne.*

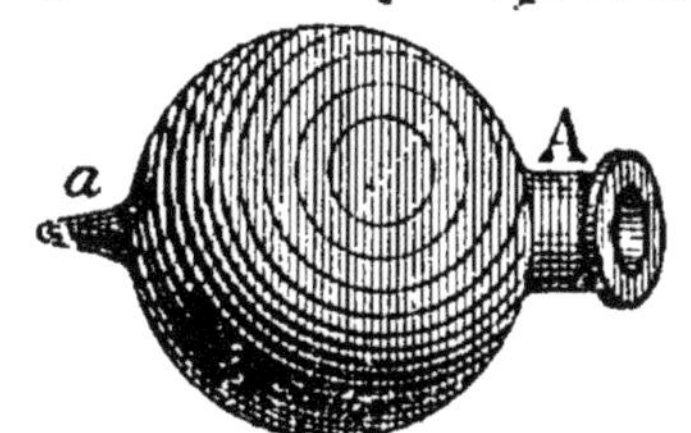

Fig. 172. — **Résonnateur.** Des sons différents étant produits, il n'en renforce qu'un seul : celui qui lui correspond.

Helmholtz, s'appuyant sur ce fait, imagina des appareils ou **résonnateurs** capables de renforcer chacun un seul son (*fig.* 172). Ce sont des sphères creuses de laiton, munies d'une large ouverture A, et portant à la partie opposée un petit tube conique *a* qu'on introduit dans l'oreille. Suivant les dimensions des sphères, le son renforcé est différent.

340. Analyse des sons.

Employons une série de résonnateurs **1, 2, 3, 4, 5,** etc., capables de renforcer, par exemple, le *la* du diapason normal et les harmoniques de ce son qui correspondent à **2, 3, 4, 5** fois plus de vibrations. Puis faisons rendre à un piano le *la* correspondant à celui du diapason, et mettons successivement à l'oreille chacun des résonnateurs précédents. Nous constatons que les résonateurs **1, 2, 3, 4, 5, 6** vibrent. Donc les sons accompagnant le *la* du piano sont les cinq premières harmoniques de ce son.

Répétons la même expérience avec le *la* joué par une flûte ; nous trouvons que les harmoniques produits sont moins nombreux (c'est pour cela que le son a moins d'éclat). Au contraire, les sons du violon et de la voix humaine sont accompagnés d'un plus grand nombre d'harmoniques.

Les expériences précédentes peuvent être faites pour un son quelconque ; les résultats restent les mêmes et peuvent se résumer ainsi : *Un son musical est toujours accompagné d'harmoniques en nombre plus ou moins grand.*

Un bruit est en général accompagné d'harmoniques discordants (tels que la septième) (1), ou de sons qui ne sont pas des harmoniques du son fondamental ; aussi les bruits ne sont-ils pas en général des sons agréables.

341. Expériences. — Expériences avec une lame élastique ou un fil de caoutchouc pour vérifier que l'intensité du son va en s'affaiblissant avec l'amplitude des vibrations. — Montrer le renforcement du son d'un diapason au moyen d'une colonne d'air laissée dans une éprouvette à pied. — Faire résonner les cordes d'un piano en chantant une note devant l'instrument (ne pas oublier d'appuyer sur la pédale de droite).

Pour montrer que la hauteur d'un son augmente avec le nombre de vibrations, employer plusieurs lames élastiques de longueur différente : on voit les plus courtes vibrer beaucoup plus rapidement que les plus longues, en même temps qu'elles produisent un son plus aigu.

(1) Exemple, l'intervalle ascendant *do* à *si* (§ 343).

CHAPITRE XXVII

INTERVALLES MUSICAUX CORDES VIBRANTES ET TUYAUX SONORES

PLAN

I Intervalles musicaux	**1° Définition d'un intervalle**	Rapport du nombre de vibrations correspondant au son le plus élevé, au nombre de vibrations correspondant au son le plus bas.
	2° Choix de ces intervalles	*a)* Rapport bien déterminé, simple en général entre les divers sons (gamme majeure avec 8 sons dans chaque gamme). *b)* Nombre de vibrations fixé pour un des sons, et par suite pour tous les autres (870 vibrations simples pour le *la* normal).
	3° Dièses-Bémols	Si l'on veut constituer une gamme en partant d'une note quelconque de la gamme de *do majeur*, on est obligé, pour conserver la même suite d'intervalles que dans la gamme de *do*, d'introduire de nouveaux sons, qu'on appelle notes diésées ou bémolisées. La gamme type de *do* comprend ainsi 21 sons différents (gamme chromatique).
	4° Gamme tempérée	Au lieu de conserver les 21 sons d'une gamme dont quelques-uns sont très peu différents, on divise la gamme en 12 sons *égaux* qu'on appelle demi-tons, en remplaçant deux sons peu différents par un son intermédiaire.
II Cordes vibrantes	**1° Lois de leurs vibrations**	Les nombres de vibrations sont : *a)* inversement proportionnels aux longueurs. *b)* inversement proportionnels aux diamètres. *c)* Directement proportionnels à la racine carrée du poids tenseur. *d)* Ils varient avec la nature de la corde.
	2° Harmoniques	Correspondent à 2, 3, 4 fois plus de vibrations que le son fondamental.
III Tuyaux sonores	**1° Lois de leurs vibrations**	**a) Tuyaux ouverts** : Les nombres de vibrations sont indépendants de la *nature des parois*. Les nombres de vibrations sont *inversement proportionnels aux longueurs*.
		b) Tuyaux fermés : Mêmes lois que pour les tuyaux ouverts. De plus, un tuyau fermé donne le même son qu'un tuyau ouvert de longueur double.
	2° Harmoniques	Correspondent à 2, 3, 4 fois plus de vibrations pour les tuyaux ouverts. Correspondent à 3, 5, 7 fois plus de vibrations pour les tuyaux fermés.

INTERVALLES MUSICAUX

342. Faisons entendre au piano le *do* et le *ré* consécutifs d'une gamme, puis le *sol* et le *la*, ou le *la* et le *si;* la succession des deux premiers sons produit sur l'oreille la même impression que la succession des deux suivants ou des deux derniers, bien que les sons n'aient pas la même hauteur.

Or, si l'on détermine le nombre de vibrations correspondant à chacun de ces sons, par le procédé graphique déjà décrit (§ 336), on trouve les résultats suivants :

do	522	vibrations	par seconde
ré	587	—	—
sol	773	—	—
la	870	—	—
si	979	—	—

Pour *ré* et *do*, la différence des nombres de vibrations est :

$$587^v - 522^v = 65 \text{ vibrations},$$

et le rapport de ces nombres est ;

$$\frac{587}{522} = 1{,}125.$$

Pour *la* et *sol*, la différence des nombres de vibrations est :

$$870^v - 773^v = 97 \text{ vibrations};$$

et leur rapport est :

$$\frac{870}{773} = 1{,}125.$$

Pour *la* et *si*, la différence des nombres de vibrations est :

$$979^v - 870^v = 109 \text{ vibrations},$$

et leur rapport est :

$$\frac{979}{870} = 1{,}125.$$

On voit que, dans chacun des groupes, si la différence du nombre de vibrations est variable, le rapport des nombres de vibrations est constant.

Donc, l'impression uniforme produite par la succession des sons *do ré*, *sol la*, *la si* correspond à un rapport égal entre leurs nombres de vibrations.

On dit que l'intervalle entre les deux sons de chaque groupe est le même. *On appelle intervalle de deux sons, le rapport du nombre de vibrations correspondant au son le plus élevé au nombre de vibrations correspondant au son le plus bas.*

Si deux sons ont le même nombre de vibrations, leur intervalle est **1** : on dit qu'ils sont à l'unisson. Si un son a un nombre de vibrations double d'un autre, l'intervalle est **2** : on dit que le premier son est à l'octave aiguë du second.

Il y a une quantité indéfinie de nombres de vibrations et, par suite, de sons et d'intervalles. Mais, en musique, on n'emploie qu'un certain nombre d'entre eux, bien déterminés, désignés sous le nom d'intervalles musicaux. C'est leur étude que nous nous proposons de faire ici.

343. Gamme.

On emploie en musique une succession de huit sons ou notes dont l'ensemble constitue la gamme. Il y a plusieurs sortes de gammes, nous ne considérerons ici que la *gamme majeure :* La gamme majeure de *do* nous servira comme type d'étude : Elle comprend les huit notes suivantes : *do* (*ut*) *ré*, *mi*, *fa*, *sol*, *la*, *si*, *do*. Les intervalles entre chacune de ces notes et la première sont les rapports simples suivants :

do	*ré*	*mi*	*fa*	*sol*	*la*	*si*	*do*
1	$\frac{9}{8}$	$\frac{5}{4}$	$\frac{4}{3}$	$\frac{3}{2}$	$\frac{5}{3}$	$\frac{15}{8}$	2

Voici ce que signifie cette suite de fractions : supposons que le *do* inférieur corresponde à 522 vibrations simples par seconde ; les notes de la gamme correspondront aux nombres de vibrations suivants :

TABLEAU I

do....................	522 vibrations.	
ré....................	$522 \times \frac{9}{8} = 587$	vibrations
mi....................	$522 \times \frac{5}{4} = 652$	—
fa....................	$522 \times \frac{4}{3} = 696$	—
sol....................	$522 \times \frac{3}{2} = 783$	—
la....................	$522 \times \frac{5}{3} = 870$	—
si....................	$522 \times \frac{15}{8} = 978$	—
do....................	$522 \times 2 = 1044$	—

L'intervalle *do-ré* s'appelle.................. *seconde*
— *do-mi* — .... *tierce*
— *do-fa* — .... *quarte*
— *do-sol* — .... *quinte*
— *do-la* — .... *sixte*
— *do-si* — .... *septième*
— *do-do* — .... *octave*

Ces huit sons ne suffisent pas; aussi convient-on de faire précéder ou suivre cette première gamme d'une série d'autres gammes, semblables à la première, formées des mêmes intervalles, mais dont les notes sont plus graves ou plus aiguës : ainsi le *do* supérieur d'une gamme constituera le *do* inférieur de la gamme suivante.

EXEMPLE : A la suite de la gamme représentée par le tableau I, se trouvera une autre gamme, ayant pour note inférieure le *do* produit par $522^{vibr} \times 2$. Les autres notes seront données par les nombres de vibrations suivants :

TABLEAU II

do..................................	522×2
ré..................................	$(522 \times 2) \times \frac{9}{8}$
mi..................................	$(522 \times 2) \times \frac{5}{4}$
fa..................................	$(522 \times 2) \times \frac{4}{3}$
sol..................................	$(522 \times 2) \times \frac{3}{2}$
la..................................	$(522 \times 2) \times \frac{5}{3}$
si..................................	$(522 \times 2) \times \frac{15}{8}$
do..................................	$(522 \times 2) \times 2$

Nous pouvons ainsi établir une série d'intervalles musicaux; mais une chose encore reste indéterminée; c'est le nombre de vibrations correspondant à un des sons et, par suite, à tous les autres. Théoriquement, on pourrait prendre un nombre quelconque; mais pratiquement une convention est nécessaire pour qu'une *même note* jouée par plusieurs instruments à sons fixes (§ 340) soit due à un *même nombre de vibrations*, c'est-à-dire fasse entendre le *même son*.

On a décidé que le *la* de l'une des gammes correspondrait à 870 vibrations simples par seconde. On l'appelle *la* normal, et la gamme dont il fait partie est la gamme normale ; c'est celle que nous avons indiquée au tableau I. Ce *la* est donné par le diapason normal, le seul employé en musique.

Pour distinguer les diverses gammes majeures, on est convenu de leur donner un numéro d'ordre ; le *la* normal est le la_3, le *do* inférieur de la gamme normale est donc do_3 et le *do* supérieur, do_4. Au-dessous de la gamme normale est la gamme commençant par do_2, puis les gammes do_1, do_0, do_{-1}, do_{-2}, (do_{-2} est la note la plus basse, correspondant à 16 vibrations simples par seconde). Au-dessus de la gamme normale sont les gammes commençant par do_4, do_5, do_6 ; la note la plus aiguë employée en musique est le la_6 correspondant à 6.960 vibrations simples par seconde.

Mais il est bien évident que ni la voix humaine, ni aucun instrument ne donnent tous ces sons; c'est ainsi que l'étendue d'une voix dépasse rarement deux octaves.

344. Intervalle entre deux notes successives d'une gamme.

Nous avons considéré jusqu'à présent l'intervalle entre chaque note de la gamme et la première. Mais nous pouvons chercher aussi l'intervalle de chaque note à la précédente.

En utilisant le tableau I, nous obtenons pour les intervalles successifs :

do – *ré*	*ré* – *mi*	*mi* – *fa*	*fa* – *sol*	*sol* – *la*	*la* – *si*	*si* – *do*
$\frac{9}{8}$	$\frac{10}{9}$	$\frac{16}{15}$	$\frac{9}{8}$	$\frac{10}{9}$	$\frac{9}{8}$	$\frac{16}{15}$

Il n'y a donc que trois intervalles différents : $\frac{9}{8}$, $\frac{10}{9}$, $\frac{16}{15}$; les deux premiers, qui diffèrent très peu l'un de l'autre, sont des tons; le troisième beaucoup plus petit, est appelé demi-ton majeur.

La gamme majeure comprend donc successivement : deux tons, un demi-ton, trois tons et un demi-ton.

345. Dièses. — Bémols.

On a souvent besoin de transposer un morceau de musique, c'est-à-dire de reproduire la même succession d'intervalles, mais avec des sons plus élevés ou plus bas.

Supposons qu'au lieu de la gamme *do*, *ré*, *mi*, *fa*, *sol*, *la*, *si*, *do*, on veuille avoir les mêmes intervalles, en commençant par *sol;* les notes de la gamme de *do* nous donneront la suite :

sol la si do ré mi fa sol

1 ton 1 ton $\frac{1}{2}$ ton 1 ton 1 ton $\frac{1}{2}$ ton 1 ton

On voit que l'ordre de succession des tons et des demi-tons est le même, sauf pour les trois dernières notes. Pour que l'analogie soit complète, il suffit de remplacer le son *fa* par un autre intermédiaire entre *fa* et *sol*; on l'appelle *fa* dièse (*fa* ♯).

De même, supposons qu'au lieu de la gamme

do ré mi fa sol la si do

1 ton 1 ton $\frac{1}{2}$ ton 1 ton 1 ton 1 ton $\frac{1}{2}$ ton

on veuille former la gamme commençant par *fa;* les notes de la gamme de *do* nous donneront la suite :

fa sol la si do ré mi fa.

1 ton 1 ton 1 ton $\frac{1}{2}$ ton 1 ton 1 ton $\frac{1}{2}$ ton

On voit que le troisième intervalle est trop grand dans cette gamme, et le quatrième trop petit; on est donc conduit à remplacer le *si* par une note intermédiaire entre *si* et *la ;* on l'appelle *si* bémol (*si* ♭).

Chaque note peut être diésée ou bémolisée.

On peut trouver par la méthode graphique le nombre de vibrations correspondant à chaque note diésée ou bémolisée, et, par suite, les intervalles qui existent entre ces notes et les autres notes de la gamme.

Les résultats sont les suivants : l'intervalle de chaque note diésée à la même note non diésée est $\frac{25}{24}$.

Exemple *do*♯ *do*
$\frac{25}{24}$

L'intervalle de chaque note à la même note bémolisée est $\frac{25}{24}$.

Exemple *la* *la*♭
$\frac{25}{24}$

Cet intervalle est plus petit que le demi-ton majeur : on l'appelle demi-ton mineur.

340. Gamme tempérée.

En résumé, dans une même gamme, d'une note à son octave supérieure, il y a 21 notes : les 7 notes ordinaires, les 7 notes diésées et les 7 notes bémolisées. Le violon, la voix humaine peuvent rendre tous ces sons. Mais les instruments à sons fixes, tels que le piano, l'orgue, la harpe, seraient extrêmement compliqués comme construction et comme jeu s'ils produisaient ces 21 sons pour chaque gamme.

Au lieu de conserver tous ces intervalles, on divise

l'octave en 12 demi-tons égaux qui n'ont la valeur d'aucun des précédents, mais qui s'en rapprochent beaucoup.

Ainsi, au lieu de trois intervalles *do do* ♯, *do* ♯ *ré*♭, *ré*♭ *re*, en baissant légèrement le *ré* ♭ et en élevant légèrement le *do* ♯, pour amener les deux sons à coïncider, on n'aura plus que deux intervalles égaux entre *do* et *ré*.

L'intervalle d'octave est rigoureusement conservé.

On a ainsi les intervalles égaux successifs :

do — *do*♯ ou *ré*♭ — *ré* — *ré*♯ ou *mi*♭ — *mi* ou *fa*♭ — *mi*♯ ou *fa* — *fa*♯ ou *sol*♭ — *sol*

sol♯ ou *la*♭ — *la* — *la*♯ ou *si*♭ — *si* ou *do*♭ — *do* ou *si*♯

La gamme ainsi obtenue est dite gamme tempérée.

CORDES VIBRANTES ET TUYAUX SONORES

347. Les instruments de musique utilisent pour produire des sons les vibrations de cordes ou de tuyaux. Nous allons dire quelques mots des propriétés de ces corps sonores, afin de comprendre le principe des instruments à cordes et des instruments à vent.

348. Cordes.

En acoustique, on appelle cordes des corps en forme de fils, en métal ou en boyau, assez tendus pour être élastiques. On les fait vibrer *transversalement* en les pinçant (harpe), en les frottant en travers (violon) ou en les frappant (piano).

349. Lois des vibrations des cordes.

1° *Observations.* — *a*) Faisons vibrer une des cordes d'un violon, d'abord dans toute sa longueur, puis en la raccourcissant de moitié (il suffit d'appuyer en son milieu avec le doigt) ; le deuxième son est à l'octave aiguë du premier, c'est-à-dire correspond à deux fois plus de vibrations. *Plus la corde est courte, plus le son est aigu.*

b) Faisons vibrer une corde de plus petit diamètre, tendue d'un même nombre de tours ; le son produit est plus élevé. *Plus la corde est fine, plus le son est aigu.*

c) Tendons davantage cette dernière corde; si on la fait vibrer, elle produit un son plus aigu. *Plus la corde est tendue, plus le son est aigu.*

d) Une corde métallique ne rend pas le même son qu'une corde en boyau de même longueur, de même section et également tendue.

2° *Lois.* — Des expériences précises ont permis d'énoncer les lois suivantes :

Les nombres de vibrations produits par une corde sont (*toutes choses égales d'ailleurs*) :

a) *Inversement proportionnels aux longueurs de la corde;*

b) *Inversement proportionnels aux diamètres;*

c) *Directement proportionnels à la racine carrée du poids tenseur;*

d) *Ils varient avec la nature de la corde.*

350. Harmoniques des sons produits par les cordes. Lorsqu'une corde vibre, elle produit toujours, outre le son fondamental, les harmoniques correspondant à 2, 3, 4 fois plus de vibrations. On suppose donc (loi des longueurs) qu'elle vibre en entier (*fig.* 173) mais que, de plus, chaque moitié de la corde vibre pour son compte, que chaque tiers vibre aussi pour

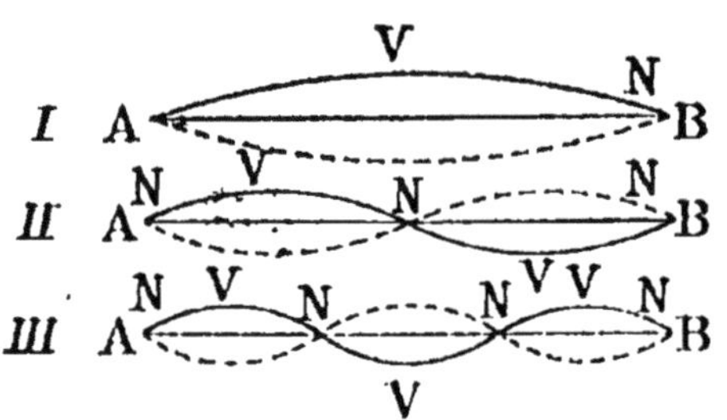

FIG. 173. — Vibrations d'une corde rendant le son fondamental (I), le second harmonique (II) et le troisième harmonique (III).

son compte, tout en participant aux deux vibrations précédentes, etc.

351. Tuyaux sonores.

Les tuyaux sonores renferment une colonne d'air capable de vibrer en produisant un son. Les lois de leurs vibrations diffèrent suivant que les tuyaux sont ouverts ou fermés.

1° *Tuyaux ouverts.* — Pour étudier les lois des vibrations des tuyaux sonores, on prend une série de tuyaux que l'on fait vibrer en les adaptant à une soufflerie.

a) **Influence de la nature des parois.** — On prend des tuyaux identiques comme formes, mais de nature différente (en bois, en cuivre, etc.). Ils rendent des sons de même hauteur; le timbre seul varie. *Donc le nombre des vibrations est indépendant de la nature des parois.* De même, si la section ou la forme varie, le son rendu est le même, pourvu que le tuyau ait une assez grande longueur par rapport à la section; donc le nombre de vibrations est indépendant de la forme.

b) **Influence de la longueur.** — On fait vibrer des tuyaux de longueurs différentes, les plus longs donnent les sons les plus graves, et, si un tuyau donne le do_3, un tuyau deux fois plus court donne le do_4. *Donc les nombres de vibrations sont inversement proportionnels aux longueurs des tuyaux.*

2° *Tuyaux fermés.* — Comme pour les tuyaux ouverts, la forme, la section et la nature du tuyau fermé n'influent pas sur la hauteur du son.

Les nombres de vibrations sont encore inversement proportionnels aux longueurs du tuyau; mais on vérifie aisément qu'un tuyau fermé donne le même son qu'un tuyau ouvert de longueur double. Par conséquent, de deux sons produits par deux tuyaux de même longueur, l'un ouvert, l'autre fermé, le premier est à l'octave aiguë du second.

352. Harmoniques des tuyaux.

Les tuyaux ouverts rendent les mêmes harmoniques que

les cordes, celles qui correspondent à 2, 3, 4, fois plus de vibrations que le son fondamental. Quant aux tuyaux fermés, ils ne donnent que les harmoniques correspondant à des nombres de vibrations 3, 5, 7 fois plus grands ; les sons secondaires sont donc moins nombreux que dans les tuyaux ouverts, et le son produit a moins d'éclat.

353. Expériences. — Vérifier à l'aide des cordes d'un violon, l'influence de la longueur, du diamètre, de la tension des cordes sur le son produit.

Vérifier les lois des vibrations des tuyaux à l'aide d'une soufflerie.

TABLEAU

DES PRINCIPALES *UNITÉS PHYSIQUES* CITÉES DANS LE COURS DE PREMIÈRE ANNÉE

Unité de longueur..	*Centimètre.*
Unité de masse.....	*Gramme.*
Unité de force......	*Dyne.*
Unités de travail...	*Erg.* *Joule* = 10.000.000 ergs. *Kilogrammètre* = 9 joules 81.
Unités de puissance.	*Watt* = 1 joule par seconde. *Hectowatt* = 100 watts. *Kilowatt* = 1.000 watts. *Cheval-vapeur* = 75 kilogrammètres par sec. = 736 watts.
Unité de chaleur....	Petite calorie; équivaut à 0 kilogrammètre 425 ou à 4 joules 17.

TABLE ANALYTIQUE

(Les numéros renvoient aux paragraphes)

L

M

N

O

P

Q

R

TABLE DES MATIÈRES

PRÉLIMINAIRES

CHAPITRE I

Méthode d'étude. — Mesure d'une grandeur.

CHAPITRE II

Forces.

LIVRE I

PESANTEUR

CHAPITRE III

Poids et masse. — Équilibre. Chute des corps.

LIVRE III

ÉQUILIBRE DES GAZ

CHAPITRE VII

Gaz. — Pression atmosphérique. Baromètres.

CHAPITRE VIII

Pressions exercées par les gaz en vases clos : loi de Mariotte. Manomètres.

CHAPITRE IX

Principe d'Archimède.

CHAPITRE X

Pompes. — Siphons.

LIVRE IV

CHALEUR

CHAPITRE XI

Température. — Thermométrie.

CHAPITRE XII

Dilatations.

CHAPITRE XIII

Mesure des quantités de chaleur.

CHAPITRE XIV

Fusion et solidification. Dissolution.

CHAPITRE XX

Appareils de chauffage.

CHAPITRE XXI

Météorologie.

CHAPITRE XXII

Machine à vapeur.

CHAPITRE XXIII

Travail. — Puissance. — Énergie.

LIVRE V

ACOUSTIQUE

CHAPITRE XXIV

Production et propagation du son.

CHAPITRE XXV

Réflexion du son, écho.

CHAPITRE XXVI

Qualités du son.

CHAPITRE XXVII

Intervalles musicaux. — Cordes vibrantes. — Tuyaux sonores.

Tours. — Imp. Deslis Frères et Cie, rue Gambetta, 6.

IVe CONGRÈS AÉRONAUTIQUE INTERNATIONAL

(NANCY, 18-24 Septembre 1909)

LA

PHOTO-TOPOGRAPHI

AÉRIENNE

(PRINCIPES GÉNÉRAUX)

PAR

M. le Capitaine J.-Th. SACONNEY

PARIS (VIe)

. . T . . PIN T. ÉDI E R

www.ingramcontent.com/pod-product-compliance
Ingram Content Group UK Ltd.
Pitfield, Milton Keynes, MK11 3LW, UK
UKHW020322200726
13857UKWH00001B/258

9 782011 953063